JN160934

幾何教程 上

A.オスターマン／G.ヴァンナー 著
蟹江幸博 訳

丸善出版

Translation from English language edition:
Geometry by Its History by Alexander Ostermann and Gerhard Wanner

アルフレッド・フレーリッヒャー
（1927–2010）
の思い出に捧げる

序　文

ἀγεωμέτρητος μηδεὶς εἰσίτω
　[アゲオメトレートス　メーデイス　エイシトー]
(言葉通りには「幾何学者でないものは入るな」. 紀元前 387 年, プラトンのアカデミアの入り口に掲げられた銘文 (恐らくは伝説に過ぎない) とコペルニクス『天球の回転について (*De revolutionibus orbium coelestium*)』(1543) の口絵の銘)

幾何学は, 少なくともプラトンの時代からそういう名前だった幾何学は, 数学の最も古い部門である. 多くの美しい結果とエレガントなアイデアと驚嘆するような関連性を含んでおり, 多くの偉大な思想家たちが何世紀にもわたって貢献してきた. この中にはタレス, ピュタゴラス, ユークリッド, アポロニウス, アルキメデス, プトレマイオス, パッポス, アラブ人たち, レギオモンタヌス, コペルニクス, ヴィエート, ケプラー, デカルト, ニュートン, ベルヌーイ一族, オイラー, モンジュ, ポンスレ, シュタイナーがいる. 本書では, ニールス・エンリク・アーベルの有名な言葉「わたしは巨匠たちから学んだのであって, その弟子たちからではない」に従って, これらの巨匠たちのテキストから, 役に立つと判断するだけ密接に, そして大体は歴史的順序に沿って幾何学を学ぶことにする. これが本書のタイトルで "by Its History" とした理由であり[1], 数学の完全な歴史書を目指すものではない[2].

[1] [訳註] 原著のタイトルは Geometry by Its History であるが, ヴァンナーの前著 Analysis by Its History を『解析教程』という表題で翻訳したため, 本書も『幾何教程』という表題にした.
[2] ミシェル・シャールの『歴史的概観』(*Aperçu historique*) は 800 ページで重さは 5 ポンド (約 2 kg) もある.

幾何学は科学の黎明期に生まれ，後に**四科**(よんか)(*quadrivium*) の一部として**自由七科** (*septem artes liberales*) の 1 つとなった．本書では，計測（μετρὲω，メトレオー）の実際的な問題に動機づけられた幾何学の起源から始まって，次にギリシャ哲学者たちによる抽象的な厳密科学への発展を，そして後のギリシャとアラブの時期のますます洗練された問題の豊かな時期までを述べる．それから本書の第 II 部では，代数や線形代数の方法の勝利と無限のプロセスの扱い方が益々大胆になっていくことを述べ，そしてほかのすべての科学の分野が幾何学からいかにして生まれ出たかを見ていく．代数学，解析学，力学（特に天体力学）という分野である．だから，本書が，特に教師になろうとする学生たちのために，高等幾何学の研究だけでなく，ほかの分野の科学の研究への良い入門になることを願っている．

しかしながら，代数的方法の急速な成功のために，総合幾何学は大学教育におけるその位置をゆっくりと失っていった．そうした展開をすでに 3 世紀以上前にニュートンが嘆いていたのである（以下は，ニュートンの『級数と流率の方法の論説』(1671)，33 ページの最初の文章）．

> 「古代の総合的な方法をほとんど完全に無視し，現在ほとんどの部分を解析学の開墾に専念している大半の幾何学者を見るにつけ，[...] 学習者の満足のために，以下の短い論文を書き上げることは，悪くないと思えた...」

...20 世紀の間に加速する進展（コクセター『幾何入門』(1961)，iv ページ）

> 「この 3,40 年，ほとんどのアメリカ人は幾何学に何がしか興味を失ってきた．本書は，悲しくも無視されてきたテーマを甦(よみがえ)らすための試みからなっている．」

大学で敬意を持たれないものは，1 世代後には，高校からも消えてしまう．A. コンヌ（Newsletter of the EMS, 2008 年 3 月号，32 ページ）を引用しよう．

> 「非常に若い人たちに数学の練習問題を，とくに幾何学の演習問題

をするように，絶対に訓練しなければいけない．これは非常に良い訓練なのだ．学校で，子供たちがレシピを，レシピだけを教えられ，考えることを奨励されていないことを見て，恐ろしいと思った．私が学校に通ったとき，幾何 [...] の問題を与えられたことを覚えている．それらを解くのには大変な苦労をした．それは幼児用の幾何ではなかった．[...] もうそれをしないというのは恥ずべきことである．」

われわれは，多くのイラストや図，演習問題，文献表を作ることによって，主に科学の（初歩の）学生と教師（全経歴を通して）にとって，興味深く楽しむことのできる本を作るためにあらゆる努力を払った．コペルニクスが『天球の回転について』(1543) で言っているように．

Igitur eme, lege, fruere［それゆえ［本書を］買い，読み，楽しめ.］

謝辞． 多くの人々に，その助力に対し感謝するのは義務でもあり，喜びでもある．初めにエルンスト・ハイラーとマルティン・ハイラー，ジュネーヴ大学の助手の P. ヘンリー，W. ピーチ，A. ミシテッリ，C. エクスターマン，図書館司書の A.-S. クリッパ，B. デュデズ，T. デュボアに感謝する．数学と科学の歴史に専門家である J.-C. ポントとの長い討論は最初の 2 つの章を作り直す助けとなった．同僚でもあり友人でもある J. キャッシュ，B. ギシン，H. ハードリンガー，C. リュービヒは本書を通読し多くの示唆を与えてくれた．さらに，われわれの妻である，バーバラとミリアムにも感謝する．

しかし，**4 度も (!!)** 本書を通読し，数千もの修正と文法上の改善を示唆してくれた J. シュタイニヒには特に感謝する．彼は間違いと杜撰(ずさん)な議論を指摘し，また多くの引用文やより良い証明を教えてくれた．そして，もし “eme, lege, fruere” が本当に正当化されるのなら，それも彼の功績である．

インスブルックとジュネーヴにて
2011 年 12 月

アレクサンダー・オスターマン
ゲルハルト・ヴァンナー

訳者まえがき

本書はGeometry by Its Historyの日本語訳である．著者の一人，ヴァンナー氏は数値解析の専門家だが，『幾何的数値積分』という著書もあり，また本書の執筆が動機となってか，初等幾何の定理の初等的証明の論文も書いている．2014年9月に，前著『解析教程』(Analysis by Its History)の共著者であるハイラー氏とともに，数値解析の研究集会のために京都に来られた．訳者もその集会に出かけてお会いし，そのおりに頂いた第2版用の原稿のファイルが本書の底本になっている．

『解析教程』も本書も2部構成で，『解析教程』の場合はニュートン以前と以後に分けられ，さらにニュートン以後は19世紀後半の解析学（数学）の基礎付けの反省以前と以後に分かれており，それぞれの境目が近代数学と現代数学の幕開けになっている．

本書の場合はデカルト以前と以後に分けられており，近代の始まりを示す明確な里程標になっているが，幾何学の内容が変わったわけではない．幾何学的諸量を記号で表し，代数的な処理が可能になっただけである．もちろん，そのことによって問題解決の手法が劇的に増え，古来からの難問も不可能性が証明され，非ユークリッド幾何も生まれる．それでも初等幾何には新しい定理が付け加わり，豊かにも精密にも深くもなっていく．技法と構造の発展と相まって，解析幾何学が生まれ，射影幾何学が生まれ，微積分の発展とともに微分幾何学が生まれ，代数幾何学が生まれ，位相幾何学が生まれてきた．また，それらの新しい技法を使わず，幾何的な技法と概念だけで展開される総合幾何学もある．

本書では，古代から知られていた三角関数は使用するが，微積分は使わない範囲での幾何学のほとんどすべてを，歴史に沿って展開している．

本書の冒頭には，geometry という英語は，プラトンの時代から学問の名前として知られているもので，γεωμετρία［ゲオメトリア］（大地を測ること）という言葉からきていると説明されている．

であれば，geometry を訳すとすれば，測地学とすべきようにも思われる．しかし，測地学という学問は別にある．英語では geodesy と言い，ギリシャ時代からあるもので，γεωδαισία［ゲオダイシア］と言う．同じように大地を測るものだが，こちらは実際に計測する技術やそれから地図を作るなどの実務的なものである．地球の形状を定めるのもこの学問である．

中国に幾何学という学問があったかと言えば，図形の面積や長さを求める技術は確かに古くからあったが，学問と言えるものではなかった．

では，いつ誰が『幾何学』という学問を作ったのだろうか？　1607 年のことであった．ユークリッドの『幾何学原論』の漢訳が北京で公刊された．その書名が『幾何原本』であった．ユークリッドの本のタイトルは Στοιχεία［ストイケイア］であり，対応する英語は Elements であって，幾何という言葉はどこにもなく，現在では単に『原論』とか『原本』と呼ばれることが多い．

『幾何原本』の表紙には中国の儒服を着た，マテオ・リッチと徐光啓（じょこうけい）の絵が描かれている．リッチは明（みん）朝末期に宣教に訪れたイエズス会士であり，徐光啓は後に改暦に携わる明の高官になる．両方の文化に精通した彼らが作ったのである．しかし，geometry の訳語を幾何としたのだろうか．

「幾何」という言葉が「幾何学」とは関係のない文脈にあれば，「いくばく」と訓（よ）まれる．つまり，どれくらいの量？　という疑問に使われることが多く，図形の学を表すとは思えない．以前は「幾何」は音訳であるというのが定説だったが，近年は誤解によるという説が強い．19 世紀に編まれた漢語–英語辞書では，geometry に対応する漢語が与えられておらず，その内容を漢語で説明する書物が『幾何原本』とある．その本に “the principles of quantity” という訳がついている．つまり，幾何とは量のことだと理解されていたらしい．ストイケイアの訳としてはむしろ自然だったと言えるだろう．

大地を測るとは，大地の上にある何かしらの対象物や構造をできるだけ忠実に再現するために，数値を対応させるということである．写真のない時代に図形なるものを伝えるためには，劣化しない情報である数に変換するのが良い．

数に変換し，数から再構成する．その技法と哲学が幾何なのである．

大地とは世界であり，図形はその世界の現象だとすれば，幾何は世界を理解し，操作するための技術であり，哲学である．現在，素粒子論でも宇宙論でも幾何的枠組みで語られることが多いのはそのためである．

本書には，現代の諸学の基礎である幾何が，そのあらゆる陰影とともに語られている．演習問題をすべて解けば，信じられないほどの実力がつく．最初は楽しんで読み進むことができなくともよい．苦しんでも読み進むことをお勧めする．読み進むことを楽しめるようになったら，どんな学問にも進むだけの心構えができていることだろう．健闘を祈る！

桑名にて
2016 年 12 月

蟹江　幸博

目　次

第 I 部

古典幾何学

γε̃［ゲー］　大地（陸と海を含む）. . .
μετρέω［メトレオー］　測る. . .
（リデルとスコット：オックスフォード，ギリシャ語–英語辞書）

「テーベのカーエムヘト[1]の墓の中に，耕地を測る縄と筆記用具を身につけた多くの人を見ることができる」
（[T.E. ピート (1923)]『リンド・数学パピルス』23 ページ）

「数学の講師はまずいくつか易しく役に立つ実用的なものを教え，それからユークリッド，球面三角法，球の射影，地図の作成，三角法，天文学，光学，音楽，代数学，などに進むべきである.」

(I. ニュートン「大学における若者の教育について」1690年ケンブリッジ大学，手稿，補遺 4005，フォリオ 14–15)

「西洋科学の発展の基礎には2つの偉大な業績がある．ギリシャの哲学者による形式的な論理体系（ユークリッド幾何におけるもの）と，系統だった実験によって因果関係を見出す可能性の発見（ルネサンス期のもの）である.」

(1953年4月23日付の，J.S. シュヴィッツァーへの A. アインシュタインの手紙)

「幾何学はそれ自身抽象的なものではあるが，身を入れて学び始めるときに感じる難しさの中でも最も大きいのが，『原論』で学ばされるあの流儀であることは認めざるを得ない．第一歩を踏み出すときは常に，読者に無味乾燥さを約束する，多くの定義，公準，公理，予備的な原理で始めることになる.」

(A.-C. クレロー『幾何学の基礎』(1741))

「無味乾燥な読解以外になにも約束していないように見える，定義と公準と公理と予備的な原理」(クレローの上の引用参照) が満載のユークリッドの有名な『原論』が普通は幾何学の教程を始めるときのモデルとされているにもかかわらず，紀元前300年頃に生きたその著者は，以下の年表の中で見れば，最初の偉大な幾何学者ではなかったことがわかる．しかし，土地（γε̃）を測り（μετρέω），ナイル川の定期的な洪水の後の耕地の測量をし，円筒状の容器の中の穀物の量を計算し，壮大な寺院やピラミッドを建設するために，先立つ数世紀にわたって数学的な成果が既に得られてきていたのである．したがって，「いくつかの易しく役に立つ実用的なもの」から第1章を始めることにす

[1] ［訳註］Khaemhet．第18王朝アメンホテップ3世の書記.

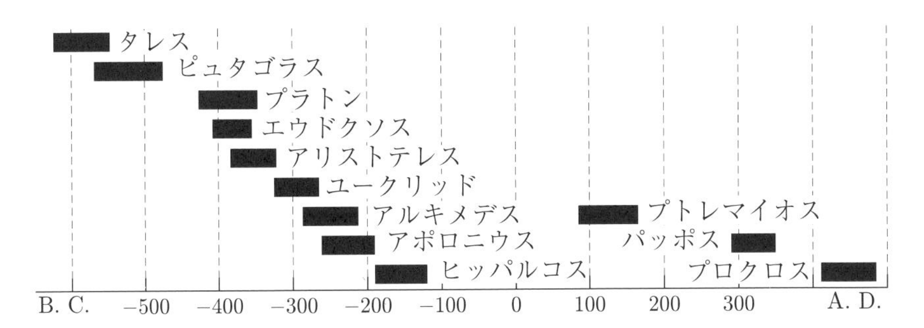

る．それはタレスの定理とピュタゴラスの定理という，人類にとっての最も古い定理であり，幾何学の基本的な道具である．それらは最も実用的な応用を扱うものである．

このパラダイスに入った最初の罅（ひび）は無理数の発見によって露わになった．無理数の発見は，タレスの定理の概念と証明が考えられていたほどに単純なものではないことを示したのである．このことと並行して，ピュタゴラス学派からプラトンまでのギリシャの哲学者たちの影響を受けた幾何学を，実際の応用から分離し，不変な対象を研究する抽象的な科学に格上げし，その精神を永遠の真実に高めるための努力があった．寺院の建設者によって用いられた釘や縄や壁は，数学的な点や直線や長方形など，つまり一連の定義と公理と公準を要する純粋な論究の対象によって置き換えられた（第2章参照）．これが以降のほとんどすべての数学的な思考と記述のスタイルの源である．

第3章と第4章では，ユークリッド以後の業績，つまりギリシャ幾何学の三大問題を解くために，アポロニウス，ニコメデス，アルキメデス，パッポスによって創出された新しい曲線や定理を述べる．三大問題とは，円の正方形化，任意の角の三等分，立方体の倍化である．第4章にはまた，ギリシャ人たちが彼ら自身の方法を使って発見することも可能だった，ずっと最近の美しい結果も含まれている．

第5章はギリシャ期の最後の偉大な創造，つまりヒッパルコスとプトレマイオスによる平面三角法と球面三角法，そして人類の夢の一つである天体の運動の理解への応用に捧げられている．これが現代の天文学と物理科学をもたらしたのである．

第1章　タレスとピュタゴラス

「. . . la théorie des lignes proportionnelles et la proposition de Pythagore, qui sont les bases de la Géométrie (. . . 幾何学の基礎をなす，比例する直線の理論とピュタゴラスの定理)」

（J.-V. ポンスレ (1822) p.xxix）

ユークリッド，アルキメデス，アポロニウスの先駆者たちの業績の現物は，この3人の大物の傑作が現れると，恐らくほとんど直ぐに放棄され忘れられ，失われたのである．

（T.L. ヒース (1926) 第I巻29ページ）

この時期の最も美しい発見は，**長さ**の間の関係に関するもの（タレスの切片定理），**角**の間の関係に関するもの（中心角の定理，ユークリッド，III.20），**面積**の間の関係に関するもの（ピュタゴラスの定理）である．索引をちらりと見ても，この3つの定理が幾何学にとって断然基本的であってかつ頻繁に用いられることがわかる．

ユークリッドの前の時代から生き残っている原物の文書は，いくつかの楔形文字のバビロニアの粘土板（およそ紀元前1900年頃からのもの）と大体同じ時期のエジプトの**リンド・パピルス**と**モスクワ・パピルス**しかない．タレスの業績とピュタゴラスとその弟子たちであるピュタゴラス学派の業績は，何世紀も後に，しばしば反対するために書かれた注釈書の中に引用されているだけである．

1.1 タレスの定理

「私の子供たちが在籍した高校の先生に，幾何をやるときには校庭に出て，樫の木が実際にどれくらいの高さかを測らせたらどうかと言ってみたんだけど，そうしてくれる高校はなかった.」

H.M. エンツェンスベルガー『数学者は城の中？』の D. マンフォード（IMU 会長）の序文

タレスはミレトス（小アジア，現在はトルコ領）に生まれた．彼はバビロンとエジプトに旅行し，ピラミッドの高さを，その影を測ることによって計算し，海岸からの船の距離を計算し，紀元前 585 年の日食を予言した.

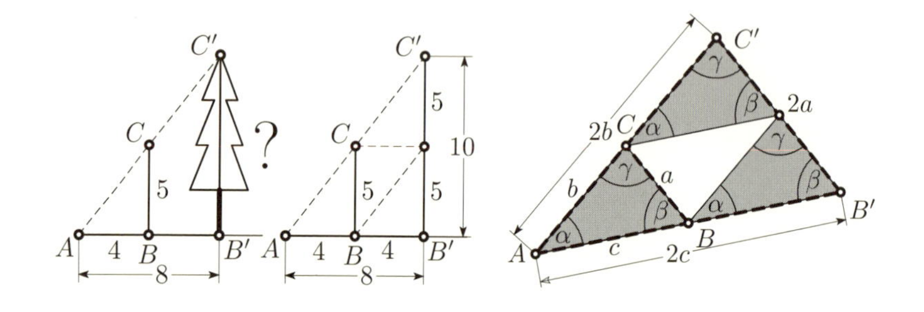

図 1.1　マンフォードの校庭の「樫の木」と公比 2 のタレスの定理

タレスは確かに，樹木 $B'C'$ の高さをそれに登らずにどのように測るかを教えてくれた人である（図 1.1 左図参照）. AB' をその木の影とする．棒 BC を垂直に立てて，AB が棒の影であるようにする[1]．それから AB と AB' の距離と棒 BC の長さを測り，例えばそれぞれ 4 メートル，8 メートル，5 メートルであったとする．三角形 ABC を平行移動することによって，AB' が AB の 2 倍の長さだから，高さ $B'C'$ は BC の 2 倍となる（真ん中の図参照）ことがわかるから，$B'C' = 2 \cdot 5 = 10$ メートルとなる．同じ議論を任意の三角形 ABC の平行移動に対しても適用することができる（図 1.1 右図参照).

[1] プルタルコスが書き留めたように．[T.L. ヒース (1921)] 129 ページ参照.

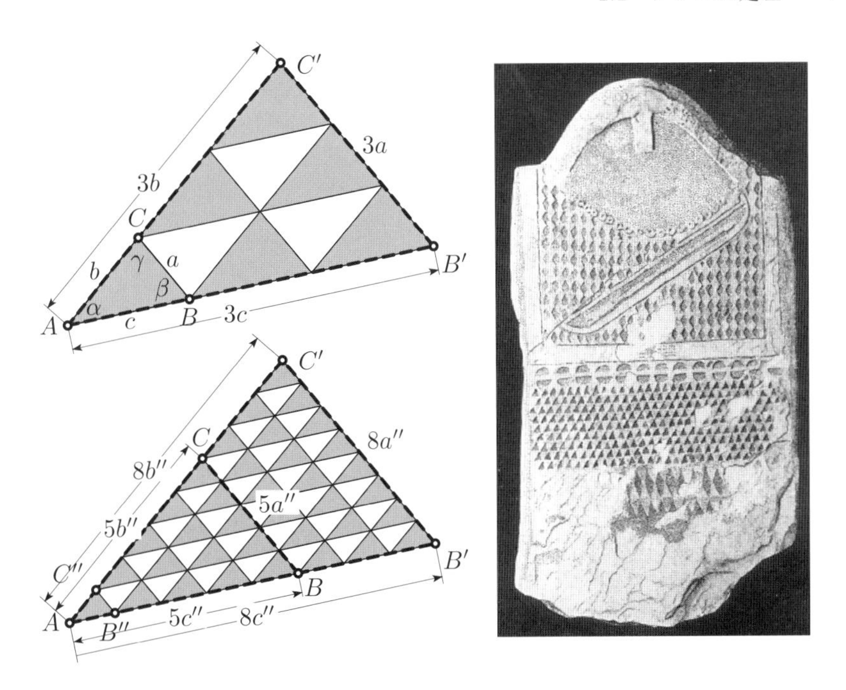

図 1.2 タレスの定理の証明．右：新石器時代の碑文，紀元前 2500 年のシオン（A. ガライ教授の好意による）．

もし三角形の辺の長さが 2 倍であり，角が変わらないなら，他の 2 辺の長さも 2 倍になる．

もし問題の木がもっと高ければ，三角形を **3** 回ずらして図 1.2（左上の図）の状態にしなければいけないかもしれず，そのときには $AB'C'$ の辺は ABC の辺の 3 倍の長さになる．

さらに細かい分割を使えば，この長さの比が 8 : 5 であるような図 1.2 の左下図が得られる．こうして，次の定理がどんな有理比に対しても成り立つことがわかる．紀元前 2500 年以降の新石器時代の碑文から思いついた可能性があり，後に厳しく批判されるこの証明を**石器時代証明**と呼ぶことにしよう．

定理 1.1（タレスの切片定理） 任意の三角形 ABC を考え（図 1.3 左図参照），AC を C' まで，AB を B' まで延長し，$B'C'$ が BC と平行であるよう

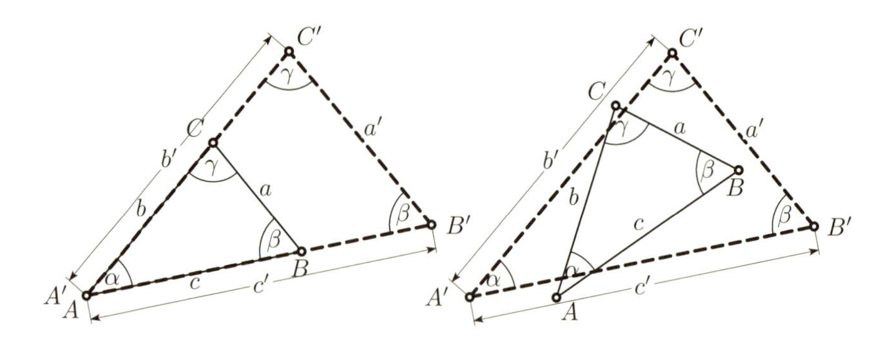

図 1.3　タレスの切片定理.

にせよ．そのとき，辺の比は次の関係式を満たす.

$$\frac{a'}{a} = \frac{b'}{b} = \frac{c'}{c} \quad \text{それゆえ} \quad \frac{a'}{c'} = \frac{a}{c}, \quad \frac{c'}{b'} = \frac{c'}{b}, \quad \frac{b'}{a'} = \frac{b}{a}$$

これらの比例関係は，三角形を平行移動させたり回転させたりしても保たれる（図 1.3 右図参照）．その結果，次の結果が得られる．**2 つの三角形の対応する角が等しければ対応する辺は比例する**．この性質を持つ三角形は**相似**であると言われる.

1.2　相似な図形

タレスの定理をもっと一般的に見ることがクラヴィウスやヴィエートらの仕事の中で行われた．O を通る直線上に対応する点 A_i, B_i, C_i があって，対応する直線 A_iA_j, B_iB_j, C_iC_j が平行であるとき，図形は **O を相似の中心として相似であると言う**（図 1.4 参照）．O を頂点とする三角形の対を選んでタレスの定理を適用すれば，相似な図形のすべての対応する辺は比例している．そのような相似な図形は多くの大家たちの重要な霊感源になっている（図 1.5 参照）.

有理数の長さの作図. 直線上に異なる 2 点 0 と 1 を考える．この 2 点を結ぶ線分の長さを**単位の長さ**と呼ぶ．この単位を直線上を運んでいくことによって，容易に整数点 $2, 3, \ldots$ が作図できる．しかし，有理値に対応する点はど

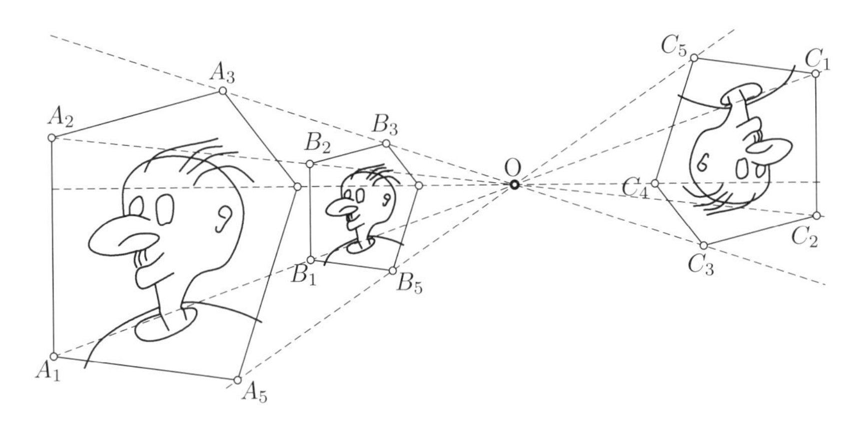

図 1.4　相似な図形．クラヴィウスとヴィエートのものを現代のコンピュータ技術によって改良したもの．

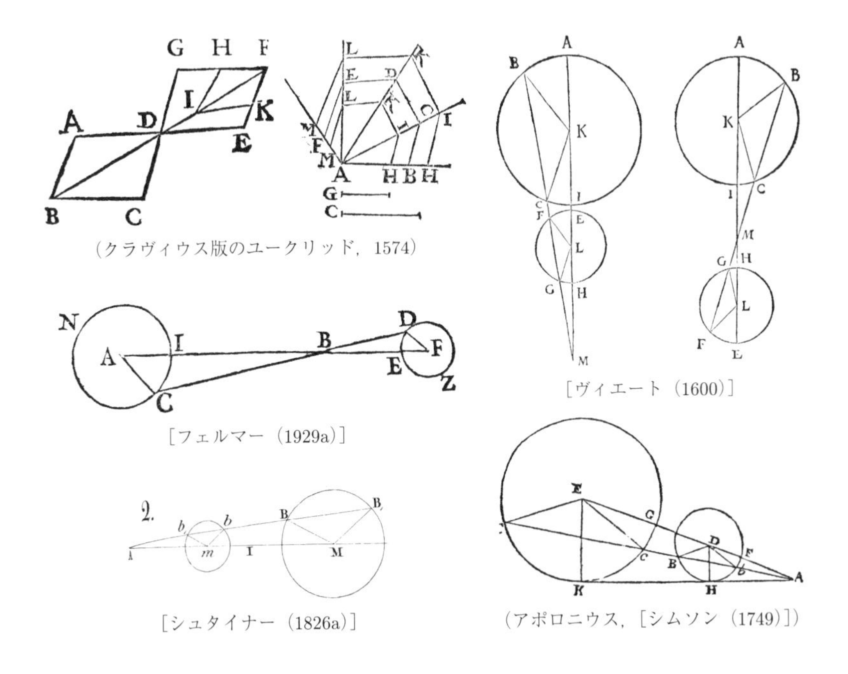

図 1.5　さまざまな大家たちの出版物における相似な図形

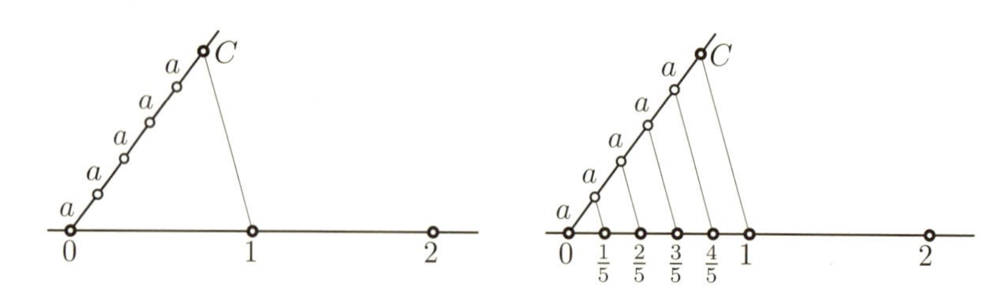

図 1.6　有理数の長さの作図

のようにしたら作図できるのだろうか？　このために，点0を通り，もとの直線と平行でないような任意の直線を引く．それから，任意の長さ a を数回（例えば5回）運んでやる．こうすると点 C が作図される（図1.6左図参照）．そこで C と1を結ぶ直線に平行な線を引いていけば，タレスの定理によって欲しかった点 $\frac{1}{5}, \frac{2}{5}, \ldots$ が得られる（この手続きは後にユークリッド VI.9 と呼ばれるようになる）．

1.3　角の性質

エミール・アルティン (1898–1962) は極めて明晰であり並外れてよく準備された講義をすることで有名であった．彼はいつもノートを一切持たずに講義をした．ある日，証明の途中で，突然立ち止まって「この結論は自明だ」と言った．数秒後に「自明なんだが，どうしてだかわからなくなった」と繰り返した．それからもう数分その問題を考えて「自明だということはわかっているのだが，どうして自明なのかがわからなくなった」と言った．さらに数分考えて，最後には「済まない．講義ノートを見てこないといけないようだ」と言って教室を出ていき，10分後に戻ってきて言った，「本当に自明なんだ」と．

（ヨーゼフ・シュミット（フライブルク大学）による証言）

私はまだ覚えているのだが，ソファーに座って考え込んでいるある男の前に立った，もう一人の男が「だからこれこれのことが正しいんだよ」と言っていた．「何故そうなんだ」とソファーの男が言った．「自明なんだよ，自明じゃないか」と立っている男が言った...

（R.P. ファインマン．『ご冗談でしょう，ファインマンさん』から，プリンストン大学の数学–物理共通ラウンジの思い出）

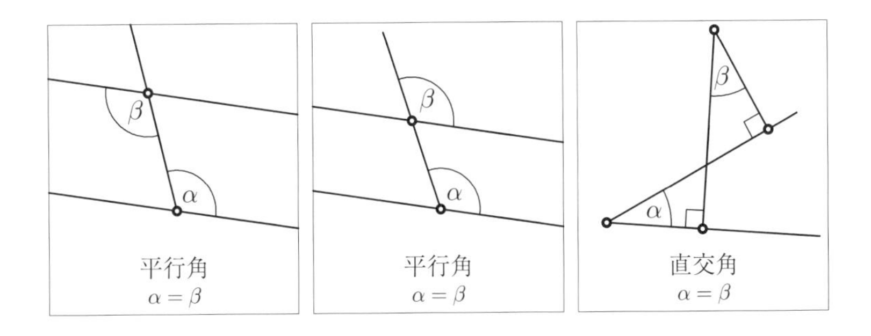

図 1.7　平行角と直交角

三角形の角． 角が等しいということで基本的なものをいくつか（平行角と直交角を）図 1.7 に示した[2]．ユークリッド以前の時代のときと同様，（当面は）これらの性質は「自明である」と考えておく．もっときちんとした取り扱いは第 2 章で行う．

「Die Winkelsumme im Dreieck kann nicht nach den Bedürfnissen der Kurie abgeändert werden.（三角形の角の和は元老院の要求があろうと変えることはできません．）」

（B. ブレヒト『ガリレイの生涯』(1939)，第 8 場）

定理 1.2（ユークリッド I.32） 任意の三角形の 3 つの角の和は 2 直角に等しい[3]．

---

[2] ［訳註］日本では平行角のうち，前者を錯角，後者を同位角として区別する．また，日本語ではあまり直交角という言い方はしないが，ここでは，1 つの角が共通な 2 つの直角三角形の残りの 2 つの角に対する言葉だと思えばよい．

[3] ユークリッド（第 2.1 節のユークリッドの公準 4 参照）にならって，直角に対して⊾という

$$\alpha + \beta + \gamma = 2\llcorner = 180^\circ \tag{1.1}$$

証明については，ピュタゴラス学派は，C を通り，対辺 AB に平行な直線を引く（図 1.8(a) 参照）．ユークリッドは辺 AB を延長し，B を通り，AC に平行な直線を引き（図 1.8(b) 参照），平行な角 α と γ を使う．

ユークリッドの方法から次の系が得られる．

系 1.3　外角はそれぞれ，内対角の和に等しい（図 1.8(c) 参照）．

$$\delta = \alpha + \gamma \tag{1.2}$$

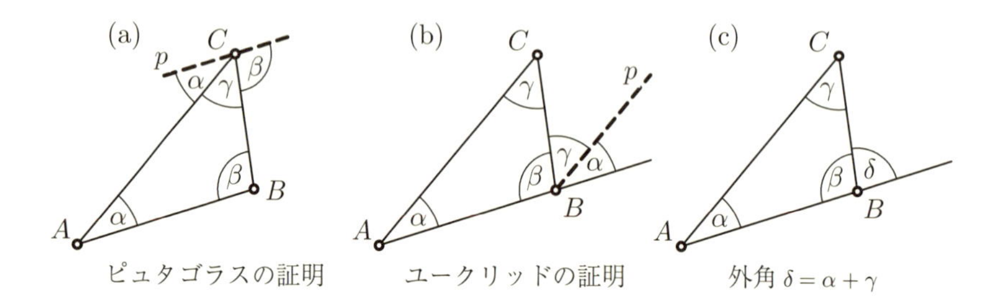

図 1.8　三角形の角（ユークリッド I.32）

円の中の角．　O を中心，AB を直径とする円周上に，（A, B と異なる）任意の点 C を選び，それを A と O とに結ぶ（図 1.9(a) 参照）．三角形 AOC は二等辺三角形だから，A と C における角は同じ β である．それゆえ，(1.2) により，角 BOC は角 BAC の 2 倍である．角 BOC を弧 BC に対する**中心角**，角 BAC をこの弧に対する**円周角**と言う．もっと一般に，図 1.9(b) の状況で，角 CAD を弧 CD に対する円周角，角 COD をこの弧に対する中心角と言う．次に，円周上の任意の点 D を，C と D が直径 AB に関して反対側になるように選ぶ（図 1.9(b) 参照）．直径を消せば，図 1.9(c) のようになり，$\alpha = \beta + \gamma$ に対する重要な関係式が得られる．

特定の記号を使う．同じように，[シュタイナー (1826c)] では R という記号を使っているし，[ミケル (1838a)] では d という記号（フランス語で直角を angle droit と書く）を使っているが，これと同じである．

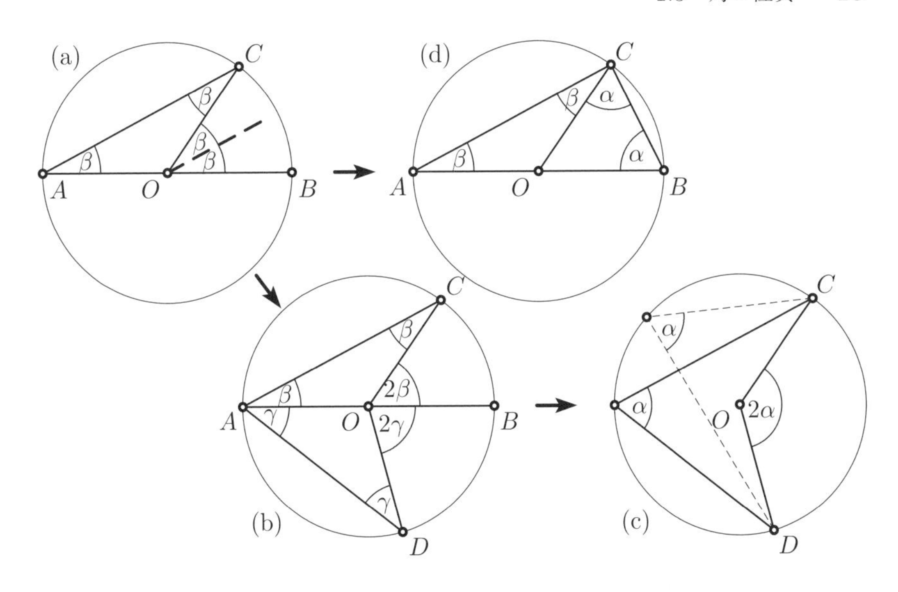

図 1.9 中心角と円周角

定理 1.4（ユークリッド **III.20**） 円の中心角は同じ弧に対する任意の円周角の 2 倍である（図 1.9(c) 参照）.

定理 1.5（ユークリッド **III.31**） AB が直径で，C が（A とも B とも異なる）円周上の点であれば，角 ACB は直角である（図 1.9(d) 参照）.

証明. このことは，α と β と書いた 2 つの角に対する等式とユークリッド I.32 から得られる．なぜなら $2\alpha + 2\beta = 2$∟ から $\alpha + \beta =$ ∟ が得られるからである．これはまた，図 1.9(c) で $2\alpha = 2$∟ と取ったときのユークリッド III.20 の特別な場合と考えることもできる． □

タレスの円. 与えられた線分 AB を直径とする円を**タレスの円**と言う（図 2.1，定義 21 も参照のこと）．C をこの円周上のどの点としても三角形 ABC は直角三角形である．定理 1.5 の逆については，第 2 章演習問題 4 を参照のこと.

1.4　正5角形

正多角形は科学の黎明期から幾何学者たちを魅了してきた．バビロニア人たちは正三角形と正方形を理解していたので（第1.6節参照），ギリシャ人たちは，5つの頂点を持つ正5角形に注意を向けることになった．

対角線の長さ． 正5角形のすべての対角線を引くことによって，図1.10(b)に示したような星が得られる．この美しい星はピュタゴラス学派にとって教団員の認定のシンボルであったし，今日に至るまで革命運動や豪華ホテルに生き残っている伝統である．

辺の長さが1である正5角形の対角線の長さ Φ を決定しよう（図1.10(a)参照）．構造から弧 AB, BC などに対する中心角は 72° であるので，これらの弧に対する円周角は $\alpha = 32^\circ$ である（ユークリッド III.20）．三角形 ACD を考える（図1.10(c)参照）．その中に三角形 ACD に相似な小三角形 CDF がある．それゆえ，

$$\text{タレス}^4\text{：}\ s = \frac{1}{\Phi} \qquad \text{二等辺：}\ \Phi = 1 + s \tag{1.3}$$

となり，これから

$$\Phi^2 = \Phi + 1 \quad \text{と} \quad s^2 + s = 1 \tag{1.4}$$

が得られる．$\Phi = \frac{\sqrt{5}}{2} + \frac{1}{2}$ と $s = \frac{\sqrt{5}}{2} - \frac{1}{2}$ であることを示す，これらの値に対する幾何的な作図はおそらくピュタゴラス学派には知られていたし，ユークリッドの『原論』ではII.1という番号がついている（演習問題15参照）．

この数 Φ は**黄金比**と呼ばれている．多くの美しい古代の建造物，特にアクロポリスの**パルテノン神殿**があまりにも完全に「黄金長方形」（辺の長さが1と Φ であるような長方形）に当てはまるという事実から，その建築家であるΦειδίας［フェイディアス］に敬意を払って Φ という記号を使うようになっ

[4] ［訳註］三角形 ACD と CDF が相似だから，タレスの定理によって $AC : CD = CD : FD$ であり，$\Phi : 1 = 1 : s$ となって，$s = \frac{1}{\Phi}$ となる．以降，記述における論理の飛躍の程度は少しずつ大きくなる．

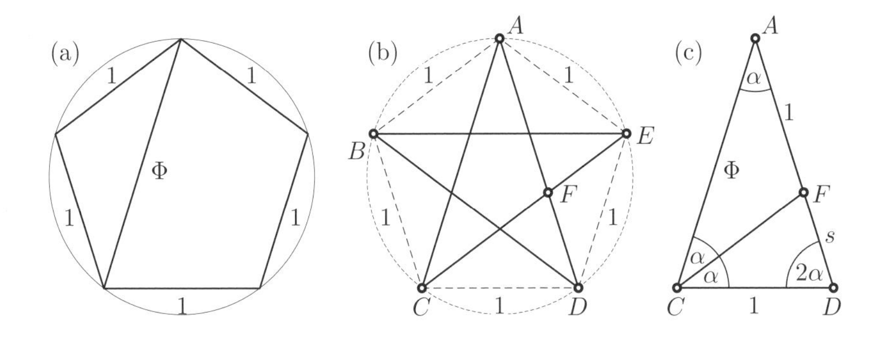

図 **1.10** 正 5 角形

た.

無理数の発見. すべては数であるとピュタゴラスは言ったが，どうやら彼の頭には**有理数**だけしかなかったようである．しかしながら，ほどなく $\sqrt{2}$ と Φ が有理数でないことが発見された.

Φ に対する証明のために，有理数 $\frac{m}{n}$ が (1.3) の解であったと仮定する．さらに，これが既約分数である，つまり，m と n が互いに素であると仮定する．それゆえ，(1.3) により

$$\frac{m}{n} = 1 + \frac{1}{\frac{m}{n}} = 1 + \frac{n}{m} = \frac{m+n}{m} \tag{1.5}$$

が得られる．しかし，m と n が互いに素であるから，m と $m+n$ も互いに素である（より詳しくは 2.4 節のユークリッド VII.2，特に図 2.19 を参照のこと）．それゆえ，分数 m/n と $(m+n)/m$ は等しくなることはできず，**Φ は有理数にはなりえない.**

ピュタゴラス学派によって神聖なものと考えられていた正 5 角形に，測ることができない対角線があるという事実は，本当に衝撃であった．伝説によれば，この事実を発見し，語りすぎたヒッパソスは海で溺れ死んだということである.

この発見は理論にとっても大きな混乱であった．タレスの定理に対して上で与えた証明は無理数比に対しては成り立たないのである．このことはユークリッドの『原論』をかなり複雑なものにした（第 2 章参照).

1.5　面積の計算

> 教育省の研究... イングランドのほぼ3分の1（29 %）の成人は，フィートにしろメートルにしろ，部屋の床の面積を，電卓か紙とペンかを使ってでも，使わないででも，計算することができないことがわかった．
>
> （BBC ニュース・オンライン，2002.5.5（日））

面積の計算によって，タレスの定理とユークリッド III.20 に続く，本章の第3の柱であるピュタゴラスの定理に導かれる．最初は**長方形の面積**で，$a \cdot b$である．これは，各列に7本のボトルを4列に並べて大箱に詰めることができるワイン・ボトルの数 (28) を数えるようなものである（図 1.11 の左図参照）．

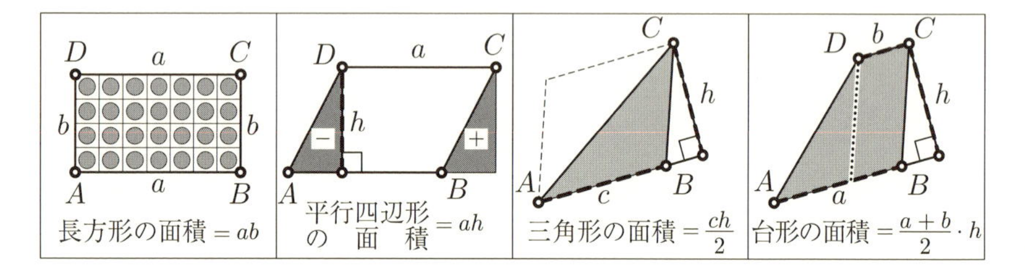

図 1.11　長方形，平行四辺形，三角形，台形の面積

平行四辺形の面積は$a \cdot h$である．ここで，hは平行四辺形の**高さ**である（ユークリッド I.35）．これを見るには2つの方法がある．(a) 左側の三角形を切り落として右側にくっつけて長方形を作る（ユークリッドの証明，図 1.11 の第2の図参照）．(b) 平行四辺形をABに平行に，たくさんの非常に薄い長方形に切る（エウドクソスとアルキメデスの「取り尽くし法」．この形は [ルジャンドル (1794)] の注釈のもの．図 2.34 の右図も参照）．

三角形の面積は平行四辺形の面積の半分である．

$$\mathcal{A} = \text{三角形の面積} = \text{底辺} \times \text{高さ}/2 = \frac{c \cdot h}{2} \tag{1.6}$$

（ユークリッド I.41）．図 1.11 の第3の図参照．

最後に**台形の面積**（図 1.11 の右図参照）は，台形を平行四辺形と三角形に切り分ければわかる．上の 2 つの結果を使うと，$\mathcal{A} = bh + \frac{a-b}{2} \cdot h = \frac{a+b}{2} \cdot h$ となる．

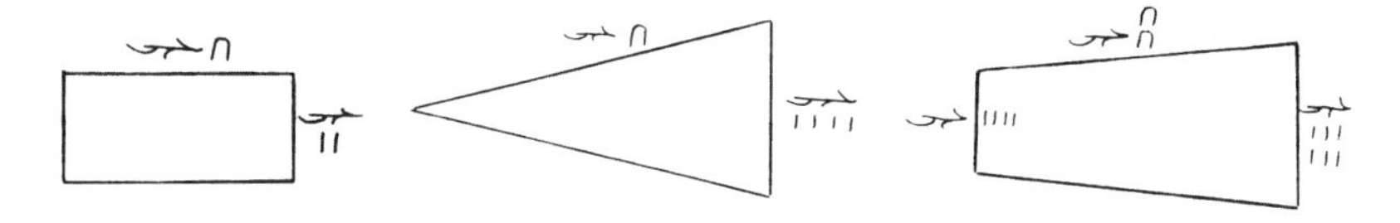

図 1.12　リンド・パピルスの面積計算．左：長方形は $10 \cdot 2 = 20$（No.49），中：三角形は $\frac{4 \cdot 10}{2} = 20$（No.51），右：台形は $\frac{4+6}{2} \cdot 20 = 100$（No.52）．ピートによる筆写．

リンド・パピルス． 1858 年にスコットランド人のエジプト学者 A.H. リンドはルクソールの市場で 2 つのパピルスの巻物を買った（現在，大英博物館のパピルス 10057 と 10058 となっている）．それは紀元前 1650 年頃に書かれたもので，さらに昔の紀元前 19 世紀の書類の写しであると主張されていた．その最初の包括的な解析と翻訳が [A. アイゼンローア (1877)] によってなされ，彼はパピルスの例題に 1 から 84 までの番号をつけた．[大英博物館 (1898)] として複製が出版されている．[T.E. ピート (1923)] はパピルスから直接複写したものを注意深く取り扱った．エジプト人は，シンボル 1 = |, 10 = ∩, 100 = 𓍢, 1000 = 𓆼 を使った 10 進法で数を書いており，たとえば，数

4678 = 𓆼𓆼𓆼𓆼𓍢𓍢𓍢𓍢𓍢𓍢∩∩∩∩∩∩∩||||||||

などはたくさんの記号を書かないといけない．リンド・パピルスでは長方形の面積は No.49 で扱われている（図 1.12 左図参照）．辺が || クヘトと ∩ クヘトの長方形に対する結果は ∩∩ セタト[5]でないといけないのだが，残念なことに，「書記のひどい写し間違い」に隠れてしまっている（[T.E. ピート (1923)], 90 ページ）．しかし，No.51（図 1.12 中図）では，底辺 |||| と高さ ∩ の三角形の面積は正しく ∩∩ と計算されているが，エジプトの書記が高さの意味を正しく理解しているかどうかの議論が [T.E. ピート (1923)] の 91–94 ページの 4 ページも掛けて行われている．No.52 では，辺が |||||| と |||| で高さが ∩∩ の

[5]［訳註］1 セタトは 1 平方クヘトである．

台形の面積@が正しく計算されていることがわかる．ここでも，高さの意味が完全にはっきりしてはいない（図 1.12 右図）．

相似な三角形の面積． 図 1.2 の三角形 ABC（タレスの定理の石器時代証明）を取る．その辺の長さは三角形 $AB''C''$ の辺の長さの 5 倍である．それは小さい三角形の

$$1+3+5+7+9 = 5^2 \qquad (1.7)$$

個のコピーからなっている（これはピュタゴラス学派のお気に入りの議論の 1 つである）．同じように三角形 $AB'C'$ は 8^2 個のコピーを含んでいる．それゆえ，三角形 $AB'C'$ の面積は三角形 ABC の面積の $\frac{8^2}{5^2}$ 倍である．

こうして，次の結果が得られる[6]．

定理 1.6（ユークリッド **VI.19**）　q 倍の長さの辺を持つ，相似な三角形の面積は q^2 倍である．

1.6　注目すべきバビロニア文書

図 1.13 が示しているのは紀元前 1900 年頃のバビロニアの粘土板で，それゆえ，ネブカドネザルやツタンカーメン[7]よりもずっと古いものである．この粘土板は辺の長さが 30 の正方形を示している．その対角線に 60 進法で 1, 24 51 10 と，42, 25 35 が刻まれている（バビロニアの記号で𒁹は 1 を，𒌋は 10 を表している）．

説明． 辺の長さが $a = 30$ で対角線が c の正方形があれば（図 1.14 左図），対角線上の正方形は 2 倍の大きさになる（図 1.14 中図で，4 つではなく 8 つの三角形からなる）．こうして，$c^2 = 2a^2$ であり，$c = a\sqrt{2}$ となる．この結果

6　この結果を得るためのもう 1 つの方法は (1.6) に基づく．

7　［訳註］ネブカドネザルはイェルサレムを征服したことで有名な紀元前 6 世紀のバビロニアの王で，ツタンカーメンは紀元前 14 世紀のエジプト第 28 王朝の王．

図 **1.13** バビロニアの楔形文字粘土板 YBC7289[8]，紀元前 1900 年（イメージは S.Cirilli によって画質を高められたもの）

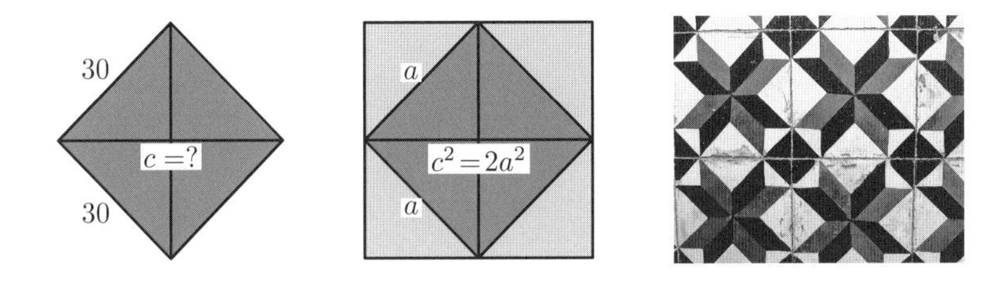

図 **1.14** 左：正方形の対角線の長さ，右：クレタ島の古い礼拝堂に見られる装飾モザイク

を得るもう 1 つの方法は，古代ではよくそうしただろうように，装飾モザイク（図 1.14 右図）の 1 つをじっと見ることだろう．この数は，60 進法で書けば，

$$\sqrt{2} = 1,24\ 51\ 10\ 7\ 46\ 6\ 4\ ..., \quad 30 \cdot \sqrt{2} = 42,25\ 35\ 3\ 53\ 3\ 2\ ...$$

となり，粘土板上に示された数字がすべて正しいことがわかる（計算について

8 ［訳註］YBC は Yale Babylonian Collection の略．イェール大学図書館の分館に所蔵されている 45000 点に及ぶバビロニアの楔形文字の刻まれた粘土板のコレクションで，数字はその通し番号である．

は章末の演習問題7を参照).

こうして，この粘土板は，比例の規則と同じように，(二等辺三角形の場合に）ピュタゴラスの定理が既にバビロニア人たちに知られていたことの，証拠になっている．このことで，計算能力が賞賛するほどのものであったことも合わせてわかる．

1.7　ピュタゴラスの定理

> 「この偉大な定理は一般にピュタゴラスの名に結びつけられている．プロクロスは次のように言っている．古代の歴史を詳述したいという人に聞けば，何人かはこの定理をピュタゴラスに帰し，彼がその発見を祝って牡牛を犠牲にしたと言うだろう．」
>
> ([T.L. ヒース (1920)]『ギリシャ語でのユークリッド』219ページ)

世界中の何百万人もの生徒たちが，直角三角形の辺に関する

$$a^2 + b^2 = c^2 \tag{1.8}$$

b　a
c

という公式を習ってきたが，証明を知っているものも，またちゃんとした意味を知る者すら，とてもわずかしかいない．**人類最初の大定理**と考えられることが多いこの定理はピュタゴラスのものとされてきたが（引用を参照)，もともとの発見がどのようになされたかは知られていない．

古典的証明. 図1.15は3つの文明，中国，インド，アラブにまたがっている．図1.15(a)のように少し傾いた，面積c^2の正方形から始める．

中国の証明. 辺aとbの直角三角形を4つ加えて図1.15(b)を作ると，面積$(a+b)^2 = a^2+2ab+b^2$の大きな正方形が得られる．4つの三角形の面積を足し合わせると$2ab$になるので，面積c^2の正方形もまた面積a^2+b^2を持つことになる．これが周髀算經(しゅうひさんけい)（中国，紀元前250年，[ファン・デル・ヴェルデン (1983)] 27ページ）の証明である．図1.15の右図では，この変換が3つの三角形2,3,4

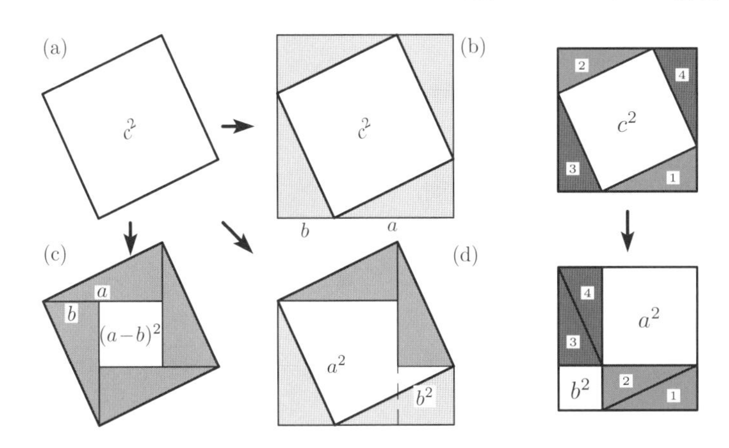

図 1.15　左：3 つの古典的証明（周髀算經 (b)，バースカラ (c)，サービト・イブン・クッラ (d)）．右：周髀算經の図をユークリッド II.4 の三角形に変換

を動かすことで得られている．下の図はまさに 50 ページのユークリッド II.4 の図そのもので，これがピュタゴラスのもともとの証明でもあることの強い証拠になっている．

インドの証明. バースカラ（1114 年にインドで生まれた）はこの同じ三角形を 4 つ取り去って，面積 $(a-b)^2$ の正方形を得て，単に「見よ！」と言うだけで証明を終えている（図 1.15(c) 参照）．

アラブの証明. しかし，**2** つの三角形を取り去らずに反対側にくっつけたらどうだろうか（図 1.15(d) と図 1.16 参照）．この作図により，面積 c^2 の正方形は直接に，三角形の追加的な計算をしないでも，全面積が a^2+b^2 の 2 つの正方形に変換されている．このエレガントな証明はサービト・イブン・クッラ（826–901）のものとされている．

敷詰めを使った証明. 伝説によれば，ピュタゴラスはサモス島の僭主ポリュクラテスの宮殿のタイル張りされた床を見て，自身の定理を発見したということである．伝説は彼が考察した床面の記述をしてくれてはいないので，憶測するしかない．可能なさまざまなパターンを図 1.17 に描いてみた．最初の図は，

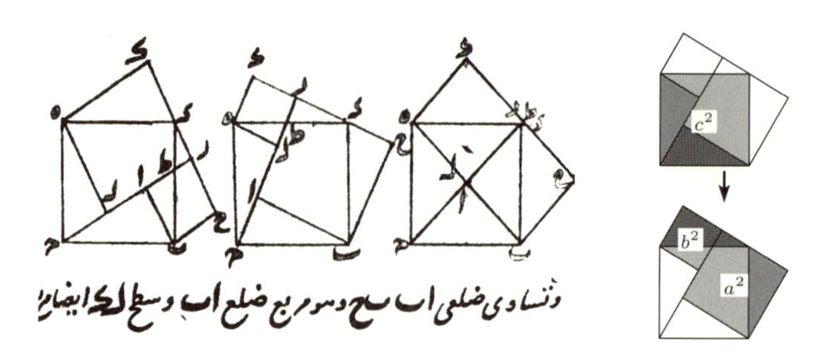

図 1.16　左：ナスィール・アルディン・アルトゥースィー (1201–1274) による，ピュタゴラスの定理のサービト・イブン・クッラの証明の手稿，右：説明

図 1.17　ポリュクラテスの宮殿の床のモザイクだったかもしれないさまざまなパターン

この宮殿の仮想的なホールの床の，同じ数の，2 つの異なる面積，a^2 と b^2 の正方形によるモザイクを表している．点線を見ていると，この床が同じ数の，面積が c^2 のタイルで敷き詰められていると想像することができる．こうして，$a^2 + b^2$ が c^2 に等しくなることが直観的に明らかになる（[ペンローズ (2005)] 26–27 ページも参照）．この直観をもっと納得のいく証明にするために，面積 c^2 の 1 つの正方形を分離して，図 1.18 にあるように，四辺形 2,3,4 を平行移動して，面積が a^2 と b^2 の 2 つの正方形に変換する．今度は，ピュタゴラスの定理の正しさは直ちに明らかになる．もし正方形 c^2 の頂点に星を置くと，同じようにしてアラブの証明が得られる（以下の演習問題 11 参照）．

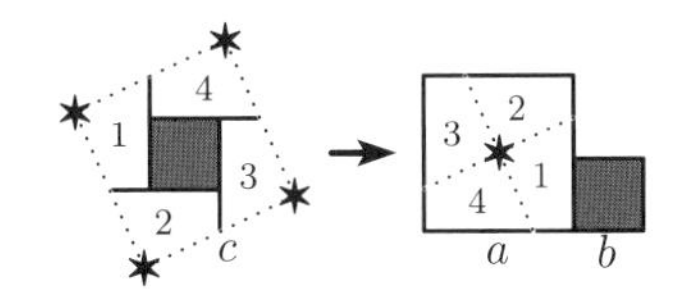

図 1.18　ピュタゴラスの定理のためにポリュクラテスのモザイクのタイルを移動する

図 1.17 の 2 つ目のパターン（アンティエ・ケスラーの提案）は中国の証明のアイデアを与えているようである．最期に，面積が 5 のスイス十字架でできている 3 つ目のパターンは，辺の長さが $1, 2, \sqrt{5}$ の特定の三角形に対するピュタゴラスの定理の正しさを示している．

ユークリッドの証明.　この素晴らしい証明はプロクロスによって大いに賞賛された（[T.L. ヒース (1926)] 第 I 巻, 349 ページ）．アイデアは，図 1.19 のように，直角三角形 $AB\Gamma$ に，面積が a^2, b^2, c^2 の 3 つの正方形をくっつけることである．2 つの灰色の三角形 $BA\Delta$ と $BZ\Gamma$ は同じもので，90° だけ回転したものである．三角形 $BZ\Gamma$ は，正方形 $BAHZ$ と底辺と高さが同じであり，三角形 $BA\Delta$ は長方形 $B\Delta\Lambda$ と底辺と高さが同じである．こうして，この 2 つの四辺形の面積は同じになる．同じ証明が右側の四辺形にも使えるので，この 2 つの結果を合わせるとピュタゴラスの定理が得られる．

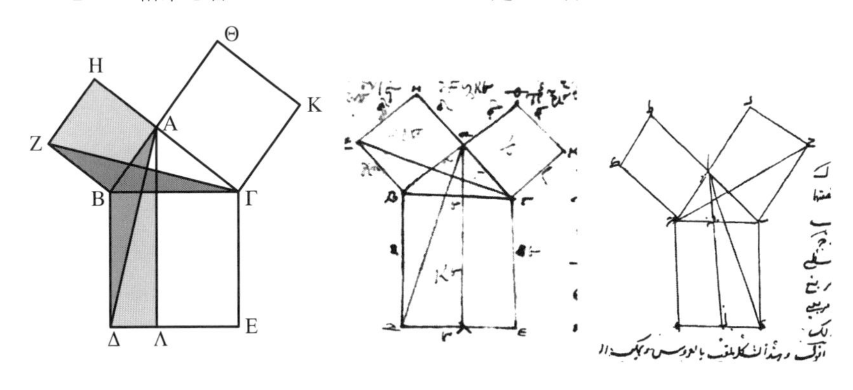

図 1.19　左：ユークリッドの証明，中：ギリシャの手稿，右：アラビアの手稿（サービト・イブン・クッラ，バクダード，870）

レオナルド・ピサーノの証明. レオナルド・ピサーノ（フィボナッチ）は[ピサのレオナルド(1220)]『実用的な幾何学(*Practica Geometriae*)』において，タレスの定理を使って次のように（図1.20参照）（「ユークリッド第6巻で証明されているように(ut Euclides in sexto libro demonstravit)」），ピュタゴラスの定理を証明した．

Cを通る高さを引けば，DBCとCBA，またDACとCABという2組の相似な三角形の対が得られる（図1.20参照）．すると，

$$\left.\begin{array}{l} \dfrac{a}{p}=\dfrac{c}{a} \quad \Rightarrow \quad a^2=pc \\ \dfrac{b}{q}=\dfrac{c}{b} \quad \Rightarrow \quad b^2=qc \end{array}\right\} \quad \Rightarrow \quad a^2+b^2=(p+q)c=c^2 \tag{1.9}$$

が得られる．後で使うので，

$$\frac{p}{h}=\frac{h}{q} \quad \Rightarrow \quad h^2=pq \qquad \text{（高さ定理）} \tag{1.10}$$

も得られることを注意しておこう．

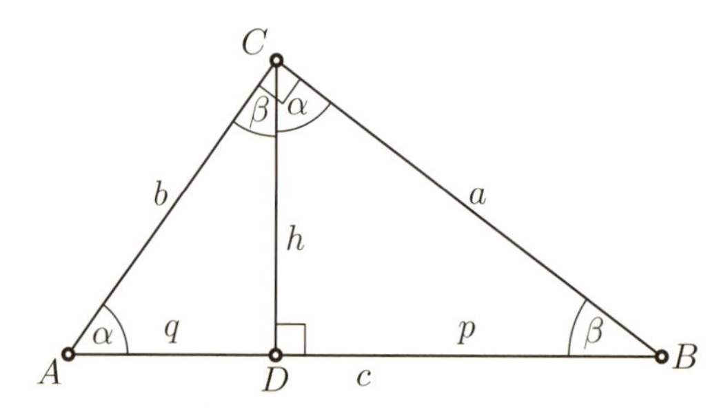

図1.20　タレスの定理を使った証明

ナーバーの証明. [ファン・デル・ヴェルデン(1983)] 30ページでは，この証明をH.A.ナーバー（ハールレム，1908）[9]によるものとしているが，[T.L.ヒース(1921)] 148ページでは，これをピュタゴラスのもともとの証明として最もそれらしいものの1つと言っている[10]．

9　［訳註］ハールレムはオランダ，北ホラント州の州都．Das Theorem des Pythagoras（ピュタゴラスの定理）というナーバーの論文が，ハールレムで1908年に出版されたという意味．

10　［訳註］ユークリッド『原論』第6巻命題31に3つの三角形の相似が注意してあり，相似な図

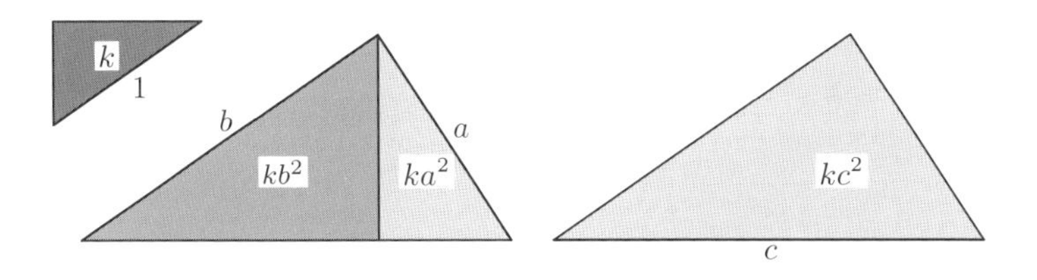

図 1.21　ナーバーの証明

確かに，この証明はあらゆる証明の中でも最もエレガントなものである．図 1.21 の 4 つの三角形は相似である．斜辺が 1 である第 1 の三角形の面積を k と書けば，定理 1.6 により，ほかの三角形の面積はそれぞれ ka^2, kb^2, kc^2 となる．図形を比較すれば，明らかに，$ka^2 + kb^2 = kc^2$ であることがわかり，後はこの等式を k で割れば良い．

ピュタゴラスの定理のこれ以上の証明については，章末の演習問題と著書 [ルーミス (1940)] を見ると良い．その本の中の証明の数は 370 を数える．その証明の中には，数学が石油よりも魅惑的であった美しい時代の，アメリカ合衆国の大統領（ジェイムズ・ガーフィールド）のものさえある．

正多角形への応用． 上記のユークリッドより前の時代の結果から，多くの正多角形の神秘を明らかにして，内接円の半径 ρ と外接円の半径 R が計算できるようになる．その結果を集めたものが表 1.1 である．

証明． ピュタゴラスの定理により，常に $\rho = \sqrt{R^2 - \frac{1}{4}}$ が成り立つ．$n = 3$ と $n = 5$ の場合の（図 1.22 で定義される）量 h と ℓ はピュタゴラスの定理によって計算される．$\Phi^2 = \Phi + 1$ を使って，ℓ を簡単にすると，

$$h = \sqrt{1 - \frac{1}{4}} = \frac{\sqrt{3}}{2}, \quad \ell = \sqrt{1 - \frac{\Phi^2}{4}} = \frac{3 - \Phi}{2}$$

となる．R の値は，図 1.22 の灰色の三角形にタレスの定理を適用すれば得られる．$n = 10$ に対しては図 1.10 (c) を参照すること．$\alpha = 36°$ だから，これらの 10 個の三角形をケーキのように並べると正 10 角形が得られる．□

形の面積の比が辺の平方の比であることも注意してあるので，内容的には当時既に知られていたとしていいだろう，ということ．

表 1.1　辺の長さが1の正多角形の内接円の半径 ρ と外接円の半径 R

n		R	ρ
3		$R=\dfrac{\sqrt{3}}{3}$	$\rho=\dfrac{\sqrt{3}}{6}$
4		$R=\dfrac{\sqrt{2}}{2}$	$\rho=\dfrac{1}{2}$
5		$R=\dfrac{1}{\sqrt{3-\Phi}}=\dfrac{\sqrt{2+\Phi}}{\sqrt{5}}$	$\rho=\dfrac{3+4\Phi}{2\sqrt{5}}$
6		$R=1$	$\rho=\dfrac{\sqrt{3}}{2}$
10		$R=\Phi$	$\rho=\dfrac{\sqrt{3+4\Phi}}{2}$

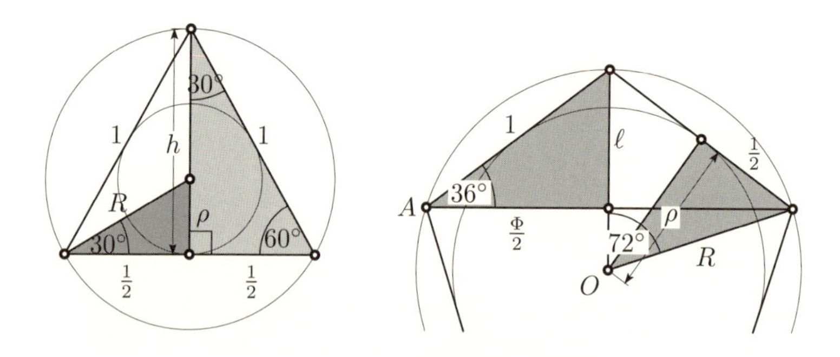

図 1.22　正三角形と正5角形

1.8　演習問題

1. プトレマイオスは，60進法での近似値

$$\sqrt{3}\approx 1,43\ 55\ 23$$

を与えた（[T.L. ヒース (1926)] 第II巻119ページ）．彼が精確であった

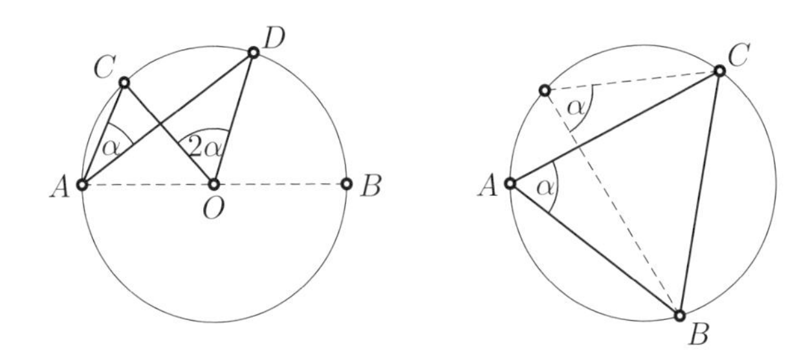

図 1.23　左：ユークリッド III.20 の修正，右：ユークリッド III.21

かどうかを確かめよ．

2. 点 C と D が AB の反対側にない場合に，定理 1.4 の証明を修正せよ（図 1.23 左図）．今度は α は 2 つの角 β と γ の**差**になる．
3. 図 1.23 右図のように，ABC を円に内接する三角形とする．α の大きさが，円周上の A の位置によらないことを示せ（ユークリッド III.21）．
4. 黄金比を近似するために，次の漸化式で定義される有理数列を考える．

$$r_{k+1} = 1 + \frac{1}{r_k}, \qquad k \geq 0$$

ただし，$r_0 = 1$ とする．(1.3) 式との関係を見つけ，分数 r_k の分母を考えることによって，興味深い数列である**フィボナッチ数**を発見せよ．

5. 辺の長さが Φ と 1 の「黄金」長方形が与えられているとする．この黄金長方形から正方形を切り落とせば，別の黄金長方形が得られる．その辺の長さは $1/\Phi$ に縮小したものになる（図 1.24 参照）．この手続きは繰り返すことができ，埋め込まれた黄金長方形の列が得られる．これらの正方形にそれぞれ 4 分の 1 円を描けば，美しい螺旋が得られ，これには大きな神秘の力が宿っていると言われる．
6. 同じ断片の異なる並べ方から $273 = 272$ であるように見える，図 1.25 に示された「証明」の間違いを見つけよ．
7. 古代の人々[11]は平方根をとることに長けていた．それはピュタゴラスの

[11] ［訳註］英語での古代というのは古代ギリシャを表すことが多く，古代人と言えば古代ギリシャ文明の，しかもエリートたちを指していると思ったほうがいいかもしれない．もちろん，古代バビロ

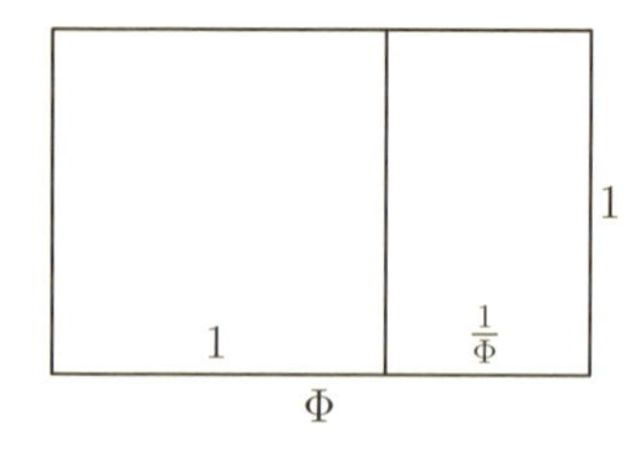

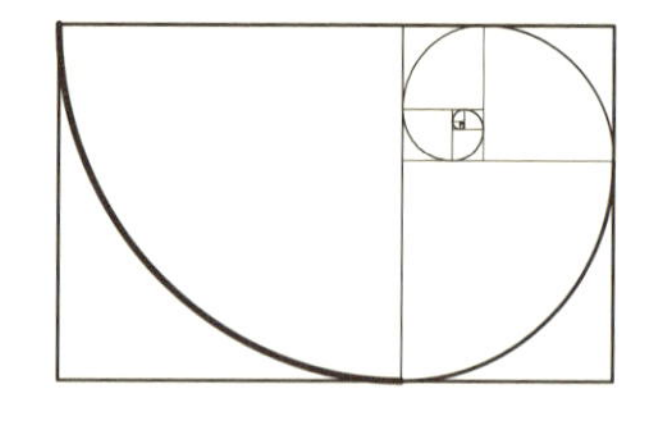

図 1.24　黄金長方形とその分割

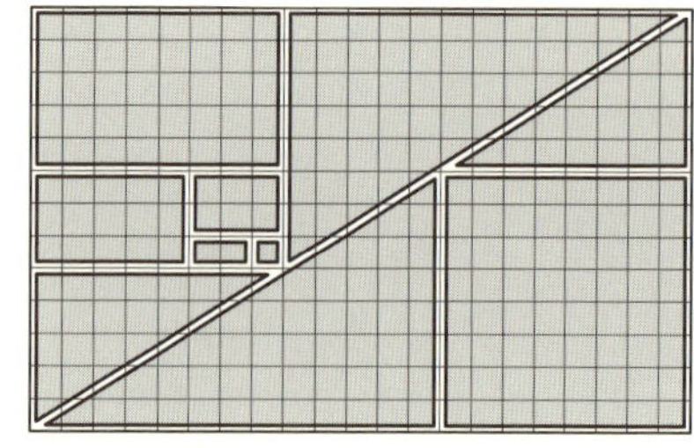
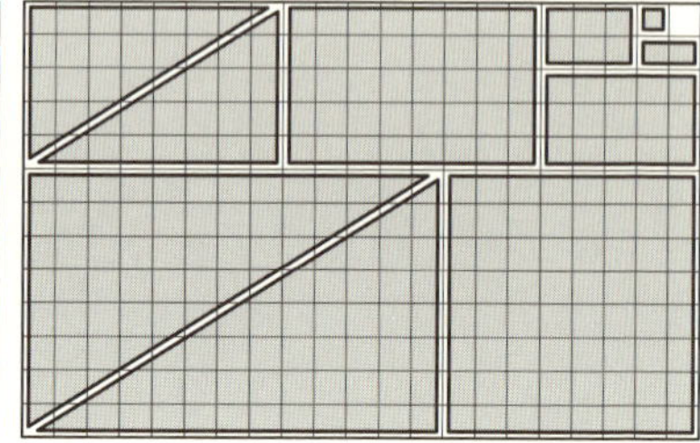

図 1.25　$273 = 272$ の奇妙な証明

定理を使うのに必要だったからである．$\sqrt{2}$ に対する60進法での素晴らしい値 1,24 51 10 を求めるために，ほぼ4000年前のバビロニア人が（おそらく）使うことができた方法を再発見せよ．

ヒント． 別のバビロニアの粘土板に数表があって，そこに辺が 1,25 の正方形の面積が非常に2に近いと書いてある．60進法では，$(1,25)^2 = 2,00\ 25$ となるからである．面積を2にするため，この正方形から幅 δ の2つの帯を切り取れ．

8. 点を三角形的に

$$\bullet = 1,\quad \therefore = 3,\quad \cdots = 6,\quad \cdots = 10,\quad \cdots = 15,\quad \ldots$$

という形に並べたものはピュタゴラス学派にとって聖なる図形であり，

ニアや古代エジプトも，場合によっては除いてはいない．

特に10個の点でできた**聖なるテトラクティス**によって，ピュタゴラス学派は誓いを立てたのである．n番目の図形の点の数[12]t_nに対する一般的な表示を求めよ．

9. 新ピュタゴラス期（ゲラサのニコマコス≈ 60–120 A.D.）のどの美しい発見が図1.26の点によって説明され（て，証明され）るか？

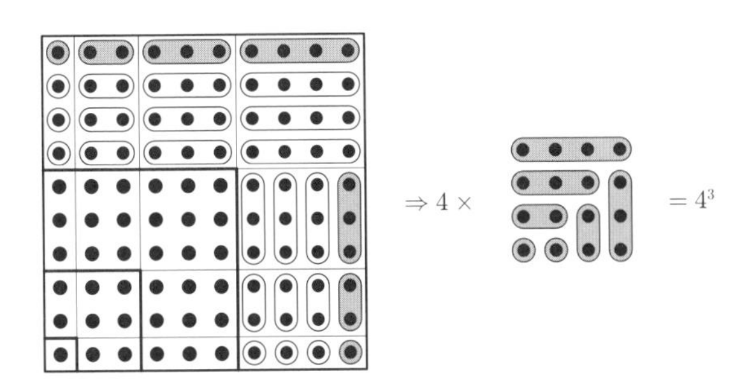

図 **1.26** ゲラサのニコマコスの定理

10. **5角数** p_n に対する一般公式を求めよ．

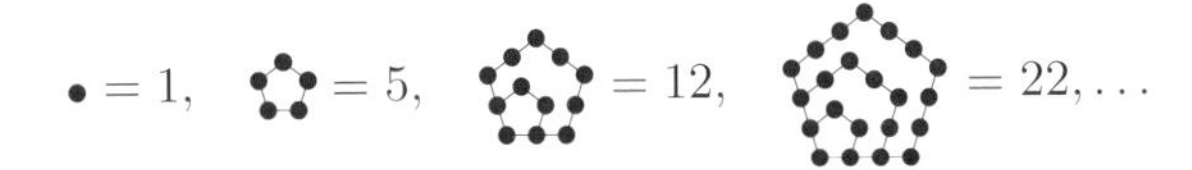

11. (オイゲン・ヨスト[13]の絵 (2010) に示唆された．) 6角グリッド上の正三角形をなす点の数に対する公式を推測し，

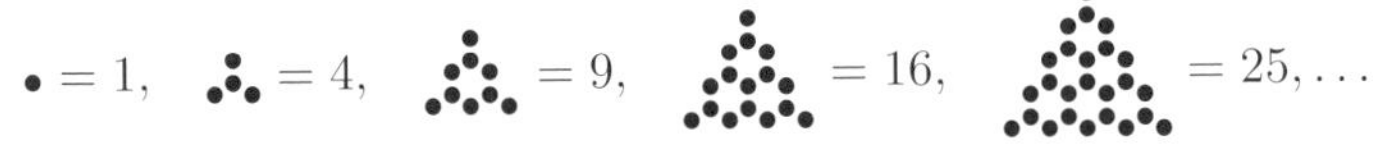

その結果を説明せよ．

12. 図1.27の絵をボール紙に貼れ（この美しい書物が損なわれないようにしたければゼロックス・コピーをとっても良い）．2つのジグソーパズルを注意深く切り取ると，2500年来の定理を（文字通り）**掴む**ことができる．これはどんな定理か？

13. ピュタゴラスの定理のユークリッドの証明を少し変えたもの（図1.27

12 ［訳註］三角数とも言う．

13 ［訳註］スイスの画家，2014年にはエリ・マヨールと共著でプリンストン大学から『美しい幾何学 (Beautiful Geometry)』を出版している．

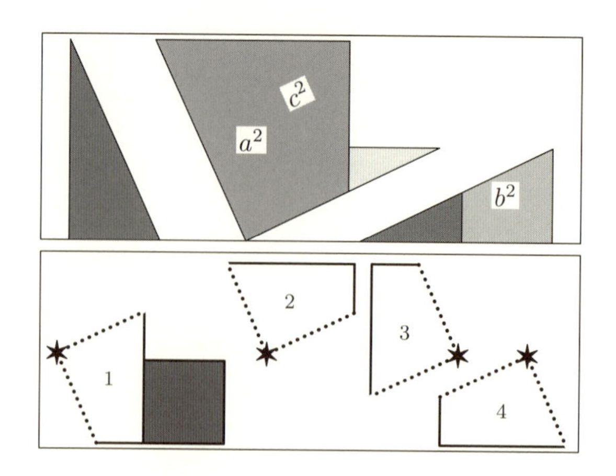

図 **1.27**　高い教育的価値のある 2 つのジグソーパズル

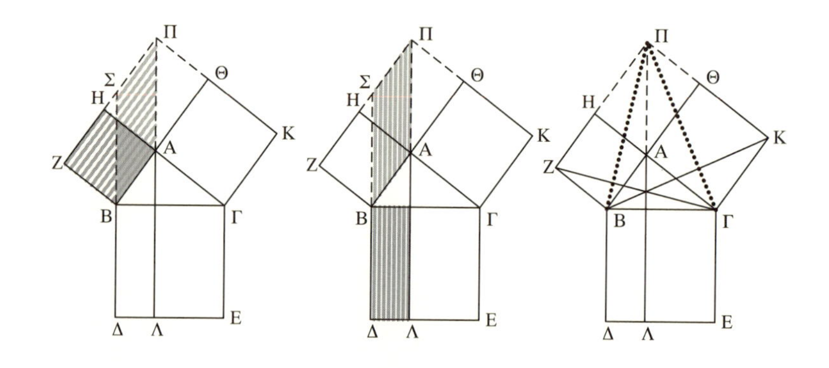

図 **1.28**　左：ピュタゴラスの定理の別証明，右：ユークリッドの図形についてのヘロンの発見

の左図と中図参照）の説明をせよ．ZH と $K\Theta$ を延長して交点を Π とすると，Π, A, Λ は一直線上にあり，$\Pi A = B\Delta$ となる（なぜか？）．面積 a^2 を，ZH に平行に上方に動かし，それから ΠA に平行に下方に動かせ．

14. （ヘロンの発見）ピュタゴラスの定理の証明のユークリッドの図形において，直線 $\Gamma Z, BK, A\Lambda$ は 1 点で交わることを示せ．図 1.28 右図参照．
15. 頂点を O とする角 AOB と，角の内部に点 P が与えられた時，垂線

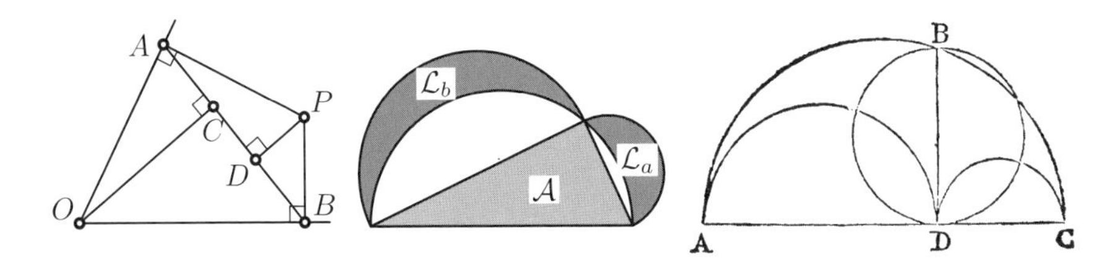

図 1.29 左：ある四辺形の対角線，中：ヒポクラテスの月形，右：アルキメデスの命題 4（右図．ペイラール版のアルキメデス全集第 2 巻，パリ (1808) から複写））

PA, PB と OC, PD を引け（図 1.29 左図）．そのとき，$AC = BD$ であることを示せ（[ハーツホーン (2000)] 62 ページ）．

16. （ヒポクラテスの月形）キオスのヒポクラテス[14]の次の結果を示せ．2 つの月形を直角三角形の辺上に描かれた 3 つの半円で切りだされたものとする（図 1.29 中図参照）．そのとき，その面積は次の関係式を満たす．

$$\mathcal{L}_a + \mathcal{L}_b = \mathcal{A} \qquad \text{（三角形の面積）} \tag{1.11}$$

17. アルキメデスの『補題の書[15]』の「命題 4」を証明せよ（図 1.29 右図参照）．**半円 $\boldsymbol{AC, CD, DA}$ によって囲まれた月形の領域の面積は直径 $\boldsymbol{BD}$ の円の面積に等しい．**

18. 金婚式を挙げる若いカップルが，底面が Φ を 1 辺とする（他にどうすればよいというのか）正方形であるテントを，長さ 1 の管を 5 本使って立てた（図 1.30 参照）．多角形 $AEB, BEFC, CFD, DFEA$ がある正 5 角形の一部であることを示せ．さらに，面 AEB と $BCFE$ が底面となす角を足すと直角⊾となることを示せ．この 2 つの事実から，**黄金**立方体にこのテントを 6 つくっつけることによって正 12 面体を作ることができること（ユークリッド XIII.17）が，直ちに理解される（第 2.6 節の図 2.36 参照）．

14　紀元前 5 世紀の人で，同時代の有名な医師であるコスのヒポクラテスと混同してはいけない．

15　［訳註］この書はサービト・イブン・クッラによってアラビア語で最初に紹介され，1661 年にラテン語に，1897 年に英語に翻訳されたもので，ギリシャ語の原典はない．

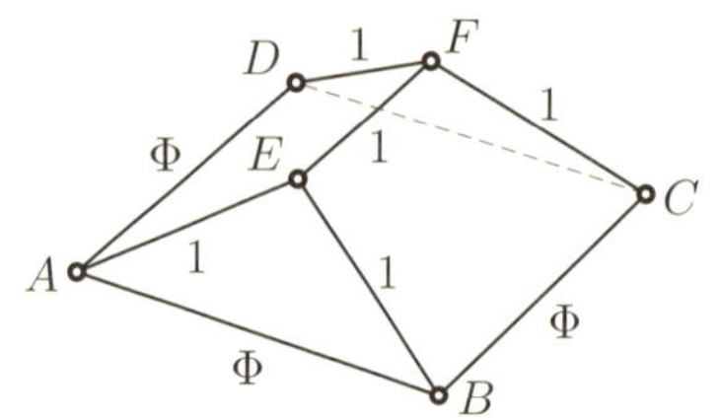

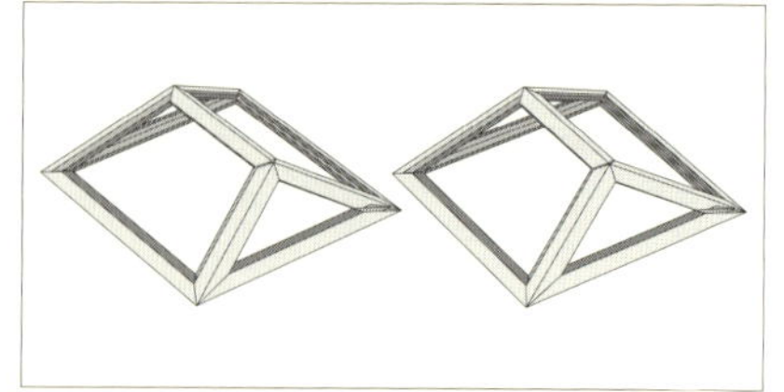

図 **1.30**　黄金テント

19.（ピュタゴラス3つ組.）すべての辺の長さが整数の（すべての）直角三角形を求めよ.

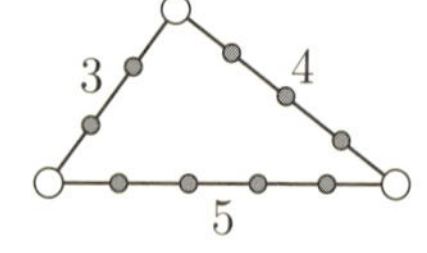

20. 次を示せ.

$$x = \frac{1-u^2}{1+u^2}, \quad y = \frac{2u}{1+u^2} \qquad (u \in \mathbb{Q}) \tag{1.12}$$

は $(-1,0)$ 以外の，単位円周上の有理座標を持つすべての点を表す（点 $(-1,0)$ は $u=\infty$ に対応している）.

21. 有名な「ジュネーヴの鴨の定理」を証明せよ．鴨がジュネーブ湖を，一定の速さで点 P に向かって動き，一定の割合で円を作る（図 1.31 (a) 参照).（タレスの定理で）P を通るどんな半直線も，円によって同じ長さの区間に切り分けられることを証明せよ（もし運動が「超音速」なら，状況は少し複雑になる).

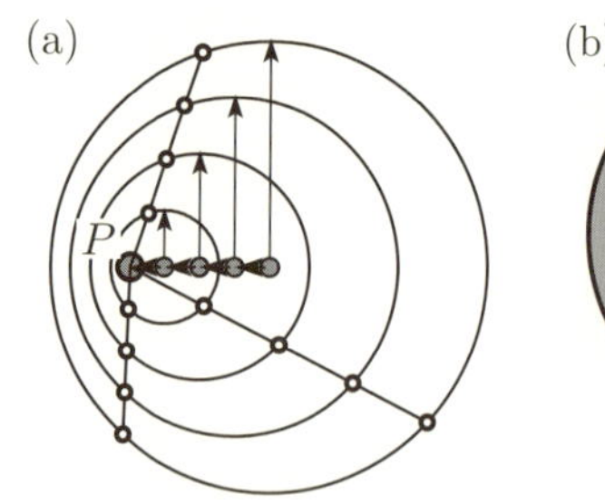

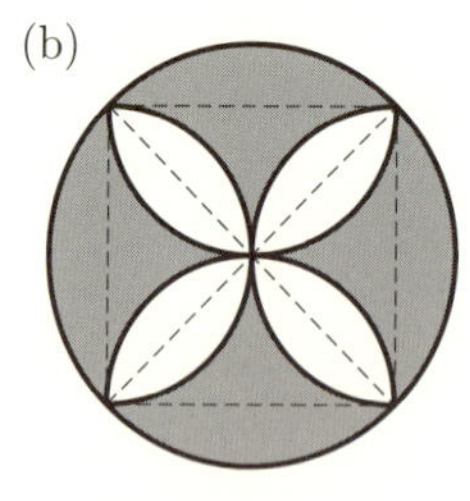

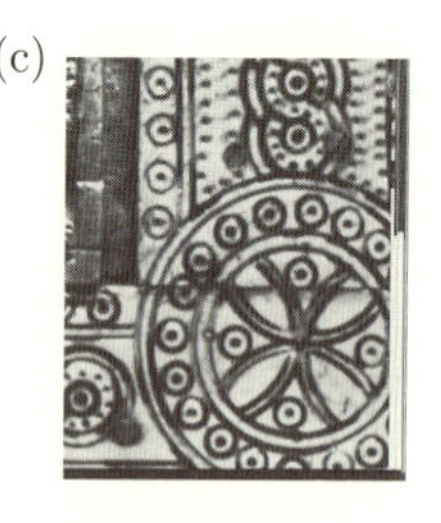

図 **1.31**　(a) ジュネーヴの鴨の定理. (b) 装飾図形, (c) エッセン–ヴェルデン，聖ラドガー修道院の，8 世紀の聖骨箱の装飾

22. 古代の装飾図形（図 1.31 (b) と (c) を参照）は円（半径を 1 とする）か

ら十字形を切り取ったものからなっている．この十字は 8 つの円弧で囲まれ，それらは互いに円の中心で接するか，直交するかしている．灰色の影のついた部分の面積を求めよ．

23. ピュタゴラスの定理のヨハン・トビアス・マイヤーの証明[16]を説明せよ（図 1.32 (a) 参照）．

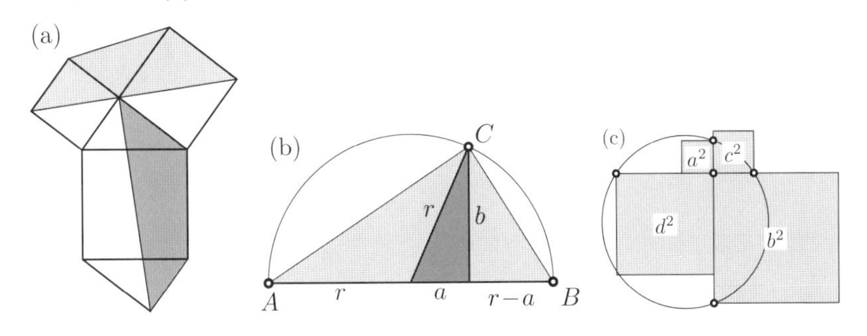

図 1.32 (a) ヨハン・トビアス・マイヤーの証明，(b) 高さ定理，(c)4 つの正方形

24. 図 1.32 (b) を使い，暗灰色の小さい三角形に対するピュタゴラスの定理から三角形 ABC に対する高さ定理 (1.10) を導き，その逆も行なえ（これが次の章のユークリッド II.14 である）．

25. マックス・ビル[17]のセリグラフ[18]から生まれた「美しい幾何の定理 (beau problème de géométrie)」を解け．これはジュネーヴ大学の P. ザベイによって著者に知らされたものである．$ABCD$ を辺の長さが 1 の正方形とする．E を BC の中点とする．D が FG の中点となるように正方形 $EFGH$ を作図する．これで得られる 6 つの三角形の角と面積を求めよ．

26. 次のアルキメデスの結果[19]を証明せよ．直交する円の 2 つの弦で 4 つの

---

16 本書の初版やほかの多くの本ではこの証明は誤ってレオナルド・ダ・ヴィンチのものとされている．この間違いのもとについての興味深い解説については F. レンマーマイヤー「ピュタゴラスの定理のレオナルド・ダ・ヴィンチの証明 (Leonardo da Vinci's proof of the theorem of Pythagoras)」preprint, arXive:1311.0816 を参照のこと．

17 ［訳註］Max Bill(1908–1994) はスイスの建築家，画家，彫刻家で，書体デザイン，工業デザイン，グラフィックデザインなど多彩．

18 ［訳註］シルクスクリーンに版画のように印刷するもの．

19 アルキメデスの『補題の書』の命題 11 である．著者たちはこのことを教えてくれたディエトマー・ヘルマンに感謝する．

線分 a, b, c, d が得られれば，$a^2 + b^2 + c^2 + d^2 = D^2$ となる．ここで D は円の直径である（図 1.32 (c) 参照）．

27. デューラーの**正方形の円化**（『測定法教則』第2巻）と π に対する誤差を解析せよ．

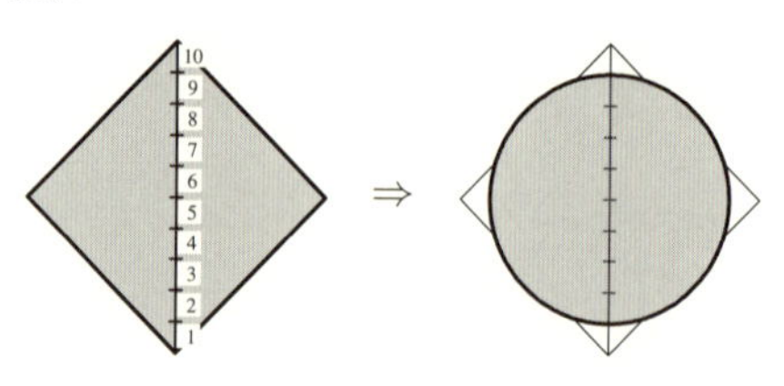

第2章 ユークリッドの原論

「11歳で私はユークリッドを始めた．兄がチューターになってくれたのだが，これは私の生涯の最大のできごとの一つで，初恋のようにまばゆいものだった．この世にこんなにも心地よいものがあろうとは思ってもいなかった．」

（『大空の π』[1]の2005年12月，第9号の編集後記においてK. ヘクスマンが引用したB. ラッセルの言葉．その数段落後で，ヘクスマンは次のように付け加えている．現代の定理が書かれたページを偏見なく眺めたときに「初恋」の感情を呼び起こすことはありそうにない．）

アーベルの天才は16歳のとき突然明らかになった．当時アーベルの通う学校の教諭だったホルムボー氏は，彼に個人的な授業をした．『原論』を急速に吸収したアーベルは，オイラーの *Introductio* と *Institutiones calculi differentialis* と *integralis* に進み[2]，それから先は一人で進んでいった．

（クレレによるアーベルの死亡記事．『クレレ誌』4(1829) 402ページ．原文はフランス語．）

---

1 ［訳註］“Pi in the Sky” はカナダの Pacific Institute for the Mathematical Science が発行する，高校生とその教師を対象とした数学啓蒙雑誌．オンラインでも見ることができる．

2 ［訳註］*Introductio* は [オイラー (1748)] であり，*Institutiones calculi differentialis* は「微分法，およびその有限解析と級数論への応用」『ペテルブルグ・アカデミー紀要』(1755) であり，*integralis* は『積分法 I』(1768) と『積分法 II』(1769) である．

1868年は（ソフス・リーの）躍進の年と言われるに違いない...早くも1月に，彼は（大学の図書館から）ユークリッドの主著『原論』を借りた．

（A. ストゥーブハウグ『数学者ソーフス・リー』[3]Springer (2002) 102ページ）

ユークリッドによって定められた計画から何らかの実質的な発展をした，その名に恥じない幾何学の体系というものはなかったし，それを実際に見るまではそれがありうるということも信じられないだろう．

（A. ド・モルガン (1848). [T.L. ヒース (1926)] 序文から転載）

「Die Lehrart, die man schon in dem ältesten auf unsere Zeit gekommenen Lehrbuche der Mathematik (den Elementen des Euklides) antrifft, hat einen so hohen Grad der Vollkommenheit, dass sie von jeher ein Gegenstand der Bewunderung [war]（現存する最も古い数学教科書（ユークリッド『原論』）ですでに出会うような教授のスタイルは，常に大いなる賞賛の対象であり続けた高度の完成度を示している.)」

（ボルツァーノ『大理論 (Grössenlehre)』(1848)18ページ右欄）

ユークリッドの『原論』は史上最も有名な数学的著作と考えられている．13巻にまとめられ，およそ500ページからなるこの書物は紀元前300年頃に書かれた．当時のあらゆる数学的知識が集められ，その後2000年もの間匹敵するもののない厳密さで述べられている．

その年月の間，『原論』は絶え間なく写され，写し直され，修正され，注釈をつけられ，解釈をされてきた．1888年にハイベアは，利用可能なあらゆる出典を一切の労を惜しむことなく比較することによって，もともとの版の本

---

[3] ［訳註］熊原啓作による日本語訳が『数学者ソーフス・リー　リー群とリー環の誕生』として丸善出版から出版されている．文中のページは原著のもの．

質的な再構成を行った．最も重要な出典（M.S. 190．この手稿は10世紀に遡る）は，ナポレオン軍が1809年にローマに侵攻したとき，ヴァチカンの宝物館[4]で発見したものである．ハイベアのテキストはすべて科学の言葉に翻訳されている．1908年の**トーマス・L・ヒース卿**による英訳（第2版の増訂版[T.L. ヒース (1926)]）は大量のコメントによって仕上げられている．

2.1 第I巻

定義．『原論』は23もの**定義**の長いリストから始まっており，リストは

Σημεῖόν ἐστιν, οὗ μέρος οὐθέν　（**点**とは部分のないものである）

から始まり，平行線の定義で終わっている（47ページの引用参照）．

ユークリッドの定義には図がないが，図2.1に絵の形でもっとも興味深い定義の大要を挙げておいた．ユークリッドは直線と線分を区別していない．彼にとって，2つの線分は，その長さが同じであれば，明らかに「互いに等しい」ものであった．だから，例えば，円は，すべての放射線が互いに等しいような平面図形として定義されている．

公準．[5]以下のことが仮定されている．

1. どんな点からどんな点へも直線を引くこと．

公準1.　A　B　⇒　A　B

2. 有限の直線を連続的に直線に延長すること．

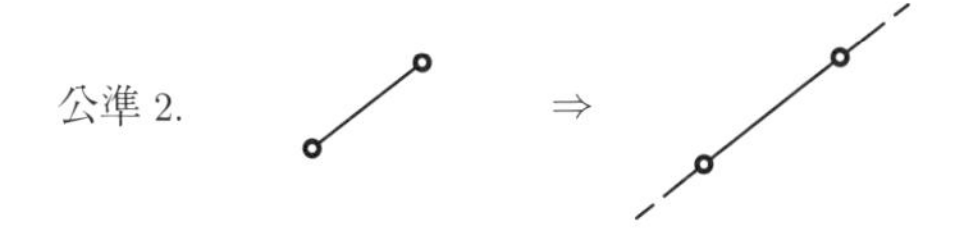

4　侵略軍が最初に行った場所.

5　英訳 [T.L. ヒース (1926)] から.

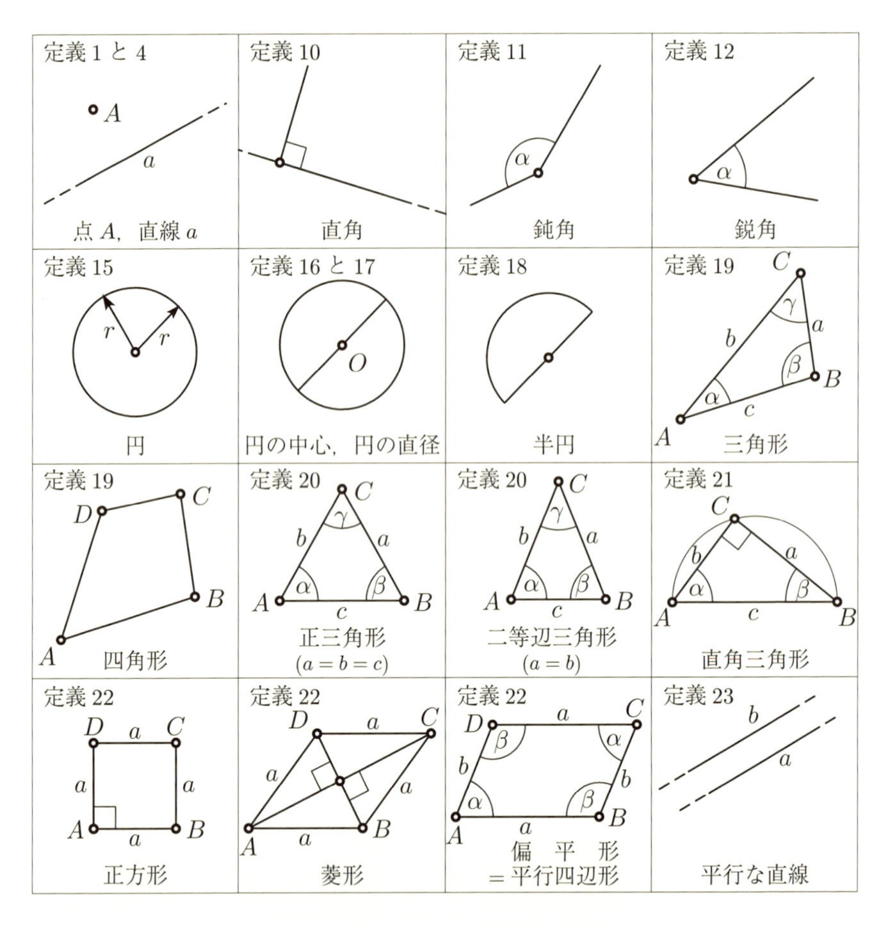

図 2.1　第I巻のユークリッドの定義

3. どんな中心と距離についても円を描くこと．

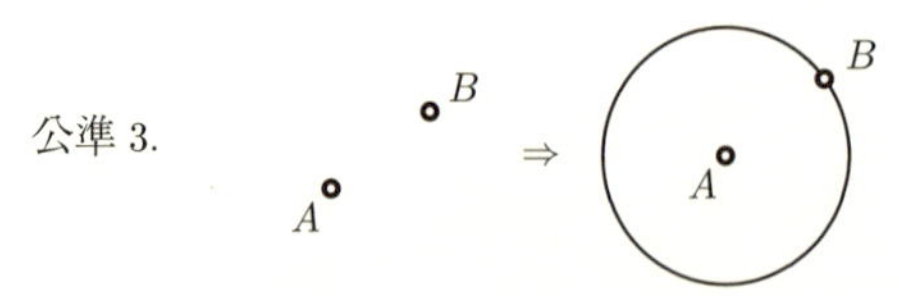

4. すべての直角は互いに等しい．

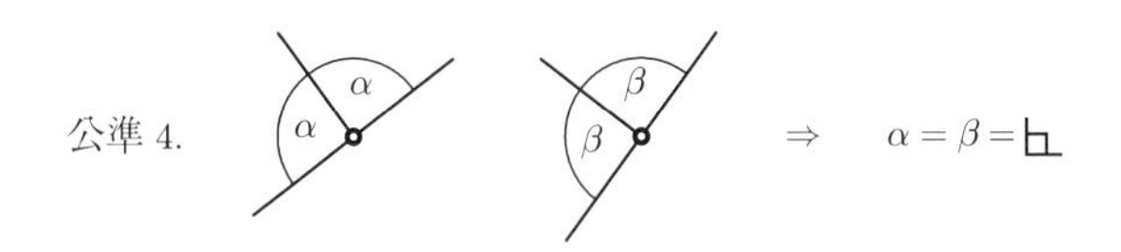

5. もし 2 直線と交わる直線が作る同傍内角の和が 2 直角よりも小さければ，その 2 直線を無限に延長すれば，角の和が 2 直角よりも小さい側で交わる．

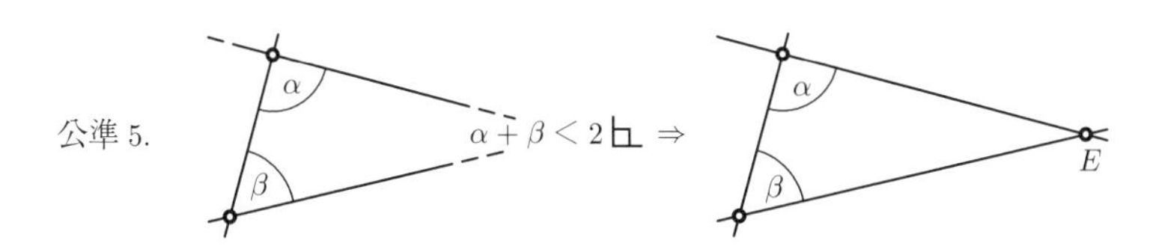

注意. 最初の 3 つの公準は，定木[6]とコンパスを使う通常の作図という作業を知的レベルにまで引き上げるものである．第 4 公準は，直角を角に対する普遍的な基準として使うことによって，すべての方向における空間の等質性を表している．最後の第 5 公準が有名な**平行線の公準**であり，何世紀にもわたって，多くの議論を生んできた．

公準のあとは，等式と不等式に対する通常の規則である**共通概念**が続く（これは翻訳によっては**公理**と呼ばれている）．

命題. それから，**命題**の列が始まる．その列が，定義，5 つの公準，公理，既に証明した命題から全幾何学と展開されていくのである．とりわけ，第 1 章の**自明なことども**は今や真の命題となるのである．ユークリッドのアプローチの特徴は，点のアルファベットでの順序が，証明の間に構成されていく順序を指定していることである．

古いテキストの香りを与えるために，最初の 2 つの命題を全文，ギリシャ文字を使って示すことにするが，すぐにこの面倒なスタイルは止めにして[7]，

---

[6] この定木の上に目盛りがないことを強調するために直定規という言い方を好む著者もいる．［訳註］日本語の場合には目盛のある場合を定規，目盛のない場合を定木と書き分けることが多い．

[7] 「...statt der grässlichen Euklidischen Art, nur die Ecken mit Buchstaben zu markieren（...頂点のみを文字で表すユークリッドのおぞましいやり方の代わりに）」(F. クライン『初等数学』第 II 部 (1908)507 ページ．第 3 版 (1925)259 ページでは「おぞましい」とい

辺の長さに対しては小文字（のラテン文字）で，角に対しては小文字（のギリシャ文字）を使うという，より簡明な形に変える．もっともな理由があって，そうこうするうちにそれが標準になっている．

ユークリッド I.1[8]．与えられた有限の直線 AB 上に正三角形を作図すること．

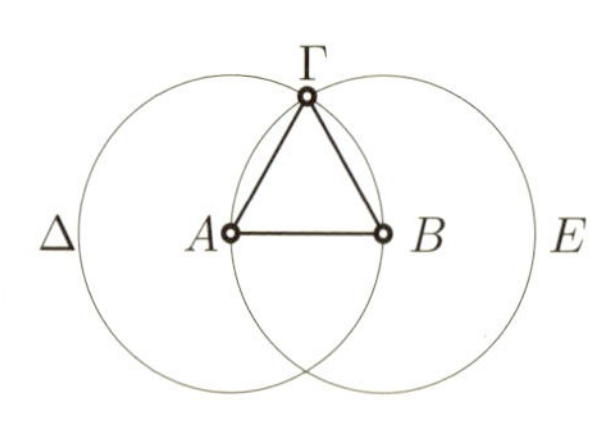

作図は，A を中心とし，B を通る円 Δ を描き（公準 3），B を中心とし，A を通る円 E を描く（公準 3）ことによって行われる．その交点 Γ は A と B それぞれと結ばれる（公準 1）．距離 $A\Gamma$ は $B\Gamma$ と AB に等しく，これによって正三角形が作られる．

注意． 2つの円の交点の存在をためらうことなくユークリッドが仮定しているという事実は繰り返し批判を受けている（ゼノン，プロクロス，...）．明らかに，**連続性の公理**は必要である．詳しい議論については，[T.L. ヒース (1926)] 第 I 巻 242 ページに任せることにする．

ユークリッド I.2. 与えられた点 A に，与えられた直線 $B\Gamma$ と等しい直線 AE を置くこと．

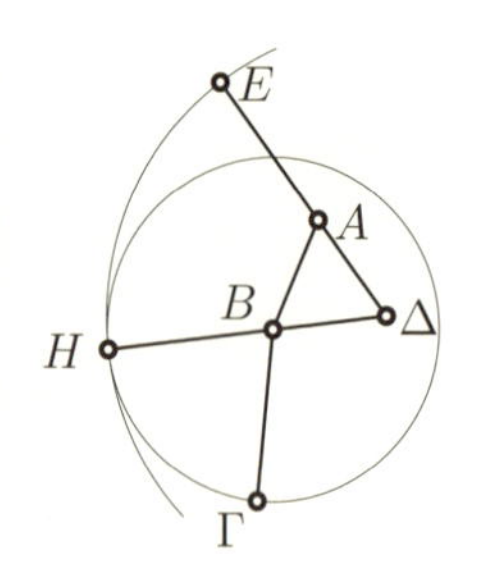

作図のために，線分 AB 上に正三角形 $AB\Delta$ を立て（ユークリッド I.1），直線 ΔB と ΔA を延長し（公準 2），B を中心とし Γ を通る円を描くと（公準 3），直線 ΔB 上に点 H が求まる．それから，Δ を中心とし H を通る円を描く（公準 3）．この円と直線 ΔA との交点 E が求める性質を持つ．実際，距離 $B\Gamma$ は距離 BH に等しく，距離 ΔH は距離 ΔE に等しい．それゆえ，距離 ΔB は ΔA に等しいから，距離 AE は距離 BH に等しい．

う形容詞は除かれている）

8　［訳註］これはユークリッド『原論』第 I 巻命題 1 を表している．以下も同様で，たとえば，ユークリッド III.13. とあれば第 3 巻命題 13 などとなる．

注意. 公準3だけが与えられた中心Aを持ち，与えられた点Bを通る円を描くことを許すものである．この命題の目的は，今や**コンパスで移した**半径を持つ円を描くことができることを示すということにある．この証明もまたプロクロスによって批判されている．点A, B, Γの位置が異なることに従って，さまざまな場合を区別しなければならず，それぞれの場合に少し異なる議論が要る．すべての個別の場合に別々に証明することは，ここでも既に面倒なことになっている．したがって，ユークリッドの方法は今後はわれわれのモデルとなる．つまり，**1つの**場合が理解されたらすぐに，ほかの場合は知的な読者に任されるということである．

ユークリッドI.4. $a = a', b = b', \gamma = \gamma'$を満たす2つの三角形が与えられたなら，ほかのすべての辺と角は等しい．

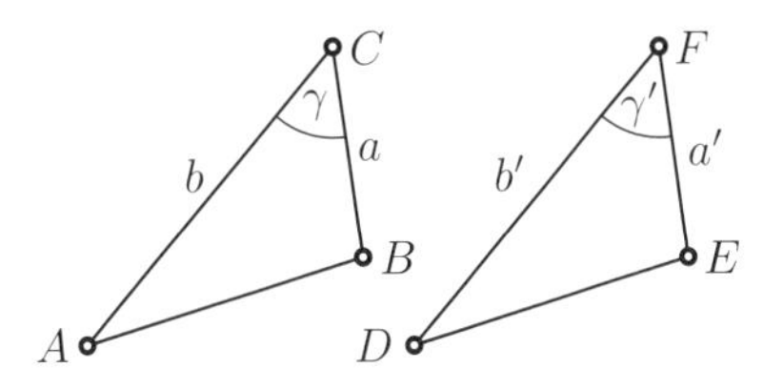

この結果は以下のすべてのものに対する礎石になるものである．その証明の中でユークリッドは，点Cを点Fの上に置き，直線aをa'の上に置き，などとすることを，あいまいに三角形ACBを三角形DFEの上に**当てはめる**と言っている．もちろん，この厳密性の欠如は多くに批判を引き寄せた[9]．ヒルベルトの公理的な幾何学の定式化（2.7節参照）では，この**命題**は**公理**になっていることを注意する．

ユークリッドI.5（一般に，**ポンズ・アシノールム** (Pons Asinorum)，つまり，ロバの橋として知られる）．三角形で，$a = b$ならば$\alpha = \beta$である．

前節の**自明なこと**の1つはこうして真の定理になる．ユークリッドがこの命題をどのように証明したかを見てみよう．CAとCBを延長して（公準2）（図2.2左図参照），$AF = BG$であるように点FとGを取り（ユークリッドI.2），FとBを結び，AとGを結ぶ（公準1）．こうして，ユークリッドI.4

[9] 「Betrachten wir aber andererseits – das scheint noch die einzig mögliche Lösung in diesem Wirrwarr - diese Nr. 4 als ein späteres Einschiebsel...（もし一方でこの4番目を後の挿入と考えるならば，―そしてこの混沌の中でこれが唯一の可能な解決であるように見えるが―）」（F. クライン『初等数学』第II部 (1908)416ページ．第3版 (1925)217ページでは言葉遣いを少し変えている）

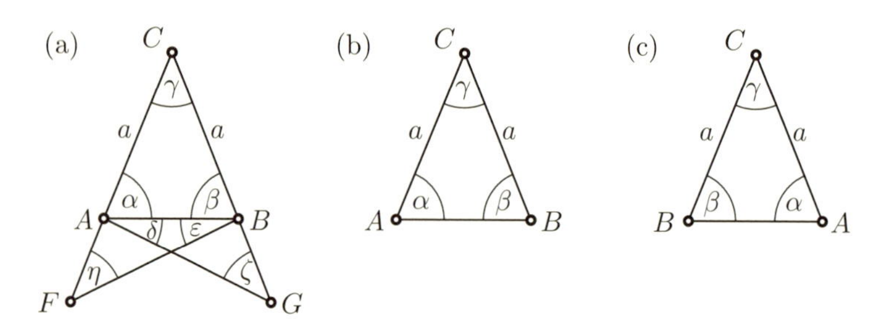

図 **2.2**　二等辺三角形の角

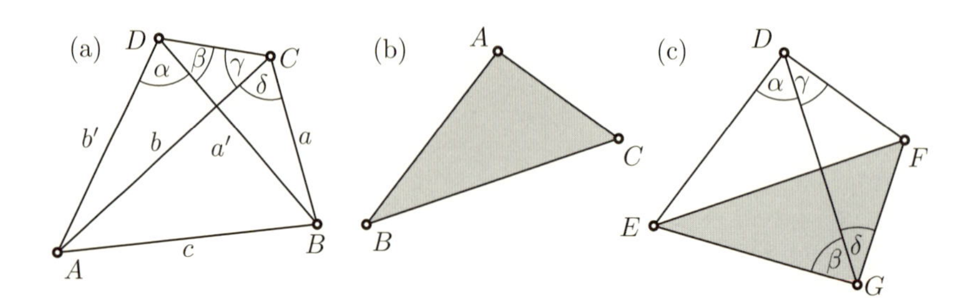

図 **2.3**　同じ辺を持つ三角形

により，三角形 FCB と GCA は等しく，$\alpha+\delta=\beta+\varepsilon, \eta=\zeta, FB=GA$ となる．今度は，ユークリッド I.4 により，三角形 AFB と GBA は等しく，$\delta=\varepsilon$ となる．上の恒等式を使うと $\alpha=\beta$ となる．これは見事な証明のように見えるが，実際には不必要に複雑である．600 年後にパッポスは，A と B を交換した三角形 ACB と BCA にユークリッド I.4 を適用すればよい（図 2.2 中図と右図参照）ことを注意している．

この命題のすぐ次のユークリッド I.6 では，逆の含意，つまり $\alpha=\beta$ から $a=b$ が導かれることが証明される．

次の 2 つの命題は，3 辺の長さを指定することにより三角形を一意的に定めるという問題を扱っている．

ユークリッド I.7. 同じ底辺 AB の上で同じ側に立っている，図 2.3(a) の 2 つの三角形を考える．もし $a=a'$ かつ $b=b'$ ならば $C=D$ である．

ユークリッドによる証明. $C \neq D$ と仮定する．仮定により DAC は二等辺三角形だから $\alpha + \beta = \gamma$ である（ユークリッド I.5）．DBC が二等辺三角形だから $\beta = \gamma + \delta$ である（ユークリッド I.5）．こうして，一方で $\gamma > \beta$ であるのにもう一方で $\gamma < \beta$ である．これは不可能である． □

これは，最初に出てきた**間接証明**である．2000 年以上も後になって，ある数学の学派がこの種の論証を拒否した．その理由は「間違っている何かを使って正しい何かを証明することはできない」（L.E.J. ブラウエル, 1881–1966）というものである．

ユークリッド I.8. 2 つの三角形 ABC と DEF が同じ辺を持つならば，それらはまた同じ角を持つ．

ここで与えるビザンチウムのフィロンの証明はユークリッドの証明よりもエレガントである．三角形 ABC（図 2.3(b) 参照）を三角形 DEF の上に，直線 BC を EF 上に置き，G となる点 A が EF に関して D と反対側にくるようにに当てはめる（図 2.3(c) 参照）．仮定により DEG は二等辺三角形であり，$\alpha = \beta$ である（ユークリッド I.5）．しかし，DFG も二等辺三角形で，それゆえ，$\gamma = \delta$ である（ユークリッド I.5）．こうして，A での角 $\beta + \delta$ は D での角 $\alpha + \gamma$ と等しい．ほかの角については，最初に AC を DF の上に置き，次に AB を DE の上に置いて，同じ推論を繰り返す．

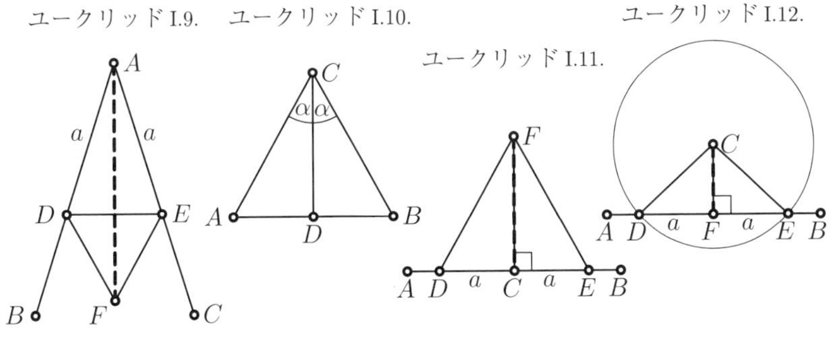

ユークリッド I.9.　ユークリッド I.10.　ユークリッド I.11.　ユークリッド I.12.

図 **2.4**　ユークリッド I.9–I.12

ユークリッド I.9–I.12.　これらの命題は角 BAC の二等分（図 2.4.I.9 参

照)，直線 AB の二等分（図 2.4.I.10 参照)，点 C で直線 AB に垂線を立てること（図 2.4.I.11 参照）を扱っている．この 3 つの問題を解くための共通の道具は正三角形である（ユークリッド I.1)．最後に，直線 AB の外部の点 C から直線へ垂線を下ろす作図は円（公準 3）と DE の中点（ユークリッド I.10）を使って得られる．

公準 4 への入口.

> 「直線が直線に交わるとき，隣り合う角が互いに等しくなるなら，その等しい角をそれぞれ**直角**と言い，一方の直線上に立つ直線は，それが立つ直線に対して**垂直**であると言う.」
>
> （翻訳 [T.L. ヒース (1926)] でのユークリッド第 I 巻の定義 10）

4 番目の公準は平面の等質性と，どんな特別な方向もないことを表わし，1 点の周りの角を比較し，加えたり引いたりできるようにするものである．**直角**を普遍的な単位として定義することによって，これができるようになるのである．この角（$90°$）を $\llcorner$ という記号で表わす．

ユークリッド I.13. 直線 AB が直線 CD を切っているとする（図 2.5 参照)．そのとき，$\alpha + \beta = 2\llcorner$ である．

証明. 垂線 BE を引き，角 β を $\llcorner + \eta$ に分割する．こうして，

$$\left.\begin{aligned} \beta &= \llcorner + \eta \\ \alpha + \eta &= \llcorner \end{aligned}\right\} \quad \Rightarrow \quad \alpha + \beta + \eta = 2\llcorner + \eta$$

となるが，これで主張が得られる．

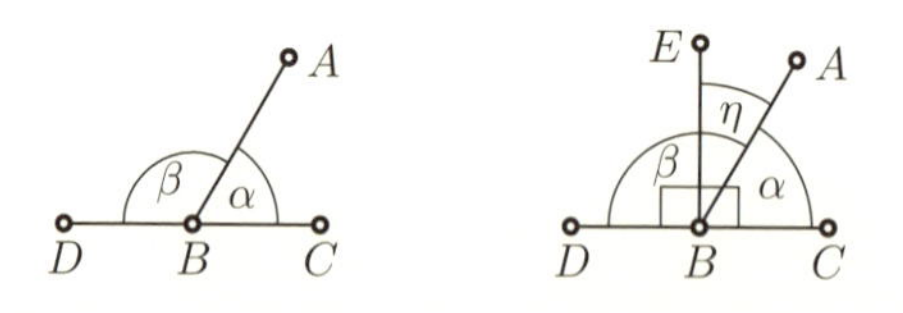

図 2.5　左：ユークリッド I.13，右：その証明

ユークリッド I.14. 図 2.6（左図）の状況で，$\alpha + \beta = 2\llcorner$ であるとする．そのとき，C は直線 DB 上にある．

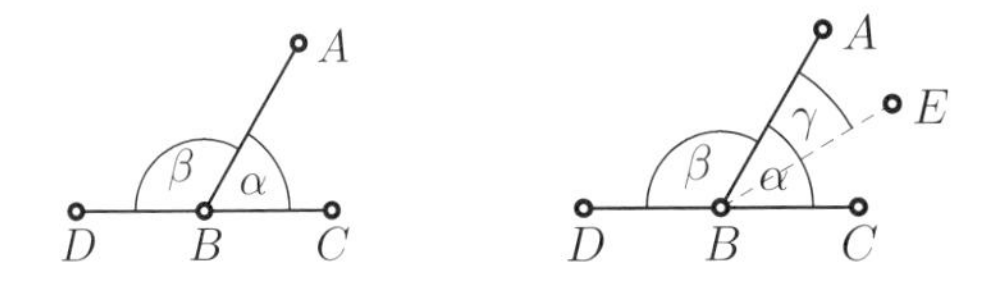

図 **2.6** 左：ユークリッド I.14，右：その証明

証明. 直線 DB 上に E を取ると，ユークリッド I.13 により，$\gamma + \beta = 2\llcorner$ である．仮定より，$\alpha + \beta = 2\llcorner$ である．4 番目の公準により，これらの角は等しいので，$\gamma = \alpha$ である．したがって，E と C は同じ直線上にある． □

ユークリッド I.15. 2 つの直線が互いに切り合っていれば，互いに等しい向かい合う角（対頂角）が作られる．すなわち，図 2.7（左図）において，$\alpha = \beta$ である．

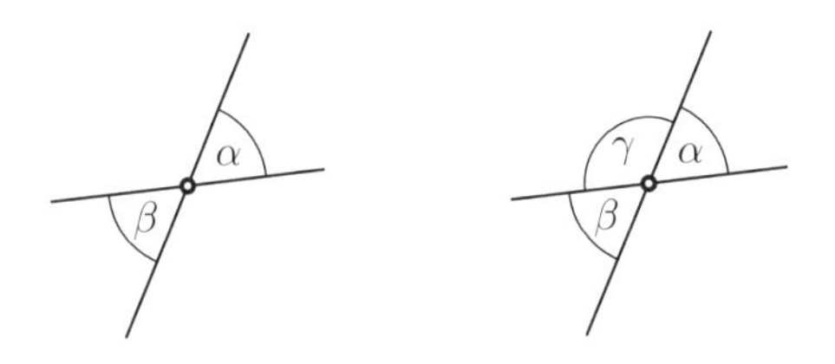

図 **2.7** 左：ユークリッド I.15，右：その証明

証明. ユークリッド I.13 により，$\alpha + \gamma = 2\llcorner$ であり，また $\gamma + \beta = 2\llcorner$ である．公準 4 により，$\alpha + \gamma = \gamma + \beta$ となる．それから，両辺から γ を引くことによって結果が得られる． □

ユークリッド I.16. C から三角形の 1 つの辺を延長すれば（図 2.8 参照），外角 δ は $\delta > \alpha$ と $\delta > \beta$ を満たす．

証明. E を AC の中点とする（ユークリッド I.10）．BE を延長し（公準 2），$EF = BE$ となるように距離 EF を切り取る（公準 3）．E における灰

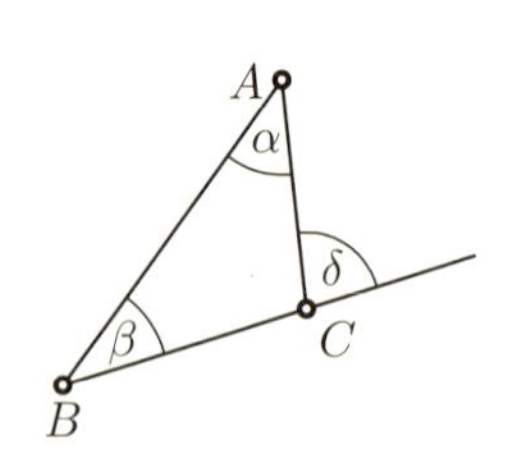

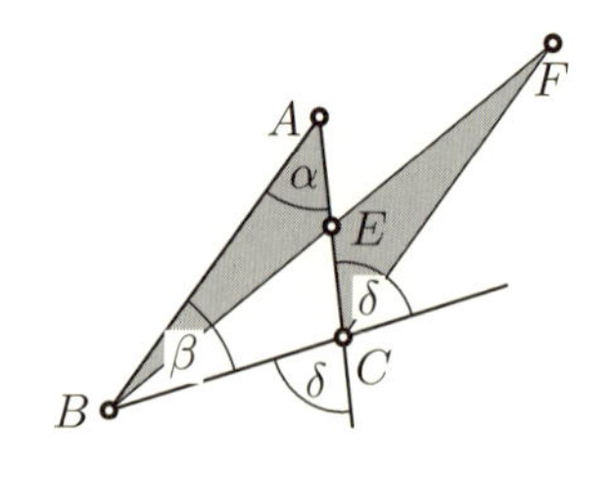

図 2.8　左：ユークリッド I.16.　右：その証明

色の角は等しい（ユークリッド I.15）ので，2 つの灰色の三角形は同じものである（ユークリッド I.4）．こうして，C における灰色の角は α であり，明らかに δ より小さい．2 つ目の不等式については，C の反対側の角で同じように行う（ユークリッド I.15 により δ に等しい）． □

注意. 5.6 節でもっと詳しく述べる**球面**の上の幾何学において，そのままでは成り立たなくなるようなユークリッドの命題の最初のものが，ユークリッド I.16 である．たとえば，B を北極とし，A, E, C が赤道上にあるとする．そのとき，$\alpha = \llcorner$ であり，$\delta = \llcorner$ である．それゆえ，不等式 $\delta > \alpha$ は偽となる．その理由は，この例では南極となる点 F が，延長された直線 CA と BC の間の開いた象限の中にあり続けることがもはや確かなことではないことによる．

ユークリッド I.17–I.26. ある辺の長さや角によって定まる三角形の合同に関するユークリッドのさまざまな定理（図 2.9）．紛らわしい場合 ASS（最後の図）をユークリッドは述べていない．三角形の角と辺を含む不等式については，章末の演習問題 11 を参照のこと．

ユークリッド I.20 は有名な**三角不等式**

$$a < b + c, \quad b < c + a, \quad c < a + b \tag{2.1}$$

である（章末の演習問題 12 参照）．この結果はロバにだって明らかなことだと馬鹿にされてきた．というのも，もし三角形の 1 つの頂点にロバを，もう 1 つの頂点に干し草を置いたなら，ロバは 2 つの頂点を結ぶ辺をたどって，第 3 の頂点を通るような回り道はしないだろう（*digni ipsi, qui cum Asino foenum*

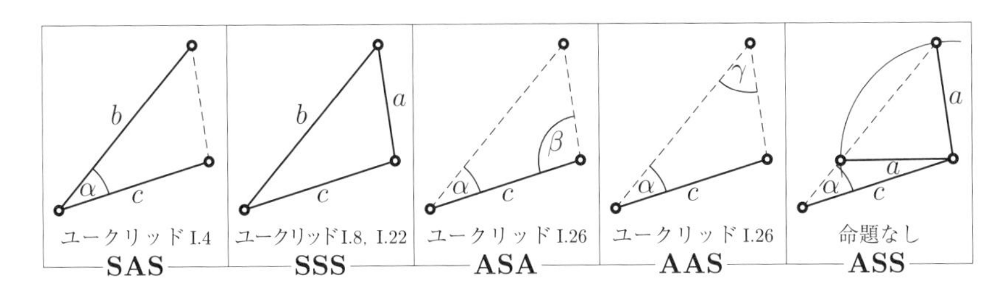

図 2.9 三角形に対する合同定理

essent（ロバに干し草を食べさせればその正しさがわかるだろう）[T.L. ヒース (1926)] 第I巻 287 ページ）．プロクロスは長い論理的哲学的な解答を与えているが，その代わりに，「『原論』はロバのために書かれてはいない」と短く言うこともできただろう．

> 「平行な直線とは，同じ平面上にあり，両方の方向に無限に延長しても，どちらの方向でも出会わないような直線である．」
>
> （翻訳 [T.L. ヒース (1926)] でのユークリッド第I巻の定義 23）

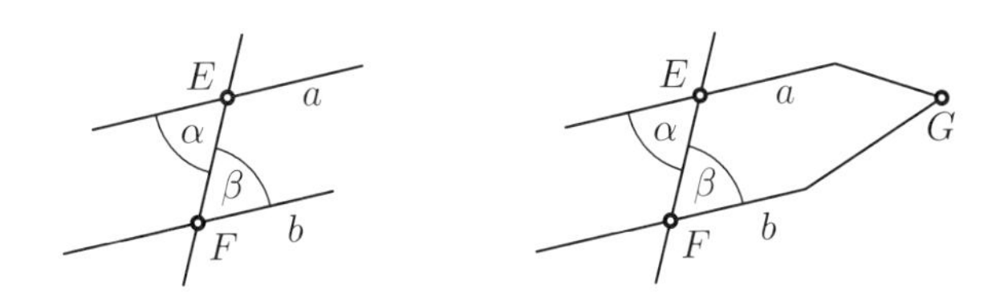

図 2.10 左：ユークリッド I.27，右：その証明

ユークリッド I.27．ある直線が 2 つの直線 a, b とそれぞれ角 α, β で交われば（図 2.10 参照），$\alpha = \beta$ であることから直線が平行であることが導かれる．この場合，簡単に $a \parallel b$ と書く．

証明．a と b が平行でなければ，ある点 G で交わる（図 2.10 参照）．そのとき EFG は三角形で，α はその外角となる．したがって，α は β より大き

いが（ユークリッド I.16），それは仮定に矛盾する． □

公準 5 への入口. 平行線の存在を保証する（単に $\alpha = \beta$ とすれば平行線が得られる）ユークリッド I.27 は，ユークリッドがその著書の初めに注意深く集めた，第 5 公準を証明に使わない命題の最後のものである．この部分の幾何学を**絶対幾何学**と言う．これから先のすべては，平行線の**一意性**が必要で，それには第 5 公準が要る．

ユークリッド I.29. $a \parallel b$ ならば（図 2.11 参照），$\alpha = \beta$ となる．

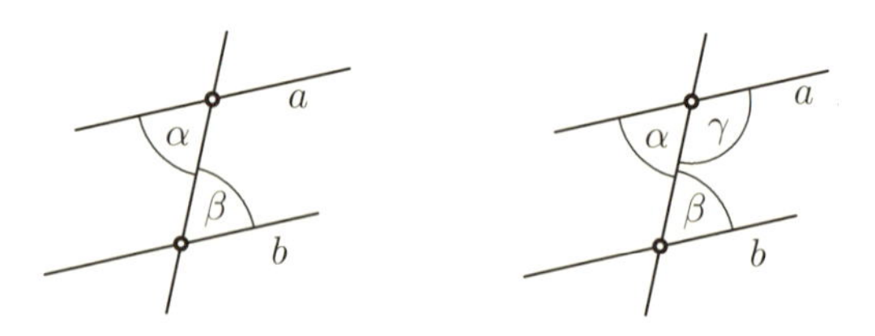

図 2.11　左：ユークリッド I.29，右：その証明

証明. $\alpha > \beta$ と仮定する．ユークリッド I.13 により，$\alpha + \gamma = 2\llcorner$ であり，それゆえ $\gamma + \beta < 2\llcorner$ である．第 5 公準により，この 2 直線は交わることになるが，それは矛盾である．同様な理由によって，$\alpha < \beta$ であることも不可能である． □

注意. ユークリッド I.15 と組み合わせると，ユークリッド I.27 とユークリッド I.29 は言い換えられ，そのうちの一つが図 1.7 の**平行角の自明な性質**を定式化するものとなる（ユークリッド I.28）．

注意. 2000 年以上もの間，幾何学者たちは，第 5 公準に訴えることなくユークリッド I.29 を確かめることができるだろうと予想していた．この予想を証明するため多くの挑戦がなされたが，成功しなかった．第 2.7 節でこの問題に立ち戻ることにする．

ユークリッド I.30. $a \parallel b$ と $b \parallel c$ 満たす 3 直線に対して $\alpha \parallel c$ が成り立つ．

証明. ユークリッド I.27 とユークリッド I.29 により，直線 a と b が平行で

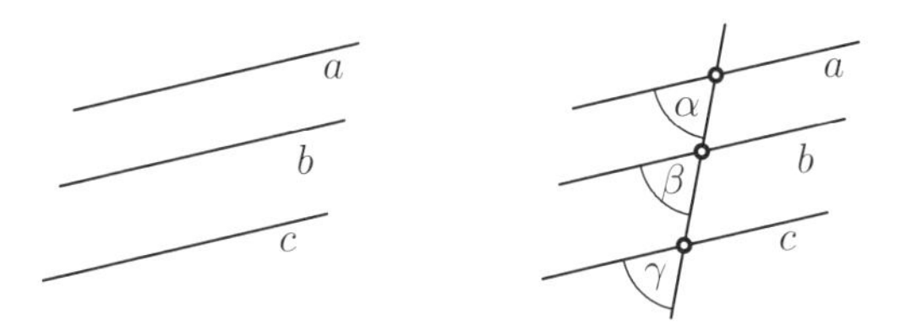

図 **2.12** 左：ユークリッド I.30，右：その証明

あることと，角 α と β が等しいこととは必要かつ十分である． □

ユークリッド I.31．与えられた点 A を通り与えられた直線に平行線を引くこと．

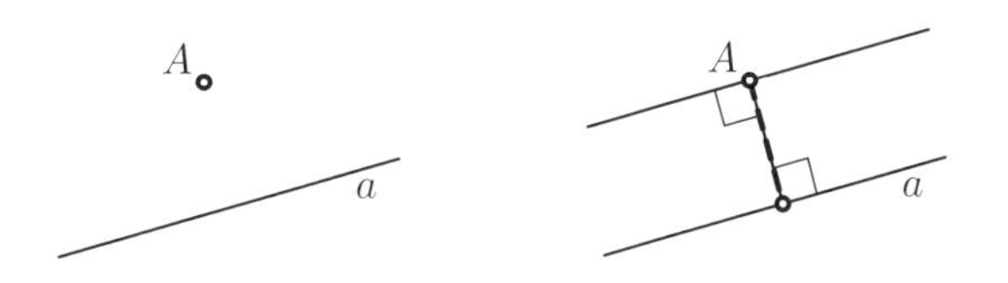

図 **2.13** 左：ユークリッド I.31，右：その作図

証明．ユークリッドの証明はユークリッド I.23 を使うが，それ自身はユークリッド I.22 の結果である．また，2 つの垂直な直線を使うこともできる (ユークリッド I.12 の後でユークリッド I.11)． □

注意．プロクロスはその注解の中で「与えられた点 A を通り，与えられた直線 a に平行な直線はたかだか 1 本しか存在しない」と述べている．この形のものは**プレイフェアの公理** (1795) と呼ばれている．

ユークリッド I.32 は，任意の三角形に対して $\alpha+\beta+\gamma=2$∟ という公式を与える．(1.1) 式と，図 1.8 における証明を参照のこと．これは非常に古い定理で，確かにタレスの定理として知られている．ユークリッドのリストの中で極めて遅くなったのは，その証明に第 5 公準が必要だからである．

第 I 巻の残り．ユークリッド I.33–34 は平行四辺形を扱っていて，ユークリッド I.35–41 は平行四辺形と三角形の面積を扱っていて，ユークリッド I.42–

45は指定された面積の平行四辺形の作図，ユークリッドI.46は正方形の作図を扱っている．しかしながら，第I巻のハイライトはピュタゴラスの定理（ユークリッドI.47．23ページの証明と図1.19）とその逆定理「a, b, cがある三角形の辺で，$a^2 + b^2 = c^2$を満たせば，この三角形は直角三角形である」である．

第II巻．この巻の内容は**幾何代数**，つまり，幾何の言葉で表された代数である．たとえば，2つの数a, bの積は，辺がa, bの長方形の面積によって幾何学的に表される．たとえば，ユークリッドII.1とII.4である，次の関係式がある．

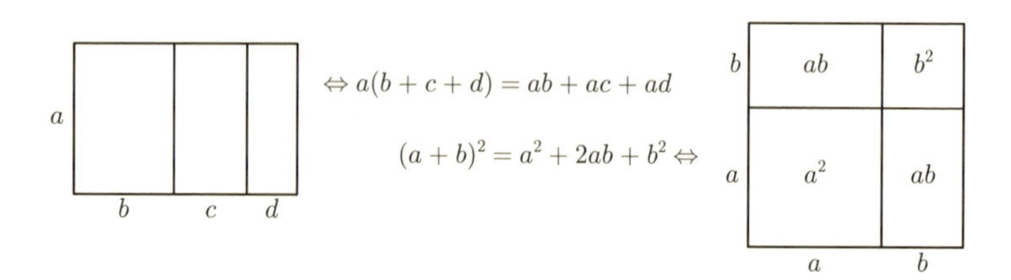

ユークリッドII.5は恒等式

$$a^2 - b^2 = (a+b)(a-b)$$

に関するものである（図2.14左図参照）．2つの明灰色の長方形は同じものである．暗灰色の長方形をそれぞれにくっつけると，左側では$(a+b) \times (a-b)$の長方形が得られ，右側ではL字型の「グノモン[10]」が得られ，これはa^2とb^2の差である．

ユークリッドII.8は恒等式$(a+b)^2 - (a-b)^2 = 4ab$（演習問題14参照）．

ユークリッドII.13．三角形の辺から高さによって切り取られた線分u（図2.14中図参照）に対して恒等式[11]

---

[10] ［訳註］もともとは日時計を作るために直立する棒のことだったが，その後，直角を作ったり暗示するためのL字型の部品のこともグノモンと言うようになった．

[11] ヒースの翻訳におけるもとのテキストは次の通りである．「鋭角三角形において，鋭角の対辺[a]上の正方形は，鋭角を含む辺[b, c]上の正方形（の和）より，鋭角の周りの辺の1つを含む長方形，つまり，垂線が落ちる辺[c]と，鋭角に向かって垂線によって切り離される直線[u]の作る長方形の2倍だけ小さい．」良い代数的記号が発明される前は，どんなに世の中が面倒なものだったかがわかっている．uが負である，鈍角の場合には別の命題が必要である（ユークリッドII.12）．

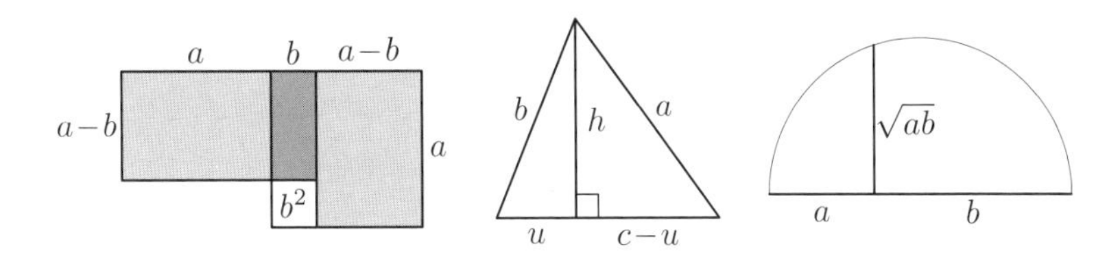

図 2.14　左：ユークリッド II.5，中：ユークリッド II.13，右：ユークリッド II.14

$$2uc = b^2 + c^2 - a^2 \tag{2.2}$$

が成り立つ．ユークリッドはこの結果を，$c^2 + u^2 = 2cu + (c-u)^2$（ユークリッド II.4 の変形であるユークリッド II.7）から，両辺に h^2 を足し，ユークリッド I.47 を 2 回適用することによって得ている．

注意． ピュタゴラスの定理を使わない (2.2) 式の**直接**証明については，章末の演習問題 20 を参照のこと．代数が進歩すれば，上の命題はすべて，ユークリッド II.1 から簡単な計算によって得ることができる．それでも，ユークリッドの図形はこれらの代数的恒等式に対する美しい説明になっているし，その上，図 2.14 左図にあるような図はこの代数のまさに揺籃期に現れたものである（第 II 部の図 II.1 参照）．

ユークリッド II.14 は，第 1 章の演習問題 24 で行ったのと同じように，ユークリッド II.8 を使って，**高さ定理** (1.10) を証明するものである[12]．それによって**長方形の求積**，つまり与えられた長方形の面積と等しい面積を持つ正方形の作図ができるようになる（図 2.14 右図参照）．

［訳註］上の文中の［　］の中の「代数記号」は訳者が補ったものである．それがなかった場合のわかりにくさを感じてもらう方が著者の意向だったかもしれないが，このようなわかりにくさのために本書を投げうってしまう読者が何人かでも出るのは，かえって著者の本意ではないと思って補ってみた．

[12] AB が直径で CD が AB と直交する特別な場合に対する下記のユークリッド III.35 からも導くことができる．

2.2　第 III 巻．円と角の性質

第 III 巻は円と角の性質に捧げられている．例えば，ユークリッド III.20 は**中心角の定理**である（定理 1.4 と図 1.9 参照）．ユークリッド III.21 はこの定理を変形したものである（第 1 章の演習問題 3 参照）．

ユークリッド III.22． $ABCD$ を，図 2.15 (a) に示したように，円に内接する四辺形とする．そのとき，2 つの対角の和は 2 直角である．

$$\alpha + \delta = 2⊾ \tag{2.3}$$

ユークリッドによる証明．　図 2.15 (b) の三角形 ABC を考える．ユークリッド III.21 により，点 D に 2 つの角 β と γ がある．これは $\delta = \beta + \gamma$ を示している．こうして，結果はユークリッド I.32 の帰結となる．

ユークリッド III.22 の別証明．　図 2.15 (c) から，中心角が点 O の周りの 4 直角を覆っていることは明らかであり，つまり，ユークリッド III.20 を適用すると，$2\alpha + 2\delta = 4⊾$ が得られる．（ユークリッドは 2⊾ より大きい角は考えなかったので，このような証明をしなかったのだろう）．　□

ユークリッド III.35． 円の 2 つの弦 AB と CD が円の中の点 E で交わっていれば（図 2.16 (a) 参照），

$$AE \cdot EB = CE \cdot ED \tag{2.4}$$

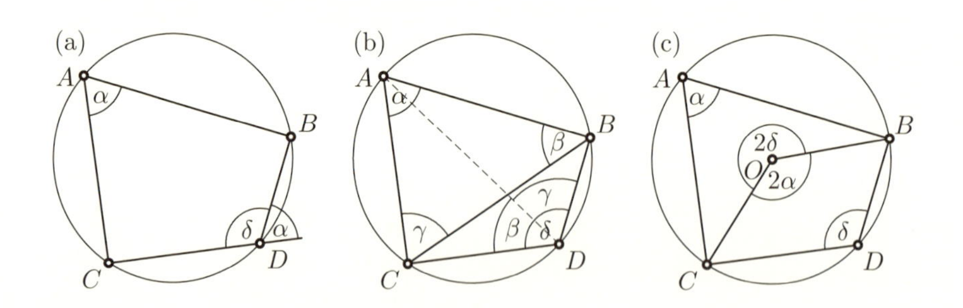

図 2.15　円に内接する四辺形の角（ユークリッド III.22）

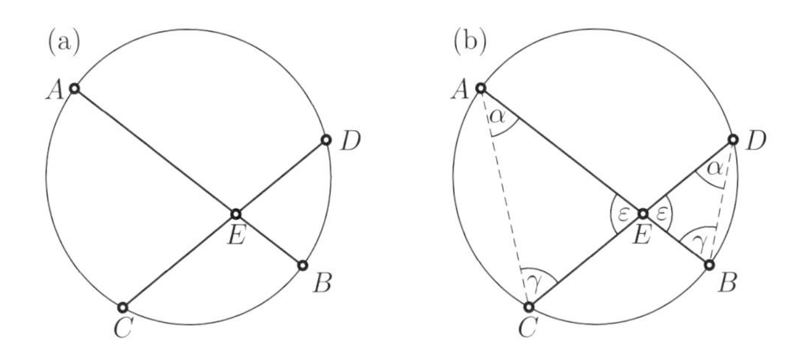

図 **2.16**　ユークリッド III.35(a) とタレスの定理による証明

となる．

証明． 厳密さを気遣うユークリッドはあくまでもタレスの定理を使うことを拒む．それゆえ，ピュタゴラスの定理（ユークリッド I.47）を繰り返す使う彼の証明は 1.5 ページもかかっている．少し慎重さを弱めてよければ，ユークリッド III.21 によって，三角形 AEC と DEB は相似である（図 2.16 (b) 参照）．それゆえ，(2.4)式はタレスの定理から得られる．　□

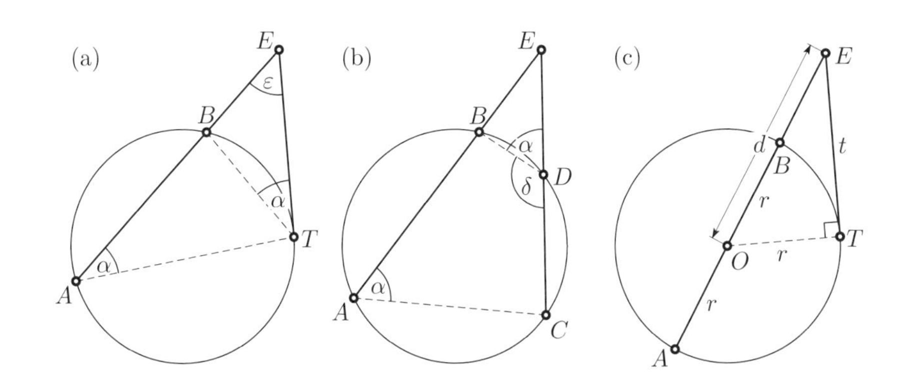

図 **2.17**　(a) ユークリッド III.36，(b) クラヴィウスの系，(c) ピュタゴラスの定理と円に関する点のシュタイナー冪との関係

ユークリッド III.36． E を円の外部の点とし，E を通る直線を考え，円と

2点 A, B で交わるとする．さらに，T を，E を通る接線の接点とする（図2.17 (a) 参照）．そのとき，

$$AE \cdot BE = (TE)^2 \tag{2.5}$$

となる．

証明. 図2.17 (a) で α と書いた2つの角はユークリッド III.21 によって等しい．なぜなら，その2つの角は弧 BT の円周角であるから（第2の角はユークリッド III.32 のときのように極限の場合である．74ページの演習問題19参照）．それゆえ，ATE と TBE は相似であり，結果はタレスの定理から得られる．これもまたユークリッドの証明ではない． □

系（クラヴィウス, 1574）. A, B, C, D をある円上の点とする．直線 AB が直線 CD と円外の点 E で交われば（図2.17 (b) 参照），

$$AE \cdot BE = CE \cdot DE \tag{2.6}$$

となる．

証明. これはユークリッド III.36 から明らかである．なぜなら，$AE \cdot BE$ と $CE \cdot DE$ はともに $(TE)^2$ に等しいからである．

この系をユークリッド III.22 から直接に証明することができる．なぜなら三角形 AEC と DEB が相似だからである．ユークリッド III.36 は，図2.17 (a) と同じように，C と D が一致する極限の場合となる． □

注意. AB が円の直径であるような（図2.17 (c) 参照），ユークリッド III.36 の特殊な場合として，$t^2 = (d+r)(d-r) = d^2 - r^2$ が得られる．ユークリッド III.18 から T での角が直角なので（演習問題18参照），これはピュタゴラスの定理と一致している．量 $d^2 - r^2$ は**円に関する点 $\boldsymbol{E}$ の冪**と呼ばれ，[シュタイナー (1826a)] §9 によって導入された重要な概念である．

第 IV 巻. この巻は三角形，正方形，正5角形（ユークリッド IV.11），正6角形（ユークリッド IV.15）の内接円と外接円を扱っている．タレスの定理を使わないと5角形の扱いは依然として面倒である．第1章で与えたより

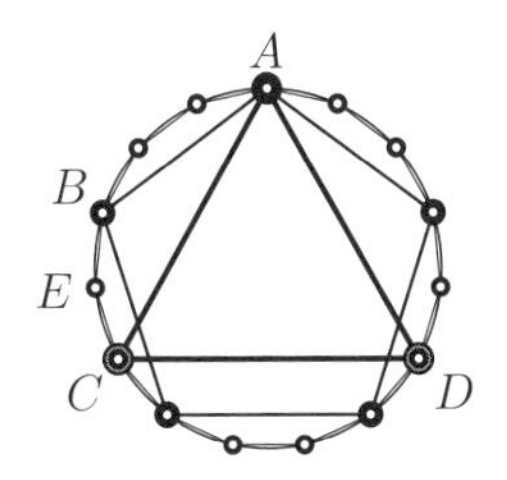

図 **2.18**　左：ユークリッド IV.16，右：現代の自動車技術への応用

エレガントな証明は，『原論』ではずっと後になって出てくる（ユークリッド XIII.9）．この巻の最後は正 15 角形の作図である（ユークリッド IV.16，図 2.18 参照）．

2.3　第 V 巻と第 VI 巻．実数とタレスの定理

> 「原論全体の中でも，比例の教説よりも，より巧妙な創造はないし，よりしっかりと構築されたものも，より厳密な取り扱いもない．」
>
> （I. バロー．[T.L. ヒース (1926)] 第 2 巻 186 ページ参照）

第 V 巻．比例の理論． この理論はエウドクソスによるもので，大いに賞賛されてきた．それは無理量とその性質に関するものである．絶えず，整数を掛けた不等式を使って行われる．それによって，有理量の間の無理量を**絞り出す**のである．幾分，2200 年後の**デデキントの切断**のスタイルに似ている．

第 VI 巻．タレス風の定理． いったん比例の理論ができあがれば，最終的にタレスの定理の厳密な証明を与えることができる．

ユークリッド VI.2. BC が DE に平行であれば，$\dfrac{a}{c} = \dfrac{b}{d}$ である（次ページの左図参照）．

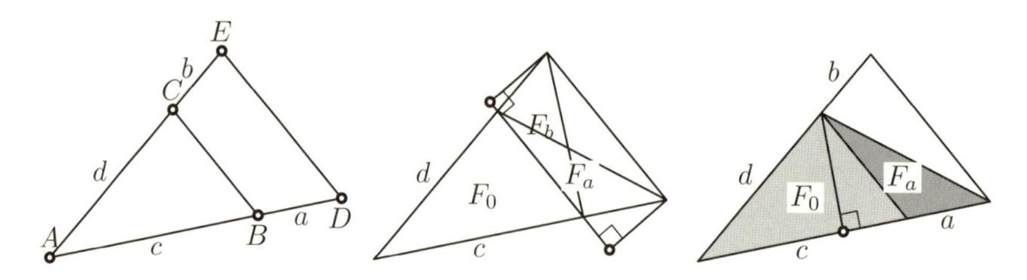

証明. B と E, C と D を結ぶと，同じ底辺 CB と同じ高さを持ち，それゆえ同じ面積 $F_a = F_b$ を持つ2つの三角形が得られる（2つ目の図を参照）．こうして，ABC の面積を F_0 と書けば，

$$F_a = F_b \quad \Rightarrow \quad \frac{F_a}{F_0} = \frac{F_b}{F_0} \quad \Rightarrow \quad \frac{a}{c} = \frac{b}{d}$$

となる．なぜなら，$\frac{F_a}{F_0} = \frac{a}{c}$ だからである（ここで，2つの三角形は，AD 上の高さが同じであるという事実を使っている．上の右の図を参照）． □

ユークリッド VI.3（角の二等分線の定理）．CD を角 γ の二等分線とすると，$\frac{a}{b} = \frac{p}{q}$ となる（下の左図を参照）．

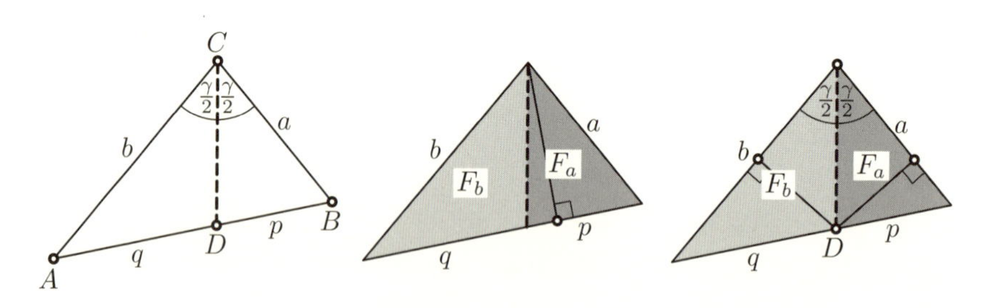

証明. ユークリッドはこの定理をユークリッド VI.2 の応用として証明する．しかし，われわれは上の証明の精神を使って，三角形 DBC と ADC の面積 F_a と F_b を考える．これらの三角形の AB 上の高さは同じである（2つ目の図を参照）．角の二等分線上の点は両方の辺から同じ距離にあるので（ユークリッド I.26 の結論），それぞれの三角形の AC と BC 上の高さは同じである（上の右図参照）．この2つのことから

$$\frac{F_a}{F_b} = \frac{p}{q} \qquad と \qquad \frac{F_a}{F_b} = \frac{a}{b}$$

が得られる． □

これに続く命題群はタレスの定理やその逆定理の変形である．ユークリッド VI.9 は，どのようにして直線から有理数の長さを切り取るかを説明している（図 1.6 参照）．ユークリッド VI.19 は相似な三角形の面積に関する定理 1.6 を証明している．こうしてやっと今，ユークリッドにはピュタゴラスの定理のナーバーの証明（図 1.21 参照）の準備ができたことになる．

2.4　第 VII 巻と第 IX 巻．数論

これらの巻はまったく異なったテーマの導入になっている．それは数の理論で，可約性，素数，合成数，偶数と奇数，平方数，完全数を扱っている．この理論は後に発展して，その結果を明確に述べるのは単純なのだが，証明には最も深い思考と最も困難な考察を要するものになる，**整数論**と呼ばれるものになって，偉大な数学者たち（フェルマー，オイラー，ガウス[13]）のお気に入りのテーマになり，今もなお神秘と未解決問題に満ちている．

結果は幾何学的ではないが，考え方は少なくともユークリッドのものである．

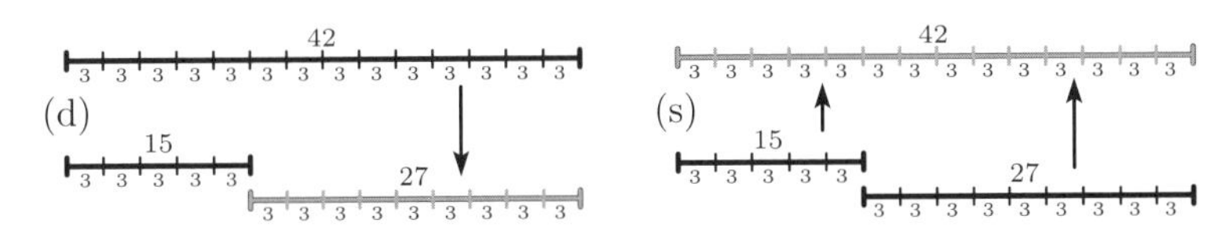

図 **2.19**　2 つの数の差 (d) と和 (s) の計測

この巻は数の可除性についての命題から始まっている．主な道具は，既に第 V 巻（特にユークリッド V.1 と V.5）から知られている観察で，もし数が **2** つの数を割れば（ユークリッドは「測る」と言っているが），その**差**も割るし（図 2.19 (d) 参照），その**和**も割る（図 2.19 (s) 参照）．このことから，ユー

[13] 「高等算術の最も美しい定理は，その証明がとても深く隠されていて，蘊奥（うんのう）をきわめた研究を通してしか見つけ出すことができないという性質を持っている．まさに，これこそが，最初の幾何学者（ユークリッド）がお気に入りの学問とした高等算術にあのたぐいまれな魅力を与えているものなのである．」[ガウス (1809)]『全集』第 2 巻 152 ページ．

クリッドのアルゴリズム[14]としての方が知られているユークリッド VII.2 が導かれる.

ユークリッド VII.2. 互いに素でない2つの数が与えられたとき，それらの最大公約量を見つけること.

ユークリッドのアルゴリズム[15]. 異なる正整数の対，たとえば $a, b(a > b)$ が与えられたら，大きい方から小さい方を引く．それから，これを $a - b, b$ という新しい対について行う．a と b のどんな公約数も $a - b$ と b を割るし，その逆も成り立つ．したがって，最後の零でない差は a と b の最大公約数によって割られるし，それを割りもする．それゆえそれが**最大公約数**である.

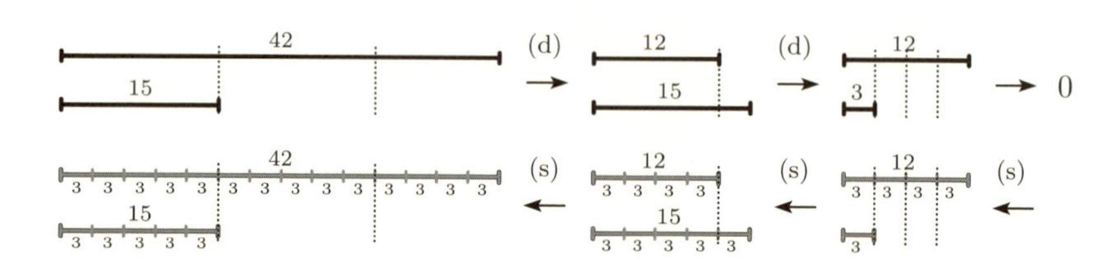

図 **2.20**　2つの数の最大公約数のためのユークリッドのアルゴリズム

これらの巻のほかのハイライトは2つの数の最小公倍数に関するユークリッド VII.34 と素数が無限個あるという事実に関するユークリッド IX.20 である.

第 X 巻．無理数の分類

この巻は『原論』の数学的理論の最高点であって，ここでは（全部で 115 の命題がある）無理数の膨大な分類を設定するために，解析（第 V 巻と第 VI 巻）と数論（第 VII–IX 巻）からの道具を使っている.

ユークリッド X.1. これは歴史上初めての収束性の結果であり，n を十分大きくすれば，$a \cdot 2^{-n}$ がどんな数 $\varepsilon > 0$ よりも小さくなるというものであ

14　［訳註］日本ではユークリッドの互除法という言い方が使われることが多い.
15　アラビア語起源の「アルゴリズム」という言葉はやっとその数千年後に現れた.

る[16]．この命題の主な利点は，そうでなければ限りなく続けることになる証明を終わらせてくれることである（たとえば，下のユークリッド X.2 と XII.2 を参照）．

ユークリッド X.2 はユークリッド VII.2 を**実数**に適用するものである．もしこのアルゴリズムが終わらないなら，最初の 2 つの数 $a > b$ の比は**無理数**である[17]．2000 年後，これが**連分数**の理論につながっていく（たとえば，[ハイラー，ヴァンナー (1997)]『解析教程』1.6 節参照）．

例． 図 2.21 に $a = \Phi$（と $a = \sqrt{2}$）に適用したユークリッドのアルゴリズムがあるが，相似な三角形（と正方形）の無限列と終わりのない余り $c = a - b, d = b - c, e = c - d$ の列（と $c = a - b, d = b - 2c, e = c - 2d$ の列）などができている．それゆえ，Φ と $\sqrt{2}$ の両方とも無理数にならざるを得ない．右の絵は [クリスタル (1886)] 第 I 巻 270 ページの中の図から，真ん中の絵は，$\Phi, \sqrt{\Phi}, 1$ がピュタゴラス 3 つ組をなすことを発見した [ヴィエート (1600)] の結果からヒントを得たものである．恐らく，ケオプスのピラミッド[18]（底辺の半分が 115m，高さ 147m．図 2.21 左図参照）を建設した人もこのことを知っていたのだろう．

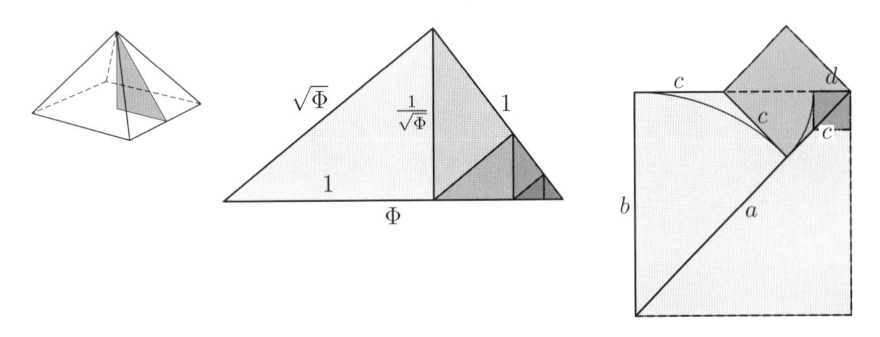

図 2.21　左：ケオプスのピラミッド（大きさは少し縮めている）．中と右：Φ と $\sqrt{2}$ に対するユークリッドのアルゴリズム

---

[16] ε はギリシャ文字ではあるが，この目的のためにやっと何世紀も何世紀も後のワイエルシュトラスによって使われるようになった．お知りになりたいのならだが，ユークリッドはこの場所に大文字の Γ を使っていた．

[17] ユークリッドの言葉では，a と b は**通約不能である**と言う．

[18] ［訳註］ケオプスとはクフ王のギリシャ名であり，これはギザの大ミラミッドのこと．

この巻のほかのハイライトは，$\sqrt{2}, \sqrt{3}, \sqrt{5}, \sqrt{6}$ などの数が無理数であることを示すユークリッド X.9 と，ピュタゴラス 3 つ組の構成を含むユークリッド X.28 である．

2.5　第 XI 巻．空間幾何と立体

第 XI 巻では立体（ステレオス (στερεός)）を導入している．ユークリッドは**ピラミッド**（ピュラミス (πῡρᾰμίς)．多角形と頂点と三角形から作られる立体）の定義を与えている（図 2.22 参照）．

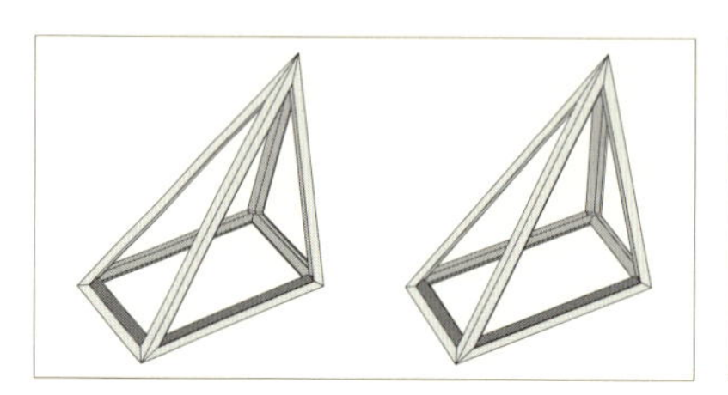
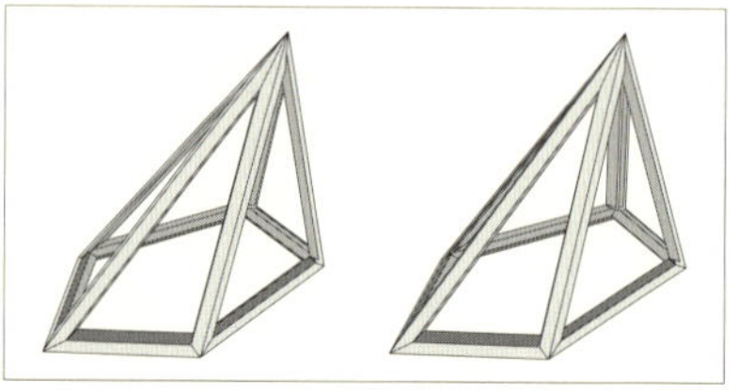

図 2.22　それぞれ長方形と 5 角形上のピラミッド

さらに**プリズム**（プリスマ (πρῖσμα)．多角形とそれに平行なもうひとつの同じ多角形，そして平行四辺形から作られる立体，図 2.23 左図参照）と**球面**（スファイラ (σφαῖρᾰ)．半円を直径の周りに回転させて得られる立体，図 2.23 右図参照）の定義と，**円錐**（コノス (κῶνός)．直角三角形を脚の周りに回転

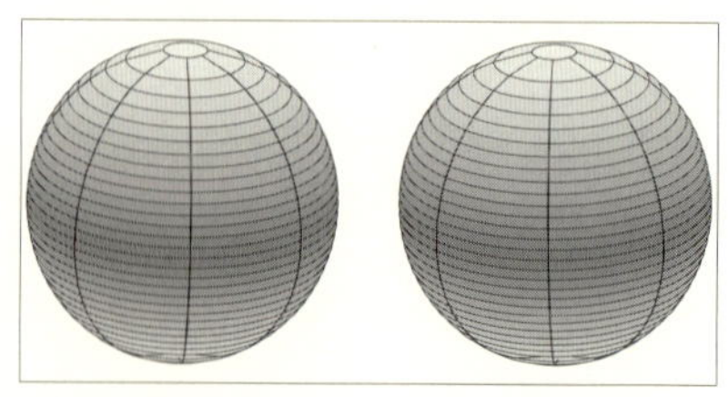

図 2.23　左：5 角形上のプリズム，右：球面

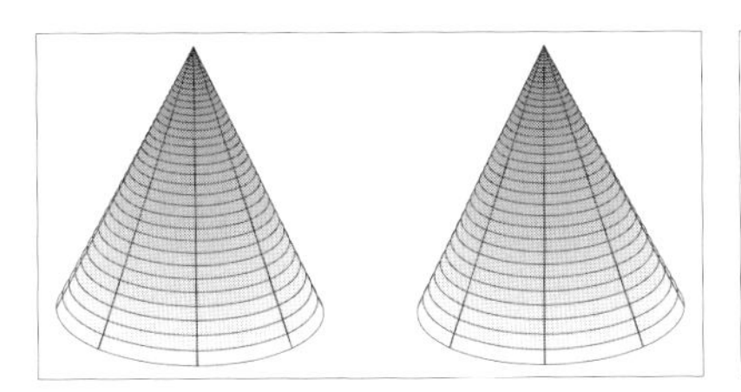
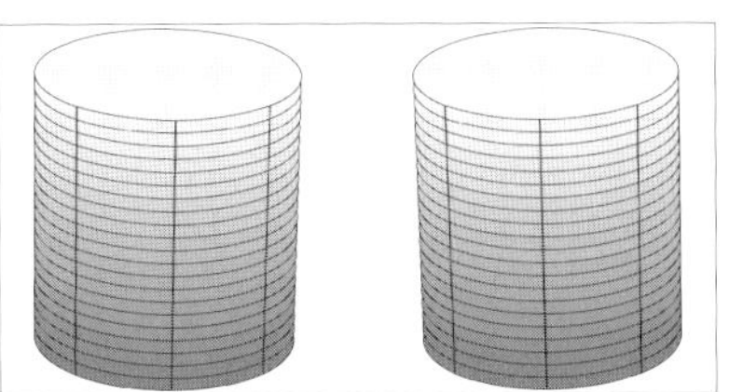

図 2.24　錐と柱

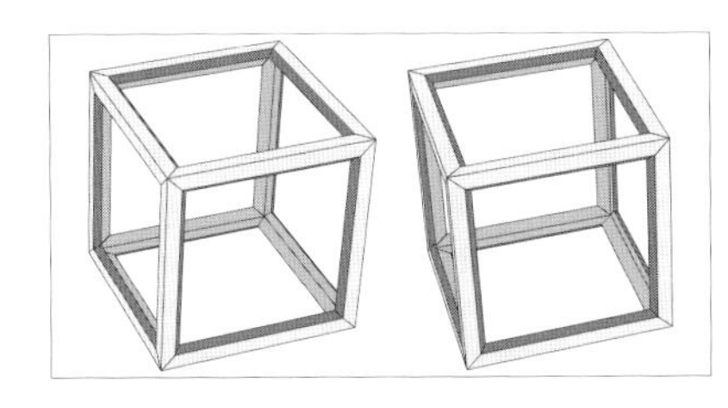

図 2.25　立方体と正 8 面体

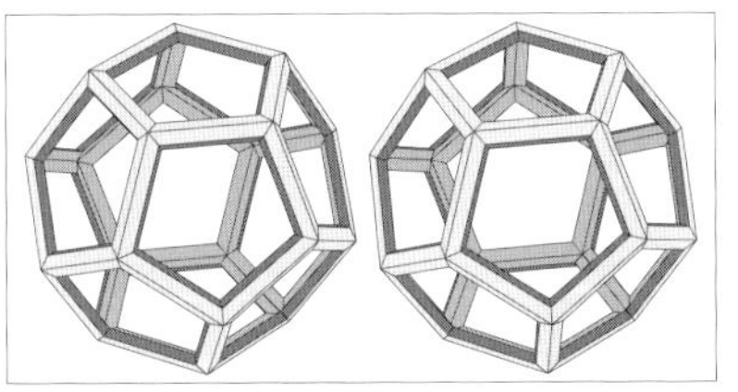

図 2.26　正 12 面体と正 20 面体

させた形の立体，図 2.24 左図参照）と**円柱**（キュリンドロス (κύλινδρος)．長方形を辺の周りに回転したもの，図 2.24 右図参照）の定義と，**立方体**（キュボス (κῦβος)．図 2.25 左図参照）と**正 8 面体**（ὀκτάεδρος（8 辺の）から作ったオクタヘドロン (ὀκτάεδρον)．図 2.25 右図参照）の定義と，**正 20 面体**（エイコサヘドロン (εἰκοσάεδρον)．図 2.26 左図参照）と最後に**正 12 面体**（ドデカヘドロン (δωδεκάεδρον)．図 2.26 右図参照）の定義を与えている．

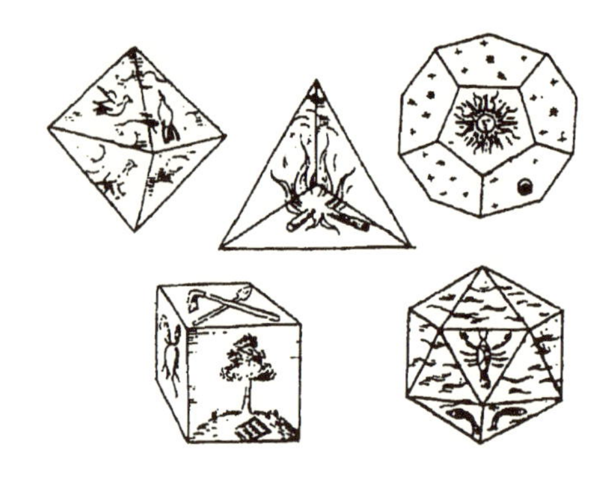

図 2.27　プラトンの立体（[J. ケプラー (1619)] 79 ページの絵）

最後の 4 つと，ユークリッドが定義しなかった**正 4 面体**（4 つの面を持つテトラヘドロン (τετράεδρον)）とで正多面体のクラスを作っている．このクラスは**プラトンの立体**や**宇宙図形**のクラスと同じである．プラトンはその著『ティマイオス』において，それらを記述し，**五大元素**と関連させている（立方体 ↔ 地，正 20 面体 ↔ 水，正 8 面体 ↔ 風，正 4 面体 ↔ 火，正 12 面体 ↔ エーテル）．ケプラーによる図解が図 2.27 に再現してある．

さらに興味深い事実に注意しよう．つまり，「正 4 面体 ↔ 正 4 面体，正 8 面体 ↔ 立方体，正 12 面体 ↔ 正 20 面体」は，正多面体の面の**中心**を結ぶことによって双対であると考えられる（図 2.28–2.30 参照）．

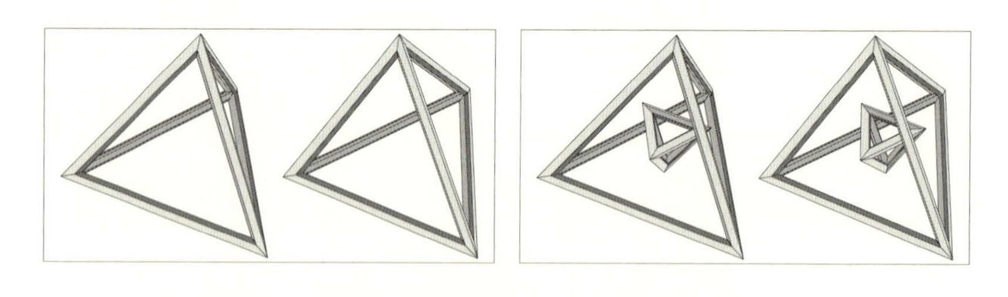

図 2.28　正 4 面体の自己双対性

ユークリッドは**平行 6 面体**（パラレーレピペドン (παραλληλεπίπεδον), 平行な面からなる立体）と**直角平行 6 面体**（すべての角が直角）の定義を省いて

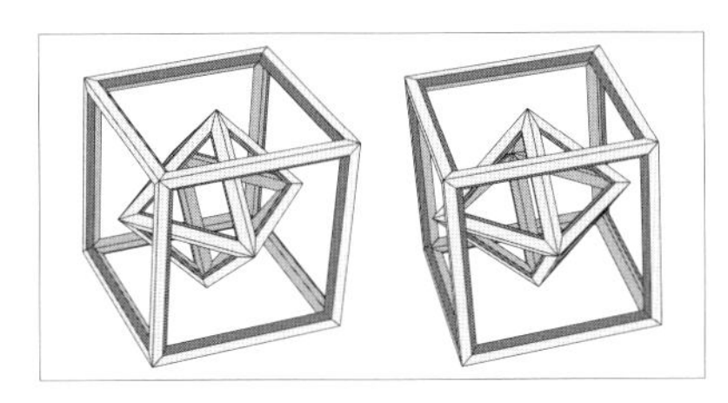

図 2.29　立方体と正 8 面体の間の双対性

図 2.30　正 20 面体と正 12 面体の間の双対性

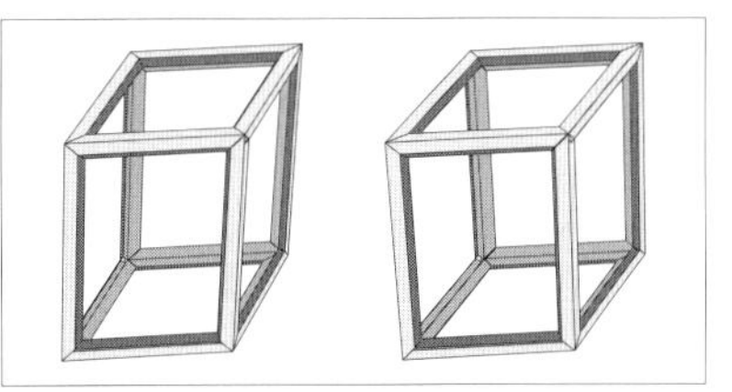

図 2.31　平行 6 面体と直角平行 6 面体

いる（図 2.31 参照）．

ユークリッド XI.1–XI.26. 空間における平面と直線と角の性質．これらの問題は先延ばしして，線形代数の道具を使った議論を第 II 部で扱う．

ユークリッド XI.27 ff. プリズムと平行 6 面体の体積．

$$\mathcal{V} = \mathcal{A} \cdot h \qquad (\mathcal{A} = \text{底面の面積},\ h = \text{高さ}) \tag{2.7}$$

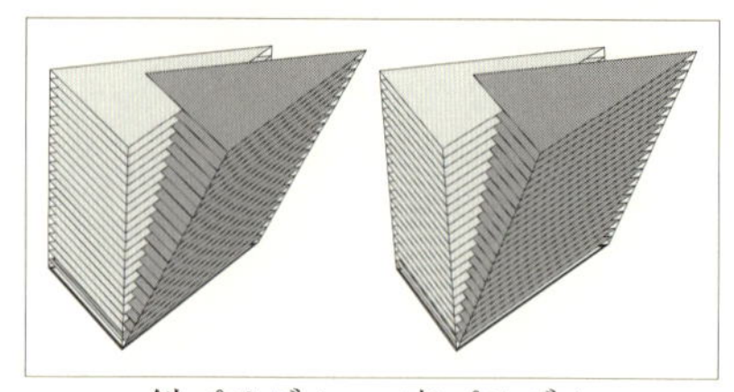

図 **2.32**　斜プリズムから直プリズムへの変換

証明は図 1.11 の第 2 の図のスタイルで行う（一部を切り取って反対側にくっつける）．代わりの証明はアルキメデスの精神でのものだが，立体を薄いスライスに切ることで与えられる（**取り尽くし法**）．説明は図 2.32 を参照のこと．

2.6　第 XII 巻．円，ピラミッド，円錐，球面の面積や体積

もっと複雑な図形の面積と体積が第 XII 巻の話題である．ユークリッドは円から始める．

ユークリッド XII.2. それぞれ半径 r_1 と r_2 の 2 つの円の面積 $\mathcal{A}_1$ と $\mathcal{A}_2$ は次を満たす．

$$\frac{r_2}{r_1} = q \qquad \Rightarrow \qquad \frac{\mathcal{A}_2}{\mathcal{A}_1} = q^2 \tag{2.8}$$

証明. 証明はユークリッド VI.19 に基づいている（定理 1.6 参照）．その厳密さは印象的である．

$\frac{\mathcal{A}_2}{\mathcal{A}_1} > q^2$，つまり

$$q^2\mathcal{A}_1 < \mathcal{A}_1 \tag{2.9}$$

と仮定する．そこで，**取り尽くし法**と呼ばれるアイデアを使う．アルキメデスはそれをエウドクソスによるものとしている．円 C_2 に内接する多

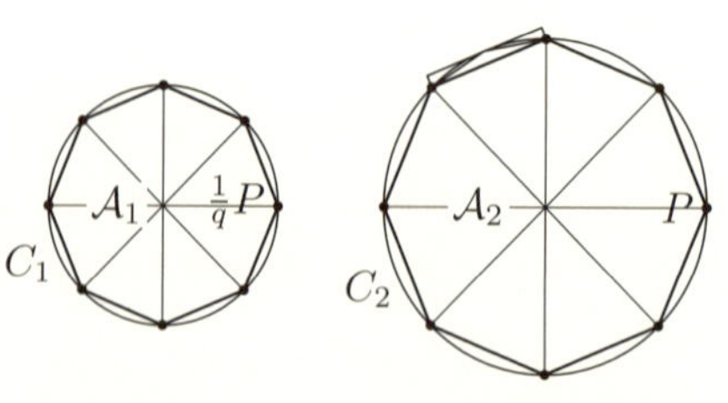

図 **2.33**　ユークリッド XII.2 の証明

角形 P で，その面積が (2.9) 式のすき間に入るようなものを取る．このことが可能であることを見るために，P の点を 2 倍にしていくことによって，面積の差が少なくとも 1/2 倍よりも小さくなることを示す（図 2.33 右図左上の小さい長方形を参照）．それから，ユークリッド X.1 を適用すれば，P の面積に対して

$$q^2\mathcal{A}_1 < \mathcal{P} < \mathcal{A}_2 \tag{2.10}$$

が得られる．多角形 P を q で割って，C_1 の中に移す．すると，ユークリッド VI.19 により，$\frac{1}{q}P$ が C_1 に含まれるから，

$$\frac{1}{q^2}\mathcal{P} < \mathcal{A}_1$$

となる．この不等式に q^2 を掛ければ，(2.10) 式と矛盾を起こす．

$\frac{\mathcal{A}_2}{\mathcal{A}_1} < q^2$ という仮定なら，C_1 と C_2 の役割を交換すれば，類似の矛盾に到達する．こうして，唯一の可能性は $\frac{\mathcal{A}_2}{\mathcal{A}_1} = q^2$ となる． □

あらゆる実際的な応用に価値を置かないユークリッドは，今日では π と書かれる相似比 $\mathcal{A}/r^2$ の実際の値については何も言っていない．しかし，アルキメデスはそれを行っている（第 3.5 節参照）．

ユークリッド XII.3–XII.9. ピラミッドの体積（ユークリッド XII.7 のポリズム）．

$$\mathcal{V} = \frac{\mathcal{A}\cdot h}{3} \qquad (\mathcal{A} = \text{底面の面積},\ h = \text{高さ}) \tag{2.11}$$

ここでも薄いスライスを使った証明をしよう（図 2.34 参照）．因子が 1/3 であるのを納得させるために，ユークリッドは三角プリズムを 3 つのピラミッドで，そのうち 2 つずつ見ると底面と高さが同じであるものに分解する．こうして，すべてのピラミッドの体積は同じである（図 2.35 上図参照）．より簡単な証明（クレロー (1741)）が，立方体を高さが $h/2$ の **6 つ**のピラミッドに切り分けることによって得られる（図 2.35 左下図参照）．[カヴァリエーリ (1647)]『第 1 課題 (*Exercitatio Prima*)』命題 24 では計算によって，現代の記号では $\int_0^1 x^2dx = \frac{1}{3}$ を示している．このことは，図 2.35 の

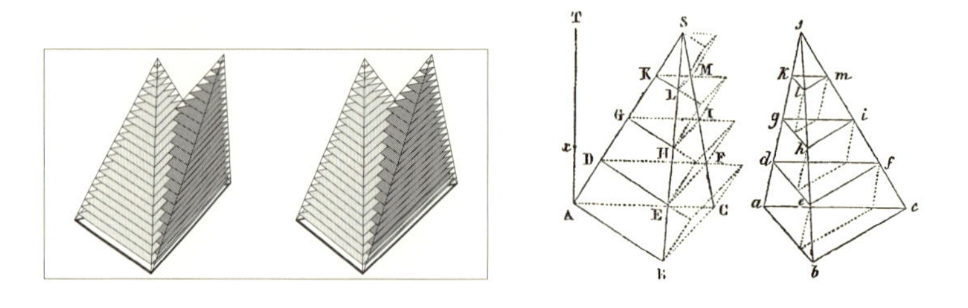

図 2.34　ピラミッドの体積．右図はルジャンドル (1794) 203 ページの絵

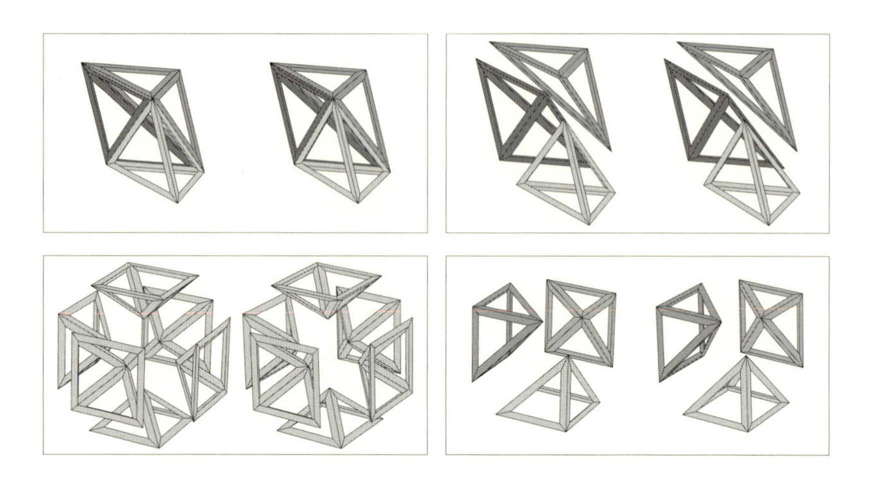

図 2.35　上：ユークリッド XII.7 の証明，左下：クレローによる証明，右下：カヴァリエーリによる証明

右下図のように集めると，またも立体の体積が「3 重に計算される (*erunt in ratione tripla*)」ことを示すような，斜めの方形ピラミッドによって図示される．

ユークリッド XII.10（円柱と円錐の体積）

$$\mathcal{V}_{円錐} = \frac{\mathcal{V}_{円柱}}{3} \tag{2.12}$$

ユークリッド XII.2 に似た証明は，それぞれ円柱と円錐を次々と正多角形上のプリズムとピラミッドで取り尽くしていくことによる，長い評価からなってい

る. (2.7) 式の拡張である公式

$$\mathcal{V}_{\text{円柱}} = \mathcal{A}_{\text{円周}} \cdot h \tag{2.13}$$

はヒースの評釈書の中ではっきりと述べられているだけで, ルジャンドルによるものとされている ([T.L. ヒース (1926)] 422–423 ページ).

ユークリッド XII.18 それぞれ半径が r_1 と r_2 の 2 つの球の体積 $\mathcal{V}_1$ と $\mathcal{V}_2$ は

$$\frac{r_2}{r_1} = q \qquad \Rightarrow \qquad \frac{\mathcal{V}_2}{\mathcal{V}_1} = q^3 \tag{2.14}$$

を満たす.

証明はユークリッド XII.2 の証明と同様だが, ユークリッド XII.16 とユークリッド XII.17[19]を使ったもっと入り組んだものになる. ユークリッド XII.2 の円の面積についてと同じように, ユークリッドは 2 つの球の体積の比だけを与えていて, **1 つの**特定の球の体積を与えてはいない. この発見はもっと難しいことで, アルキメデスに残されたのである (第 3.5 節参照).

第 XIII. プラトンの立体の作図と性質

ユークリッド XIII.1–12 は黄金比, 正 5 角形, 二等辺三角形に関するものである. 第 1 章参照.

ユークリッド XIII.13–18. ユークリッドは正 4 面体, 正 8 面体, 立方体, 正 20 面体, 正 12 面体を作図する. 正 12 面体に対して, 図 2.36 のように, 彼は立方体の各面に**切妻屋根**を付け加えることから始める (第 1.8 節の演習問題 18 も参照).

---

[19] 3 つの命題とヒースの説明は, [T.L. ヒース (1926)] の中で 14 ページにもわたる.

図 2.36　立方体の上に建てた正 12 面体

2.7　エピローグ

「先日ベルリンで，立派な家柄の才能ある若い男が初老の人と食事をしていた．若者は熱心に説明をしていた．幾何学において彼が行っていたすべての研究が初めはとてもやさしくて，難しくなるのは後になってからだと話していた．初老の男は“私には，最初の原理は非常に難しくて，解明ができない複雑さがある”と言った．若者は皮肉な笑みをたたえていたが，それは誰かが彼の耳にこう囁くまでのことだった．“君が話しているのが誰なのかわかってるのかい？　オイラーなんだよ．”」

（L. ホフマン (1786) の証言．[ポント (1986)] 467 ページからの引用）

「Die vorliegende Untersuchung ist ein neuer Versuch, für die Geometrie ein vollständiges und möglichst einfaches System von Axiomen aufzustellen und aus denselben die wichtigsten geometrischen Sätze... abzuleiten, ...（以下の研究は，幾何学が独立な公理の単純で完全な集合を選び，それから最も重要な幾何学の定理を導く新しい試みである...）」

（[ヒルベルト (1899)] 1 ページ）

基礎の研究は容易な仕事ではない．読者が第 1 章を読んでいるときに困難に出会うなら，... 証明を飛ばしても構わない.

（[トロヤノフ (2009)] 3 ページ）

懐疑的で形にこだわる人のために，私はまた短い結びの文章を付け加えました.

（D. ヒルベルト，1891 年 3 月 4 日付の F. クラインへの手紙）

2000 年以上もの間，ユークリッドの『原論』は幾何学の基本的なテキストとなってきた．その厳しい美しさは時代を超えて読者たちを魅了してきた．しかしながら，『原論』はまたその初めから多くの批判的な注意を引いてきた．それはたとえば，ユークリッド I.1 やユークリッド I.4 の後で行った議論の中で既に見てきたものである．著者たちは繰り返しユークリッドの公理を改良しようとしてきた．とりわけ完璧な貢献が [ルジャンドル (1794)] という書籍で，これは 1 世紀以上もの間，多くの版で増刷された．しかし，すぐ後の 19 世紀に 2 つの方向に最終的な飛躍的な大発展が起こった．(a) ユークリッドの公準の 1 つを緩めて**非ユークリッド幾何**が作られ，(b) 公理の完全な再構成と強化（ヒルベルト）によって，古典的な幾何学により強固な基礎が置かれた.

非ユークリッド幾何. この 2000 年の間，平行線に関するユークリッドの第 5 公準は余分なものではないかと疑われてきた．このため，他の公準から第 5 公準を導こうとする，数え切れないほどの努力と我慢強い論議が行われた．これらすべての努力が連続して失敗したことで，最後にはそのような証明は不可能ではないかという疑いが起きることになった．ガウスは友人へのいくつかの手紙の中で，活字になっていないが，第 5 公準を満たさないまったく新しい幾何学を創りだすアイデアを述べている．このいわゆる**双曲幾何**の構成は [J. ボヤイ (1832)] と [ロバチェフスキー (1829/30)] によってなされ，別々に出版された．これが非ユークリッド幾何学の始まりになった．最初は非常に複雑だった理論だが，後にベルトラミ・モデルや（下巻の図 7.25），クライン・モデルとポアンカレ・モデルによって単純化された．より詳しくは，教科書 [グレイ (2007)] 第 9, 10, 11 章と [ハーツホーン (2000)] と，論文 [ミルナー (1982)]

を参照されたい．多くの興味深い詳しい議論が [F. クライン (1926)] 151–155 ページにある．非常に注意深い歴史的な説明が高度な教科書 [ラトクリフ (1994)] に付けられており，この長い展開のすべての登場人物の完全な認識論的な物語が [ポント (1986)] で与えられている．

ヒルベルトの公理. 19 世紀後半の数学の形式化は現在も進行中だが，また古典幾何学のより確固とした基礎に対して形式化とも言われた．1899 年に，ヒルベルトは 21 の公理からなる新しく「単純な」系を持って登場したが，後に，公理 II.4 が余分だと見られたから，20 に減らした．この公理系は平面と空間のユークリッド幾何を特徴づける．ユークリッド幾何の主要な対象に対するユークリッドの曖昧な定義の多く，つまり，**点，直線，平面**は単に除去され[20]，ヒルベルトはそれらを，**位置する，間の，平行な，合同な**という相互の関係によって特徴づけた．実際の計算はいわゆる線分計算に基づいており，それは最初はパッポスの定理（下巻の定理 11.3）を導き，それから結果としてタレスの定理を導く．

20 世紀の間，ヒルベルトの公理は数が多いので，その数を減らす努力がなされた．このための主なアイデアは，実数が既知であると仮定することだった．そうすれば，たとえば [バーコフ (1932)] でのように，4 つの公準を導入すれば平面ユークリッド幾何を自動的に記述することができるようになる．彼の公準は（目盛り付きの）定規と分度器の使用に基づいている．これは実数の基本性質を受け入れることによって可能になる，このアプローチでは，タレスの定理は単に公準とされている．

公理系の重要さにも拘わらず，その厳しい性格はしばしば初心者の心を挫(くじ)く（上の引用を参照）．したがって，この時点で公理論的な骨は捨てて，より肉けのある食事に移ることにしよう．後にコーン=フォッセンと一緒に書いた『直観幾何学』[ヒルベルト，コーン=フォッセン (1932)] の中で，ヒルベルトが自分自身の公理系のことにまったく触れていないことは興味深い．

[20] ヒルベルト自身の言葉では，そのような基本的な対象は，それらが要求される関係を満たす限り，**テーブル，椅子，ビールジョッキ**に取り替えても良いのである．

2.8　演習問題

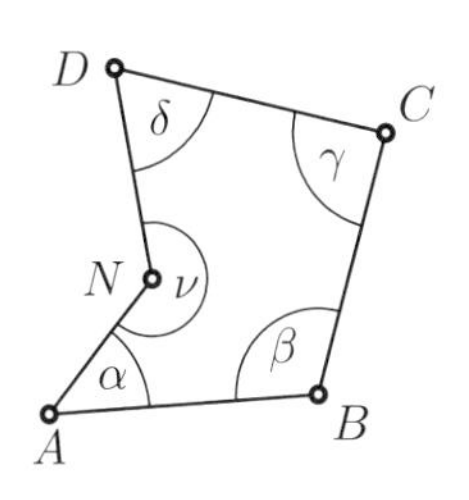

1. ユークリッドI.32のプロクロスによる拡張（[T.L. ヒース (1926)] 第I巻322ページ参照）「**頂点が $\boldsymbol{n}$ 個のどんな多角形に対しても内角の和は**

$$\alpha + \beta + \gamma + \ldots + \nu = 2(n-2)∟ \tag{2.15}$$

を満たす」を証明せよ．

2. **平行**角に対する図1.7の最初の2つの図の主張（第1章参照）はユークリッドI.29とユークリッドI.15である．**直交**角に対する最後の主張を証明せよ．

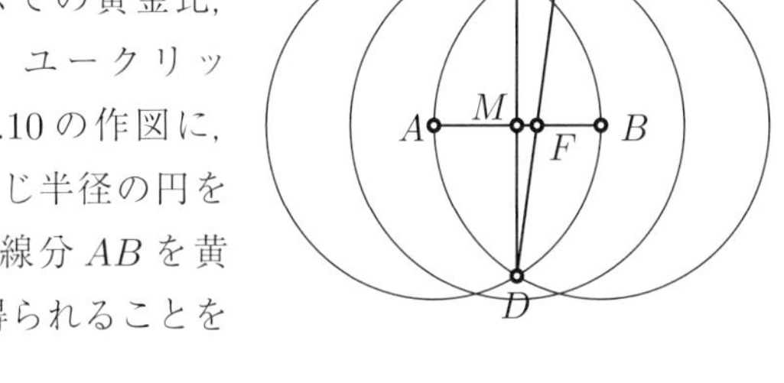

3. （定木と錆びたコンパスでの黄金比，[ホフステッター (2005)]）ユークリッドI.1とユークリッドI.10の作図に，中点 M を中心とする同じ半径の円を描くと（右の図参照），線分 AB を黄金比に分割する点 F が得られることを示せ．

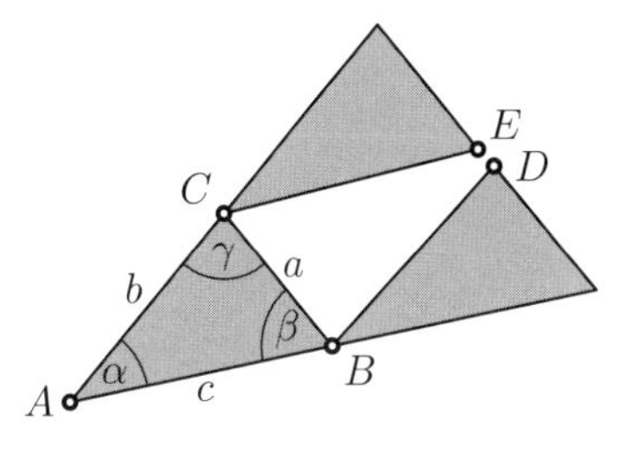

4. ABC を直角三角形で，C が直角であるとする．頂点 C が，斜辺 AB のタレスの円上にあることを示せ．

5. 第1章のタレスの定理の「石器時代証明」（図1.2参照）の欠陥を埋めよ．三角形 ABC を平行移動したあと，点 D と E が**本当**に一致するということは明白なことではない．

「図形は嘘をつかないが，嘘つきは図を描く」

（マーク・トウェイン［ジェリー・ベッカーからのeメールから］）

6. ユークリッドI.5の間違った変形「あらゆる三角形は二等辺三角形である」のW.W. ラウズ・ボールの「証明」（[ハーツホーン (2000)] 36ページ）の間違いを探せ．その証明は次のように行われる．A における角

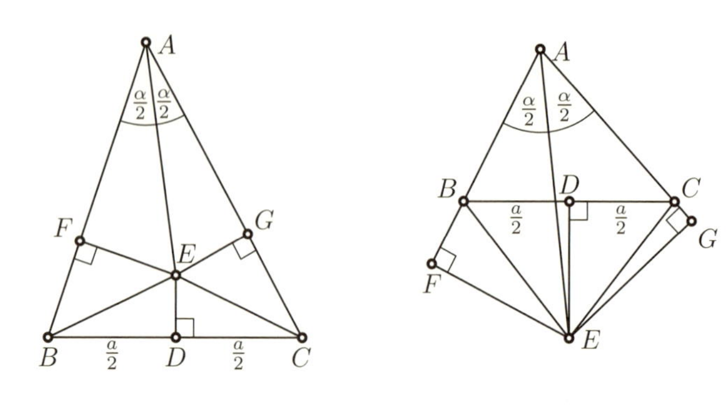

図 2.37　あらゆる三角形が二等辺三角形であることの証明

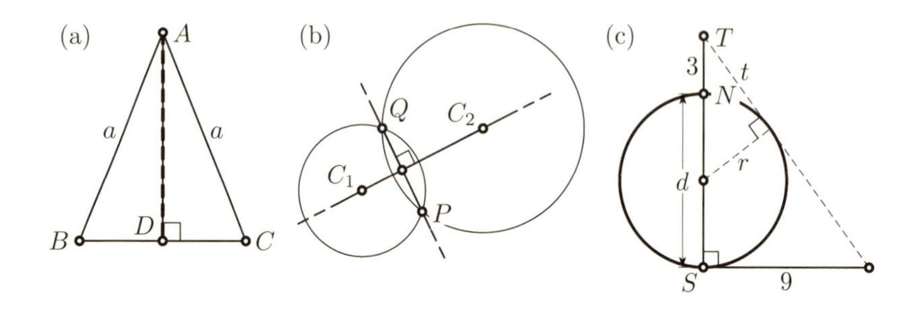

図 2.38　(a) 二等辺三角形の中線，(b)2 円の根軸，(c) 秦九韶の問題

の二等分線と BC の垂直二等分線との交点を E とする（図 2.38 左図参照）．垂線 EF と EG を下ろせ．それから，ユークリッドの正当なすべての命題を使って，$AF = AG$ と $FB = GC$ を示せ．これから「結果」が導かれる．

賢い読者なら，交点 E が三角形の**外部**に来るかもしれないという反論をするかもしれない．しかしながら，その状況ならもっと良くなる（図 2.37 右図参照）．

7. ABC を二等辺三角形，D を BC の中点とする（図 2.38 (a) 参照）．ユークリッドの命題を慎重に選んで，直線 AD が BC に直交することを証明せよ．後の第 4 章の言葉では，A を通る中線，角 BAC の二等分線，BC の垂直二等分線，A を通る高さが一致すると言う．

8. 前題の結果を使って，2つの円の**根軸** QP（図 2.38 (b) 参照）が2つの中心を結ぶ直線に直交することを示せ．

9. 中国の秦九韶（しんきゅうしょう）(1247)[21]の問題を解け．円形の城壁を持つ都市があって，直径の長さはわからないが，四方に1つずつの4つの門があるとする．木 T が北門 N の3里（り）[22]北にある．南門 S からまっすぐ東に9里歩いていったら，ちょうど木が視界に入った．市壁の直径を求めよ（図 2.38 (c) 参照．［デリー (1943)］§262 参照）．

10. 平行四辺形の対角線は互いに他を二等分し，さらに，菱形の対角線は互いに直交することを示せ（右の図と図 2.1 の定義 22 を参照）．

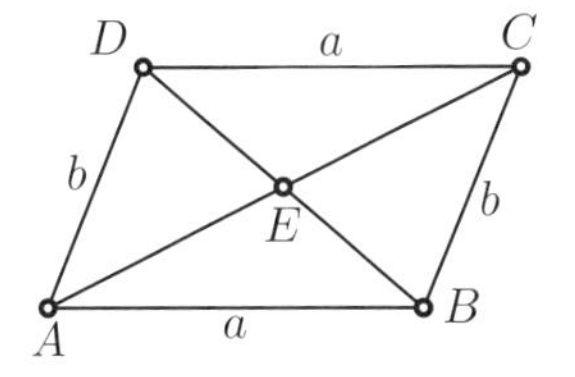

11. ユークリッド I.18「どんな三角形においても，大きい辺に対する角の方が大きい」のユークリッドの証明を再構成せよ．つまり，三角形 ABC において，AC が AB より大きければ，β は γ より大きいことを示せ．
ヒント． $AB = AD$ となる点 D を書き込め（図 2.39 (a) 参照）．

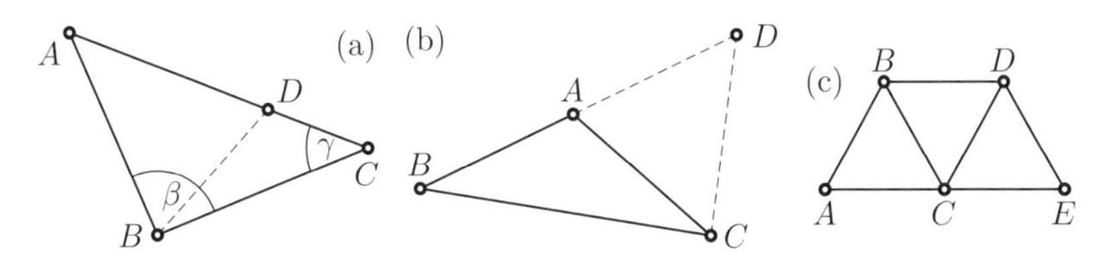

図 2.39 ユークリッド I.18，ユークリッド I.20，ユークリッド IV.15

12. 図 2.39 (b) の助けを借りて，三角不等式（ユークリッド I.20）のユークリッドの証明を与えよ．つまり，$AB + AC$ が BC よりも大きいことを示せ．直線 AB を延長して $AD = AC$ を満たす補助的な点 D を見つけよ．

13. 次の演習問題は正6角形を理解するための基礎である（ユークリッド IV.15）．もし3つの等しい正三角形が図 2.39 (c) のようになっていれば，ACE は直線である．

[21] ［訳註］13 世紀，南宋の人，1247 年に『数書九章』を著す．
[22] 里は古い中国の長さの単位で，現在では約 500m である．

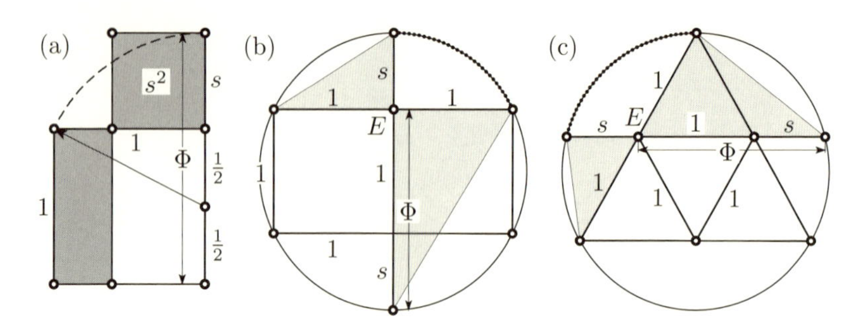

図 2.40　(a) ユークリッド II.11 の証明，(b) 2 つの正方形の外接円を使ったユークリッド II.11，(c) 正三角形を使った黄金分割

14. 代数の恒等式

$$(a+b)^2-(a-b)^2=4ab$$

を表し，ピュタゴラス 3 つ組の探索における鍵になる関係である，ユークリッド II.8 の幾何的な証明を見つけよ（**ヒント**．図 12.1 を見ると役に立つかも知れない）．

15. 図 2.40 (a) の灰色の長方形が同じ面積を持つことを示せ．そのことは (1.4) の 2 つ目の方程式を表している．これが，黄金比 Φ の作図に対するユークリッド II.1 の，ユークリッドのもともとの証明である．

注意．II.1 に対するユークリッドの作図を「発見」したいのなら，2×1 長方形の外接円を描け（図 2.40 (b) 参照）．（E を基点とする）ユークリッド III.35 によって，(1.4) の第 2 式である $s(s+1)=1$ を，そして，（点弧に対する）ユークリッド III.21 によって (1.3) 式の第 1 式を導け．

16. 黄金分割は，一部の人が述べたてるほどの頻度で，有名な絵画や建築に現れるわけではないかもしれないが，少なくとも初等幾何ではどこにでも出てくる．図 2.40 (c) に示されるように，辺の長さが 2 の正三角形の外接円と高さ $\frac{h}{2}$ の水平線もまた黄金比 Φ を作り出すことを示せ（[ポーニック (2006)] 参照）．

17. ポーニックが K. ハッジェ (1911) のものとしている（[ポーニック (2006)]

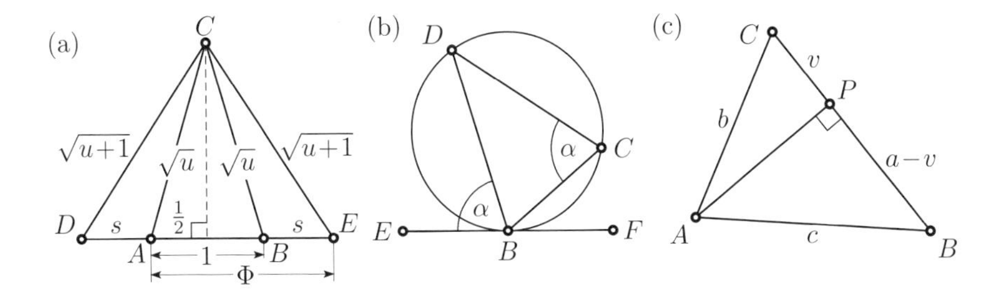

図 2.41 (a) 黄金比へのハッジェのアプローチ，(b) ユークリッド III.32，(c) ユークリッド II.13

§2.5.5 参照)，黄金分割のもう一つの素敵なアプローチを証明せよ．「底辺の長さが 1 で，辺の長さが $\sqrt{u}$（u は任意）の二等辺三角形 ACB を，辺の長さが $\sqrt{u+1}$ の二等辺三角形 DCE に延長すると，A と B は DE を黄金分割する（図 2.41 (a) 参照)．」

18. ユークリッド III.18「もし直線が，F を中心とする円に点 C で接するなら，FC はこの直線に垂直である」に対するユークリッドの証明を発見せよ（ヒント．F のこの直線上への正射影が C ではない点 G であると仮定せよ)．

19. ユークリッド III.32「直線 EF が B で円に接し，C と D が円上の点であれば，角 DCB は角 DBE に等しい」の証明を見つけよ（図 2.41 (b) 参照)．

20. ユークリッド II.13，つまり，図 2.41 (c) の状況に対して書かれた公式 (2.2) は

$$a^2 + b^2 - 2av = c^2 \tag{2.16}$$

となるが，ピュタゴラスの定理の直接の拡張でもある．

質問． 図 1.19 のユークリッドの証明をヒントにして，(2.16) を直接に証明することができるか？

21. 2 の円が 2 つの点 P と Q で交わるとする（図 2.42 (a) 参照)．一方の円上の点 T から TP と TQ を引いて，もう一方の円との交点を A と B と

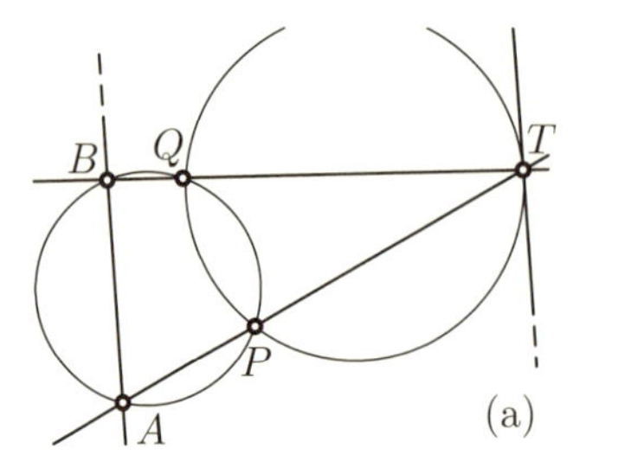

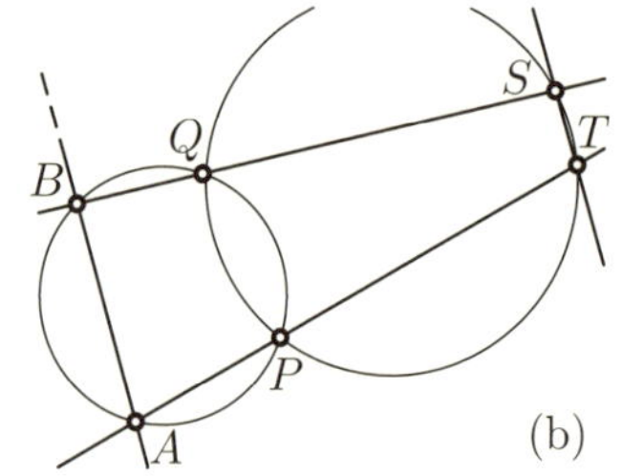

図 2.42　左：円の接線の性質，右：2 つの円の 2 本の割線

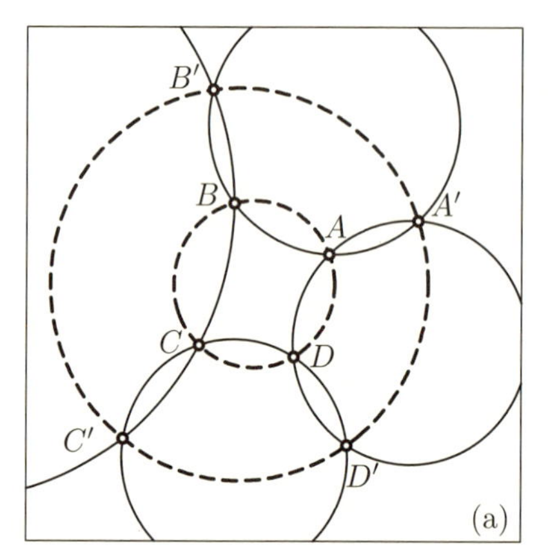

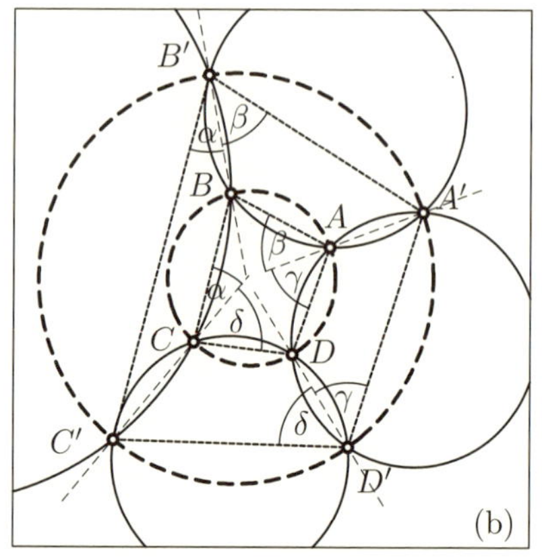

図 2.43　左：4 円定理，右：その証明

する．T での接線が AB と平行であることを示せ．

22. 一般にはヤーコプ・シュタイナーのものとされる美しい結果である**4 円定理**を証明せよ．「4 つの円が図 2.43 (a) で示すように，点 A, A', B, B', C, C', D, D' で交わるとする．A, B, C, D が共円である（つまり 1 つの円上にある）のは，A', B', C', D' が共円であるとき，かつそのときに限る．

23.「パッポスの最後の数学問題」（『選集』，第 VIII 巻，命題 16 から，図 2.44 (a) 参照）を解け．半径 AF の与えられた円に，最大の大きさの 7 つの同じ正 6 角形を内接させよ．この問題は，「線分 AF が与えられた

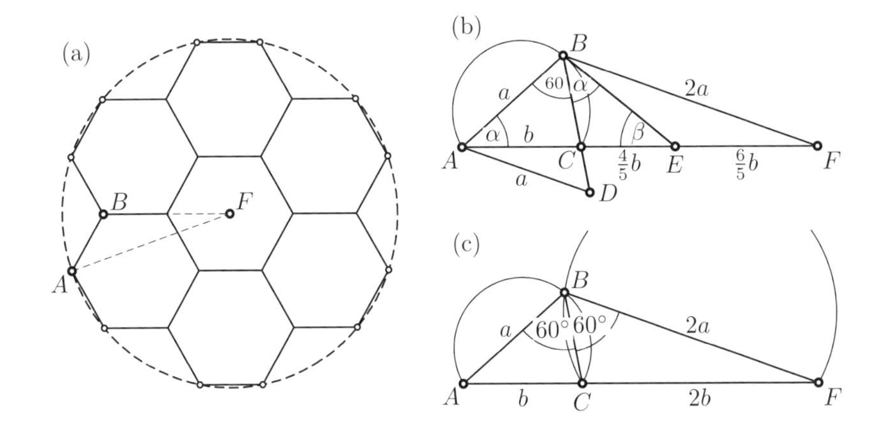

図 **2.44** パッポスの 6 角形定理

とき，$BF = 2 \cdot AB$ と $\angle ABF = 120°$ を満たす点 B を見つけよ」という問題に帰着する．

(a) 次のパッポスの作図を確かめよ（図 2.44 (b)）．線分 AF 上に点 C と E を，$AC = \frac{1}{3} \cdot AF$ と $CE = \frac{4}{5} \cdot AC$ を満たすように取れ．AC 上に $60°$ の角を見込むような円を描き（ユークリッド III.21 により），接点を B とする接線 EB を引け．そのとき，B が求める点である．

(b) もっと易しい解があるか？

24.（もう 1 つのオイラーの神聖な発見）上に描いたユークリッドの第 XI 巻の多面体のそれぞれについて次の数を数えよ．

$$s_0 \quad \ldots \quad \text{頂点の数}$$
$$s_1 \quad \ldots \quad \text{稜の数}$$
$$s_2 \quad \ldots \quad \text{面の数}$$

これらの値を表にして，有名なオイラーの関係式を見つけよ [オイラー (1758)]．

第3章　アルキメデスとアポロニウスと偉大な挑戦

「アルキメデスとアポロニウスによって，ギリシャ幾何学は最高点に到達した．」

（[T.L. ヒース (1921)] 197 ページ）

「Qui Archimedem et Apollonium intelligit, recentiorum summorum virorum inventa parcius mirabitur.（アルキメデスとアポロニウスの仕事を理解する人なら，現在の最大の学者の発見により驚嘆することはないだろう．）」

（G.W. ライプニッツ．[ヴェル・エック (1923)] から転載．）

古代の数学の偉大な挑戦は次の 3 つである．

- 立方体の倍化
- 円の正方形化
- 角の三等分

本章では，これらの問題がいかにして偉大な幾何学者たちの思考を形作ったか，そして何世紀にもわたって数学の発展に影響してきたかを見ていく．

3.1　立方体の倍化と円錐曲線の起源

「Quotusquisque Mathematicorum est, qui tolerat laborem perlegendi Appollonii Pergaei Conica?（ペルガのアポロニウスの円錐曲線論を読む努力に耐える数学者がいかに少ないことか？）」

（[J. ケプラー (1609)] 序文より）

「... i libri di Apollonio, ... delle quali sole siamo bisogni nel presente trattato（アポロニウスの書は，この論説の中で必要な唯一の道具である．）」

（[ガリレイ (1638)]『対話』，第4日）

問題はこうである．**与えられた立方体の2倍の体積を持つ立方体を見つけよ**（図3.1左図参照）．古代の資料によるとこの問題の起源には2つの話がある．1つはクレタ島のミノス王がグラウコスの墓を2倍にしたかった（[T.L. ヒース (1921)] 245ページ参照）というもので，もう1つは**デロスの神託**が疫病の流行を止めるために祭壇を2倍にするよう命じたというものである[1]．

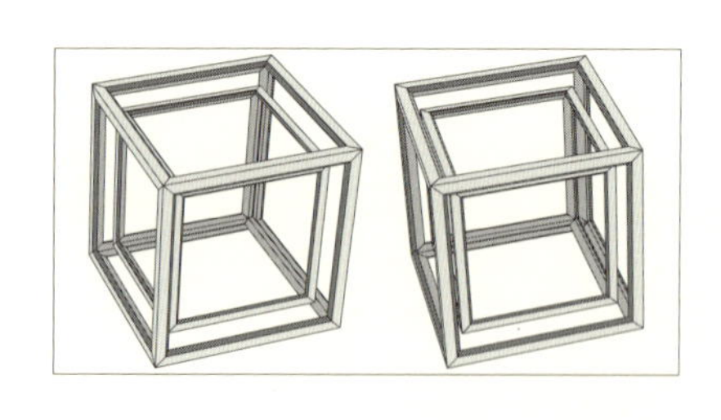

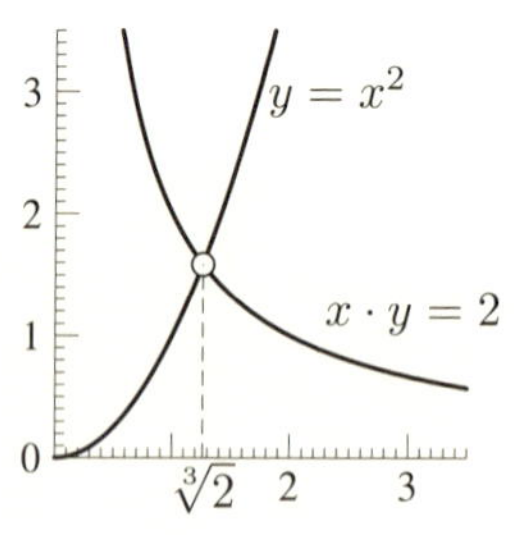

図 3.1　左：立方体の倍化（絵は3次元画像である）．右：ヒポクラテスの解

神や王が何を求めたとしても，**正方形を倍にすること**（第1.6節参照）を既

[1] 人々がこの解答についてプラトンに助けを求めに行ったとき，彼の答は次のようであった．神託は祭壇を本当に2倍にすることが人々を癒すことを意味するのではなく，この作図に必要な数学の進歩がそうするのである．

に知っていた幾何学者にとって，$\sqrt[3]{2}$ を作図することになるこの問題は興味ある挑戦であった．

円錐曲線に向かって． キオスのヒポクラテスは，$x \cdot x \cdot x = 2$ を解くことからなるこの問題を次のように扱った．最初の積を $x \cdot x = y$ として分離すると，**2 重の幾何比**[2]（パッポス『全集』第 III 巻，1 ページの **2 つの比例中項** (*duas medias proportionales*)）を作る 4 つの値 $1, x, y, 2$

$$1,\quad x,\quad y,\quad 2 \tag{3.1}$$

で，

$$y = x^2, \qquad x \cdot y = 2 \tag{3.2}$$

を満たすものが得られる．エウドクソスとプラトンの弟子であるメナエクムスはこれらの等式で定義される 2 つの曲線（図 3.1 右図参照）が平面と円錐の交わりによって作り出されることを発見した．こうして円錐曲線の理論が生まれたのである（詳細については，[ヴィエート (1593b)] 第 II 章，*Historia duplicationis cubi*（立方体の倍化の歴史）参照）．

円錐曲線に関する古典期のもっとも有名な論説はペルガのアポロニウスによって書かれた．アポロニウスは円錐曲線に 8 巻の書物を書いたが，もとのギリシャ語のテキストが残っているのは最初の 4 巻だけで（批判校訂版はハイベア (1893) によって出版されている），第 V,VI,VII 巻は E. ハリー (1710) によってアラビア語のテキストから再構成され，最後の巻は失われている．本書の引用は [ヴェル・エック (1923)] によるフランス語訳に基づいている．少し整理され，現代の記号に修正された権威ある英語版が [T.L. ヒース (1896)] によって出版されている．

円錐曲線の理論は [J. ケプラー (1604)] 第 IV.4 章によって取り上げられ，彼の著書 *Astronomiæ Pars Optica*[J. ケプラー (1604)] の中に円錐曲線についての短い節がある．彼は 1 つの円錐曲線にある 2 つのとくに重要な点を強調し，それを焦点 (*foci*) と呼んだ (“Nos lucis causâ, et oculis in Mechanicam intentis ea puncta Focos appellabimus（光源と機械に当てている眼とを焦点

2　［訳註］幾何数列＝等比数列になっているということ．

と呼ぶことにしよう)”). アポロニウスの証明の多くは後になって，解析方法を使って簡単化された（下巻第7章参照）．この分野での最もエレガントな**幾何学的アイデア**である**ダンドラン球面**は，ベルギーの軍事技術者（G.P. ダンドラン，1794–1847）によって発見されるまでに，さらに2000年待たねばならなかった．この発見により円錐曲線の説明は，われわれのもそうだが，逆転したものになった．興味を持った読者に，章末の演習問題11–16において，“laborem perlegendi（読むべき努力）”を残しておこう．

3.2　放物線

「そしてイエスは寓話によって，彼らに答え，また話をしました...」

（聖書，マタイ伝21.1）

παραβολή［パラボレー］　比較，図解，並置，類推...

（リデル，スコット『ギリシャ語–英語辞書』オックスフォード）

放物線の定義（パッポス『選集』第III巻，命題238）．dを直線とし，**準線**と呼び，Fを準線から距離pにある点とし，**焦点**と呼ぶ．Fからとdから同じ距離ℓにあるすべての点Pの軌跡（図3.2左図参照）を**放物線**と呼ぶ．放物線は，焦点を通るdの法線に関して対称である．この対称性の直線を放物線の**軸**と呼ぶ．軸は放物線とその**頂点**で交わる．

定理 3.1（**アポロニウス I.11**）　もし円錐が，円錐の母線と同じ傾きを持つ平面で切られると，その交わりは放物線である．

証明（ダンドラン，1822）．点Pから球への接線がすべて同じ長さを持つという事実を使う．それらの接線は円錐をなし，球面にある円周に沿って接触する（図3.3左図参照）．

この証明における決定的なアイデアは，（円周$AA\ldots$に沿って）円錐と，平面πに接する（**ダンドランの**）球面を選ぶことにあった（平面πとの接点Fが焦点であることがわかる．図3.3の右にある2つの図を参照）．Pを円錐

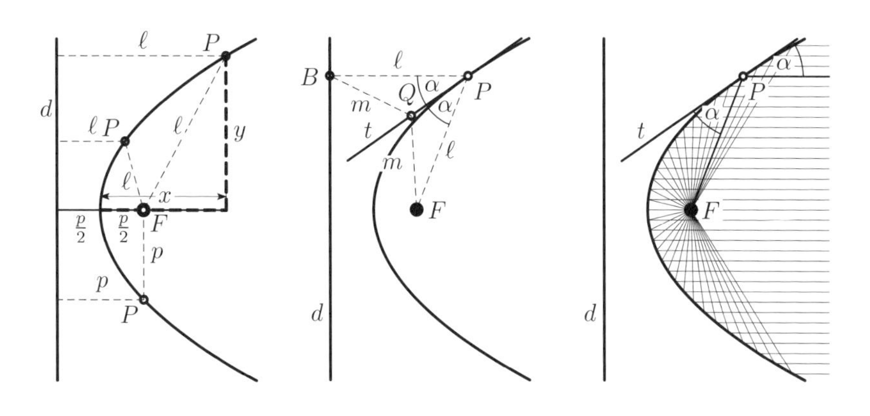

図 **3.2**　放物線の定義と接線

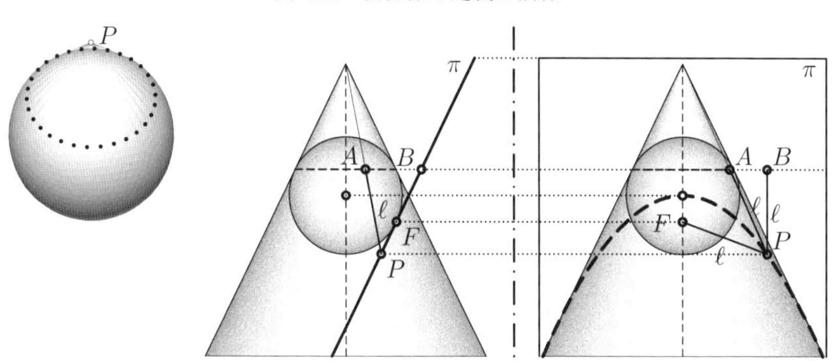

図 **3.3**　円錐と平面との交わりとしての放物線

と平面との交わりの上に任意の点とし，A を円周 $AA\ldots$ と P を通る円錐の母線との交点とする．円周 $AA\ldots$ を含む平面と π との交わりは準線となる直線を定める．B を，P の上方にある準線上の点とする[3].

ともに球面への接線となる線分なので $PF = PA$ となる．しかし，平面は円錐と同じ傾きを持つので，$PA = PB$ でもある．これで証明が終わる．　□

[3] ［訳註］B の位置が少しわかりにくい．円錐の軸が垂直であり，円周 $AA\ldots$ を含む平面が水平面であるとしてよく，図 3.3 の中央の図はその面上から見ているために，水平面が水平線に見える．さらに右の図では，軸の周りを回転させて，平面 π との交線である準線が 1 点に見える位置に置いてある．P から準線への垂線の足が B であり，PB が P と準線との距離である．PA は円錐の母線であり，その水平面に対する角度が，π と水平面との面角と同じであることを，π が円錐の母線と同じ傾きであると表現している．

放物線の接線. P を放物線上の任意の点とし，t を $\angle BPF$ の二等分線とする（図 3.2 の中央の図を参照）．t の P 以外のどの点 Q に対しても，三角形 BPQ と FPQ は合同なので，$BQ = QF$ である[4]．しかし，BQ は準線 d に垂直ではないので，QF は，準線 d から Q までの距離よりも長い．こうして，P 以外の直線 t のすべての点は放物線の外側にあり，t は P における**接線**となる．

（お好みならばユークリッド I.15 を使って得る）帰結の 1 つは，軸に平行な光線はそれぞれ放物鏡で反射すると放物線の焦点を通るというものである（図 3.2 右図参照）[5]．家のバルコニーにあるパラボラアンテナやヘッドライトや天体望遠鏡に使われている放物鏡はすべてこの原理に基づいている．

定義方程式. 放物線の点 P の頂点に関する座標を x, y と書く（図 3.2 左図参照）．ピュタゴラスの定理から

$$\left(x-\frac{p}{2}\right)^2+y^2=\left(x+\frac{p}{2}\right)^2 \qquad \text{したがって} \qquad y^2=2xp \tag{3.3}$$

が，つまり，正方形の面積 $y \cdot y$ が長方形の面積 $x \cdot 2p$ に等しいことがわかる．この「比較，類推...」が（アポロニウスが与えた）放物線（**パラボラ** (*parabola*)）という名前の由来である（上の引用参照）．$2p$ という値は**通径**（ラトゥス・レクトゥム，*latus rectum*）と呼ばれ，焦点を通る垂直な線分の長さである．

また，x と y を交換すると，(3.2) の最初の式が放物線を定めていることがわかる．

3.3　楕円

> ἐλλιπής[エリペース]　外に去ること，省略すること，欠如 ...
>
> （リデル，スコット『ギリシャ語–英語辞書』オックスフ

[4] 幾何学で 2 つの図形が合同であると言うのは，平行移動と鏡映と回転の組み合わせによって一方が他方に変換できるときである．

[5] ［訳註］これまでの記述に比べて妙にそっけないが，右図で P に右から水平にやってきた光線が反射せずに突き抜ければ中央の図の B に当たる．双方の図に表れる角 α がすべて同じであるのは見ればわかるだろうという気分なのだろう．

ォード)

前のものと同じ作図をするのだが，今度は交わる平面 π が円錐の母線よりも**急でない**としている（図 3.4）．その結果，線分 PB は PA よりも**長く**，この比の値を $\frac{1}{e}$ と書く．ここで，e は $0 \leq e < 1$ を満たす数であり，**離心率**と呼ばれる．

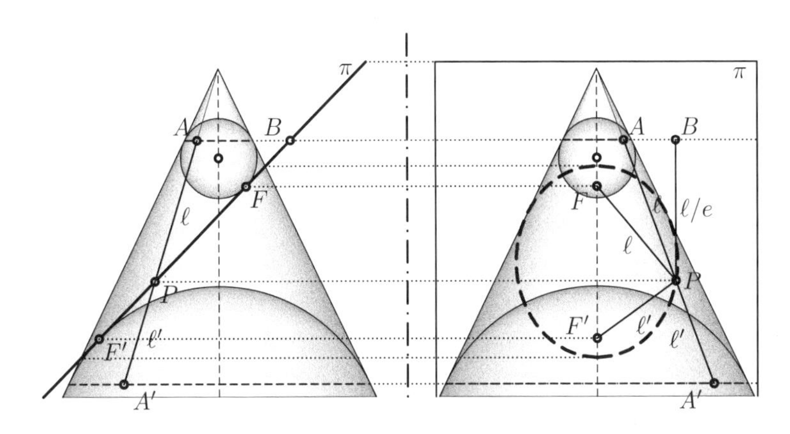

図 **3.4** 円錐と平面の交わりとしての楕円

楕円の最初の定義（パッポス VII.238）．直線 d から距離 p/e にある焦点 F を考える．ただし，$0 \leq e < 1$ とする．点 F と直線 d からの距離の比が e に等しいすべての点 P の軌跡を**楕円**と呼ぶ（図 3.5 左図参照）．直線 d は**準線**と呼ばれる．

定義方程式. 放物線のときと同じように，ピュタゴラスの定理から（今度は**頂点** V からの距離 u を座標にとる，図 3.5 左図参照）

$$\Big(u - \frac{p}{1+e}\Big)^2 + y^2 = e^2\Big(u + \frac{p/e}{1+e}\Big)^2 = \Big(eu + \frac{p}{1+e}\Big)^2$$

が得られ，これから

$$y^2 = 2up - (1-e^2)u^2 \qquad \text{または} \qquad (1-e^2)u^2 - 2up + y^2 = 0 \tag{3.4}$$

が得られる．つまり，正方形の面積 $y \cdot y$ は長方形 $u \cdot 2p$ の面積より**小さい**．これが，アポロニウスがこのような曲線に楕円（**エリプセ** (*ellipse*)）という名

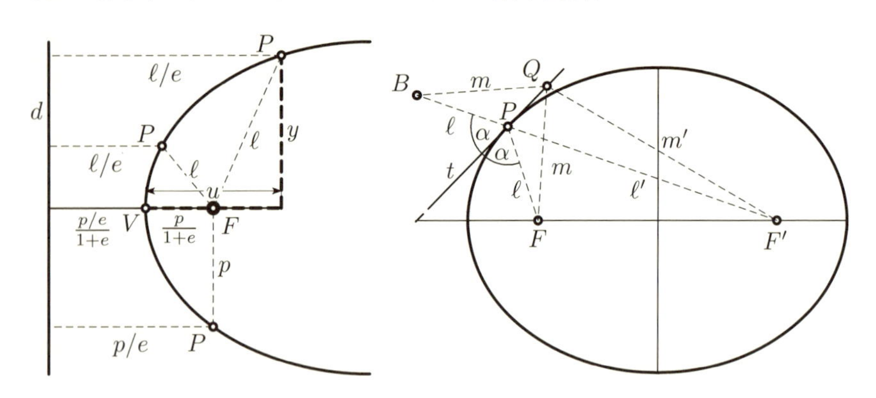

図 **3.5**　楕円の定義と接線の作図

前を与えた由来である（上の引用参照）.

楕円の第 2 の定義. 今度は **2** つ目のダンドラン球面を平面 π のもう一方の側に接するように置き（図 3.4 参照），平面との接点を第 2 の焦点 F' とする. 2 つの球面は 2 つの平行な円周に沿って円錐に接する．その結果，2 つの距離 PA と PA' の和は一定である．前と同じ理由によって

$$\textbf{距離 } \boldsymbol{PF} \textbf{ と } \boldsymbol{PF'} \textbf{ の和は一定である.} \tag{3.5}$$

アポロニウスにとって，これは第 III 巻の命題 52（アポロニウス III.52）である.

楕円の接線（アポロニウス III.48）. 楕円の接線を，放物線のときに使ったのと非常に似たアイデアを使って求める．P を楕円上の点とし（図 3.5 右図参照），P を F と F' と結び，それぞれの間の距離を ℓ と ℓ' とする．そのとき，$F'P$ を延長して，P から距離 ℓ のところの点を B とすると，(3.5) により，距離 $F'B$ は楕円のすべての点に対して同じになる．$\angle BPF$ の二等分線 t を引く．その結果，t 上の P 以外のすべての点 Q に対して，三角形 BQF が二等辺三角形なので，$BQ = QF = m$ となる．しかし，BQF' は折れ線で直線ではないので，$m+m'$ は $F'B$ よりも長い（ユークリッド I.20）．こうして，t 上の P 以外のすべての点は楕円の外側にあり，t は P における**接線**であることになる.

放物線の鏡の性質は次のように修正される．**一方の焦点から発するあらゆる光線は反射して他方の焦点を通る**（右の図参照）．

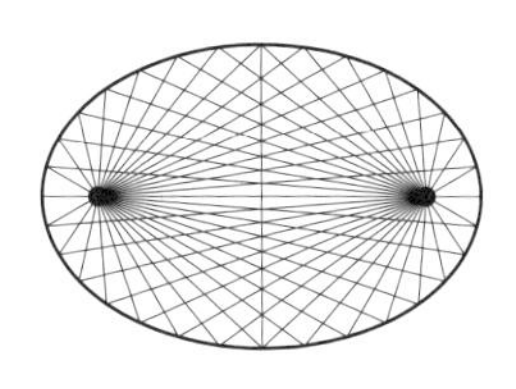

第2の定義方程式． 楕円上の点 P をいくつか特別な位置に取る（図 3.6 左図参照）．

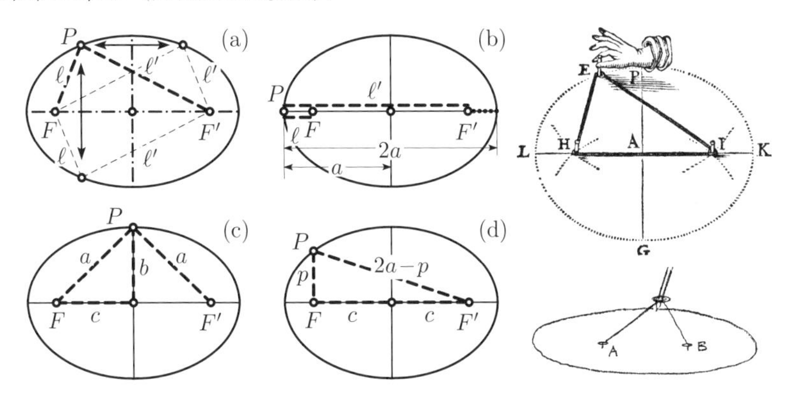

図 3.6 楕円とその焦点．右は上がファン・スホーテン (1657)，下が R. ファインマンの図（1965, ニュートンの重力の法則に関する会議）

(a) 楕円は，第 1 に対称軸 FF' に関して**対称**であり，第 2 に FF' の垂直 2 等分線を対称軸として対称である．

(b) 最初の対称軸上の左の頂点に P を置けば，直線 FPF' は F から P に行き，F' に戻るものとなる．対称性により，この距離（(3.5) の定数）は楕円の最長の直径である．この定数を $2a$ と書き，**長軸**と呼べば，

$$\ell + \ell' = 2a \tag{3.6}$$

となる．定数 a は中心から頂点までの距離であり，**半長軸**と呼ばれる．

(c) P を第 2 の対称軸上に置けば，ピュタゴラスの定理により，

$$b^2 = a^2 - c^2, \quad \text{または} \quad c^2 = a^2 - b^2 \tag{3.7}$$

となる．ここで，b は**半短軸**であり，c は中心から焦点までの距離である．

(d) P を F の垂直上方に取る（図 3.6 (d) 参照）．量 $p = PF$ は**半通径**であ

る．ピュタゴラスの定理により $(2a-p)^2 = p^2 + (2c)^2$ となり，整理すれば

$$a^2 - ap = c^2, \quad \text{または} \quad b^2 = ap, \quad p = \frac{b^2}{a} \tag{3.8}$$

となる．

(e) 最後に P を右の頂点に置くと，$u = 2a$ となる．これは (3.4) の y^2 が2度目に0になる点であり，$2p - (1-e^2)u = 0$ となる．これから，関係式

$$1 - e^2 = \frac{b^2}{a^2} \qquad \text{かつ} \qquad c = ea \tag{3.9}$$

が得られる．最後の $c = ea$ は (3.7) 式から得られ，これが e の**離心率**という名前の由来である．

関係式 (3.8) と (3.9) を (3.4) に代入すると，$\frac{b^2}{a^2}u^2 - 2u\frac{b^2}{a} + y^2 = 0$ が得られる．さらに u と y の間の対称性から，この式を b^2 で割ると，$\frac{u^2}{a^2} - 2\frac{u}{a} + \frac{y^2}{b^2} = 0$ が得られる．両辺に1を足し，最初の2項を「完全平方」に変換すると，$(\frac{u}{a} - 1)^2 + \frac{y^2}{b^2} = 1$ が得られる．ここで，$u - a = x$，つまり $u = x + a$ と置くと，座標 x は楕円の中心からの水平距離を測っていることになるが，最終的に方程式

$$\frac{x^2}{a^2} + \frac{y^2}{b^2} = 1 \tag{3.10}$$

が得られる．これは曲線自身の素敵な対称性を表している．

円との関係． 公式 (3.10) の単純さにまだ満足でない読者は $z = \frac{a}{b}y$ と置くことができ，そうすると方程式は

$$\frac{x^2}{a^2} + \frac{z^2}{a^2} = 1 \qquad \text{つまり} \qquad x^2 + z^2 = a^2,$$

と，半径 a の円周の方程式になる．こうして，楕円の**薄いスライス**は，円のそれよりも $\frac{b}{a}$ 倍だけ短くなる．この性質は，アルキメデスによって『錐体と球体について』の初めの定理群の1つにおいて使われ（図3.7参照），

$$\mathcal{A}_{\text{楕円}} = \frac{b}{a} \cdot \mathcal{A}_{\text{円}} \tag{3.11}$$

という結論が得られている．

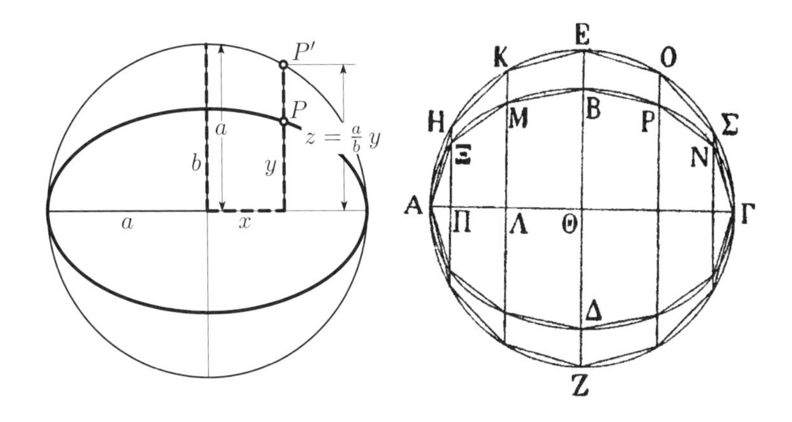

図 3.7　相似変形による円から楕円の作図．右はアルキメデスの図（『錐体と球体について』）

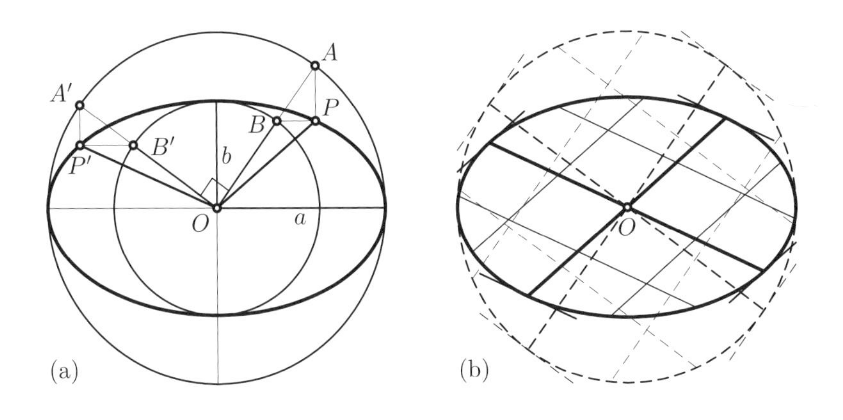

図 3.8　(a) プロクロスによる楕円の作図，(b) 共役直径

楕円のプロクロスの作図． タレスの定理の助けを借りて，相似変換 $y \mapsto \frac{a}{b} y$ を実行する．楕円はそれぞれ半径が a と b の円周から作られる．半直線 OBA を中心のまわりに回転させると，B の水平射影と A の垂直射影によって楕円の点 P が得られる（図 3.8 (a) 参照）．

共役直径． 2 つの直交する半直線 OA と OA' から来る，プロクロスの作図

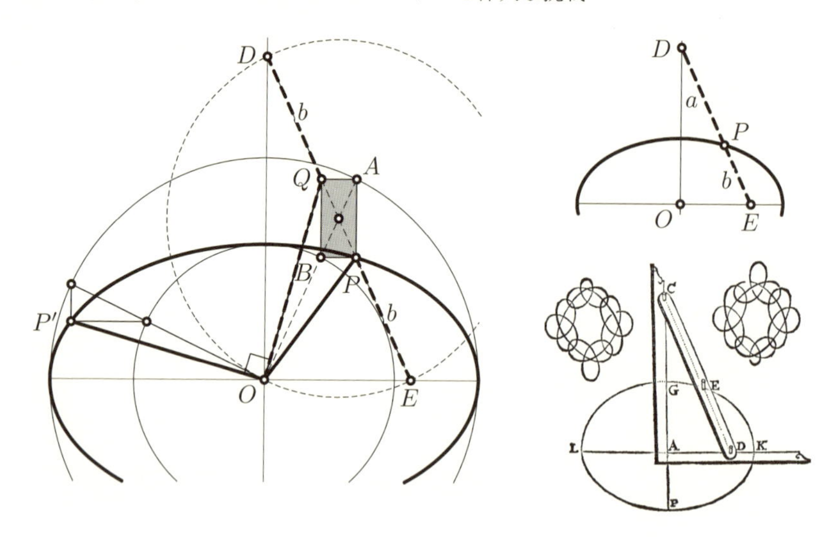

図 3.9　左：リッツによる2つの共役直径からの楕円の作図．右：滑る棒を使った作図（ファン・スホーテン (1657) のイラストとともに）

における2つの直径[6]を**共役直径**と言う（図 3.8 (a) 参照）．それぞれの直径はそれに共役な直径の端点における接線に平行であり，共役な直径を二等分する（アポロニウス II.6，図 3.8 (b) 参照）．これらの性質は，円の対応する直交する直径の性質から，またもう一度タレスの定理を使うことによって得られる．

2つの共役直径から楕円の半軸を得るリッツの作図． 今度は与えられた共役直径の対から，ある楕円の半軸を求めるという問題を扱う．最初の作図はパッポスによる（パッポス第 VIII 巻 §XVII，章末の演習問題 19 参照）．[フレジール (1737)] 132 ページ[7]と [オイラー (1753)] から始まって，段々と簡単な作図が見つけられてきた．フレジールとオイラー (E192 における彼の最後の作図参照) によって独立に発見された決定的なアイデアは，直径の1つを∟だけ回転することである．その結果，図 3.8 左図で，半直径 OP' を，P' にくっついている三角形と一緒に∟だけ回転する．そうすると，線分 OQ と三角形 QBA が得られる（図 3.9 左図参照）．この三角形を P の支持三角形と合

6　[訳註] OP と OP' が定める直線または図 3.8 (b) の O を通る線分．
7　[バイエル (1967)] も参照のこと．

わせると，軸に平行な辺を持つ長方形が得られる．距離 $AO = QE = PD = a$ と $BO = PE = QD = b$ となるから，P と Q の中点 M は，O と E と D からの距離が同じ $\frac{a+b}{2}$ となる．これによって次の作図が得られる．

「OP と OP' を与えられた共役直径の与えられた対とする．OP' を OP の方へ ∟ だけ回転すると，線分 OQ が得られる．M を P と Q の中点とする．M を中心とし，O を通る円周を描け．この円が直線と交わる点を D と E とする．そのとき，直線 OE と OD が軸の方向を示し，距離 $DP = a$ と $PE = b$ が楕円の半軸となる．

1845 年以来，この作図はダニエル・リッツ “Professor der Mathematik an der Gewerbeschule zu Aarau（アーラウの職業訓練校の数学教授）” の画法幾何学の教科書のものとされてきた．

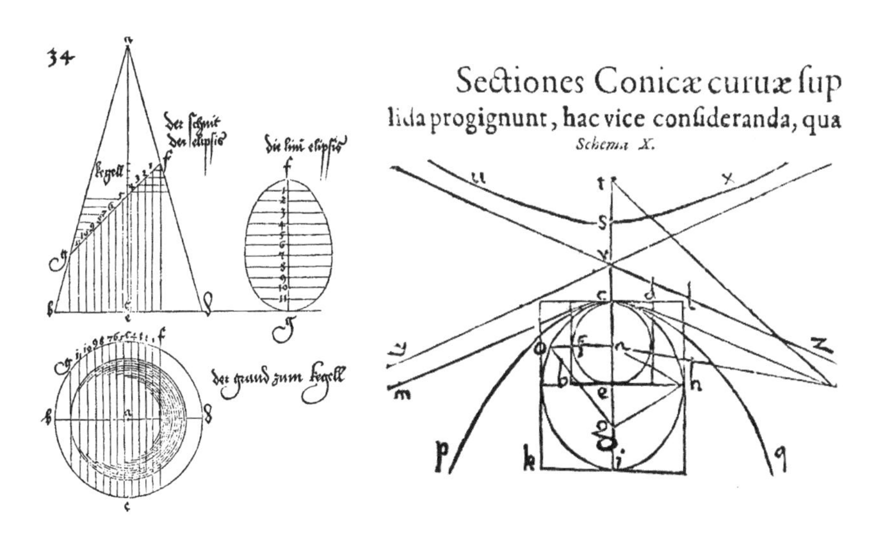

図 3.10　左図：A. デューラー『測定法教則』(1525) による木版画，右図：ケプラー『宇宙の調和』(1619)

プロクロスの棒を使う作図． 図 3.9 右図は楕円の作図の次のような方法を示している．長さ $a + b$ の棒 DE が，その端が軸の上を滑ると考える（図 3.9 右図参照）．D から距離 a にあり，E から距離 b にある棒上の点 P は，半軸がそれぞれ a と b である楕円を描くだろう．

注意. ルネサンスの間に芸術と科学にとって円錐曲線が獲得した重要性の高まりを，図3.10の2つの木版画で説明する．1つはデューラーによるもので，1つはケプラーによるものである．

3.4　双曲線

ὑπερβολή［ヒュペルボレー］他を越えて投げることこと，飛び越えること，過剰...
（リデル，スコット『ギリシャ語–英語辞書』オックスフォード）

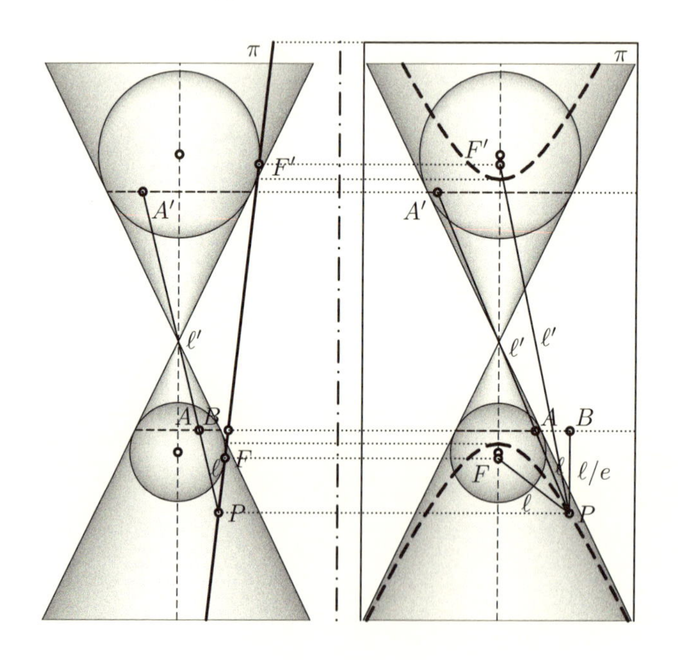

図 3.11　円錐と平面との交わりとしての双曲線

今度は，円錐の母線よりも急な平面を取る（図3.11参照），つまり離心率は $e>1$ を満たす．こうして，(3.4)は

$$y^2 = 2up + (e^2 - 1)u^2 \tag{3.12}$$

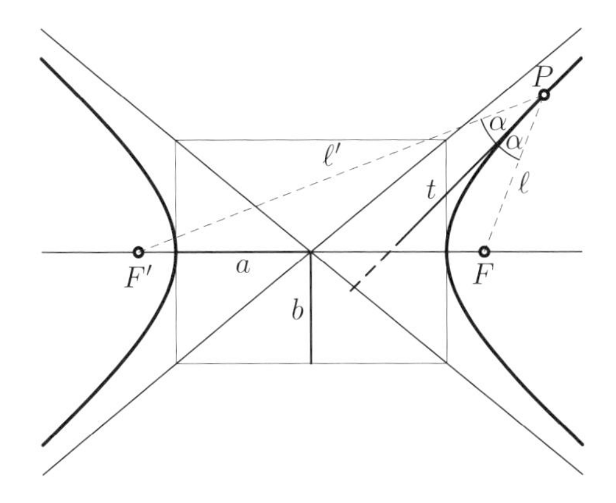

図 3.12 双曲線と接線

となり，正方形の面積に過剰が出る[8]．接頭辞 *hyper*（ハイパー）は今日，hypersensitive（過敏な），hypertension（高血圧，これは学生には若過ぎるだろう），hypermarket（ハイパーマーケット），hyperactive（活動過多の）などの多くの言葉に現れるので，この曲線がなぜ *hyperbola*（ハイパボラ，双曲線と呼ばれるかがわかるだろう．

双曲線の理論は楕円の理論とよく似ている．(3.6)の代わりに

$$\ell - \ell' = \pm 2a \tag{3.13}$$

が得られ（図 3.11 参照），中心から測った座標に対しては (3.10)の代わりに

$$\frac{x^2}{a^2} - \frac{y^2}{b^2} = 1 \tag{3.14}$$

が得られる．中心から焦点までの距離 c は

$$c^2 = a^2 + b^2 \tag{3.15}$$

を満たす．接線は $\angle FPF'$ の二等分線である（図 3.12 参照）．

[8] ［訳註］まとめてみると，正方形の面積 y^2 が長方形の面積 $2xp$ または $2up$ と比べて，等しいのが放物線，小さいのが楕円，大きい．のが双曲線で，それがアポロニウスの命名の理由だということである．

双曲線の漸近線.

> σύμπτωσις［シンプトーシス］一緒に落ちること，崩壊すること，会合すること...
> （リデル，スコット『ギリシャ語–英語辞書』オックスフォード）

双曲線については，漸近線 (asymptotes)（対応するラテン語の *symptosis* は会合することを意味する．接頭辞の a-は atom，atypical，asocial，anonymous にあるように否定を意味する[9]）．こうして，**漸近線**はこの曲線に近づいていくが**決して出会うことのない**直線である（アポロニウス II.1）．(3.14)を

$$\left(\frac{x}{a}+\frac{y}{b}\right)\cdot\left(\frac{x}{a}-\frac{y}{b}\right)=1 \tag{3.16}$$

という形に書く．x と y が大きくなると，右辺の1は無視できるほどになり，方程式は

$$y=\frac{b}{a}\cdot x \qquad \text{と} \qquad y=-\frac{b}{a}\cdot x \tag{3.17}$$

に分解する．x と y が無限大に近づいていくと，この2直線に双曲線が近づいていく．さらに，軸として漸近線をとると，双曲線の方程式は非常に簡単になる．こうして，(3.2)の第2の曲線は双曲線である．

3.5　円を測る

> 「Sed illum (Archimedem) plures laudant quam legant; admirantur plures quam intelligant（しかし，より多くの人が彼（アルキメデス）を読むよりも称賛するし，より多くの人が彼を理解するよりも賛美する）」
> （A. タケット，アントヴェルペン (1672)，
> [ヴェル・エック (1923)] から転載）

問題．半径1の円の面積を求めよ．一旦この決定的な量（300年来，一般に π と書かれる）が求まったなら，ユークリッド XII.2 によって，半径 r のどん

9 ［訳註］atom（原子）は分割できないもの，atypical は非定型な，asocial は社交的でない，反社会的な，anonymous は無名の，という意味である．

な円の面積も

$$\mathcal{A}_{\text{円}} = r^2\pi \tag{3.18}$$

となることがわかり，(2.13) と (2.12) により，円柱と円錐の体積が

$$\mathcal{V}_{\text{円柱}} = r^2\pi \cdot h, \qquad \mathcal{V}_{\text{円錐}} = \frac{r^2\pi \cdot h}{3} \tag{3.19}$$

となることがわかる．

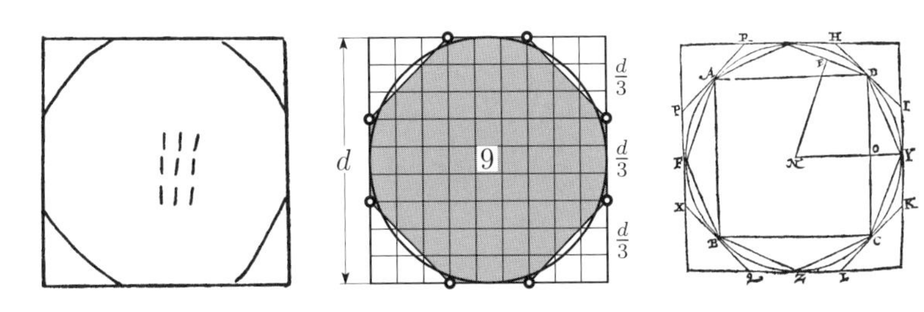

図 3.13　左と中：リンド・パピルスにおける円の正方形化（一番左の図はピート (1923) のリンド No. 48 から複製），右：アルキメデスの証明法（彼の 1615 年版の『全集』BGE Ka 459 から複製

「エジプトのアルゴリズム」知られているもっとも初期の結果はリンド・パピルスの例 No. 48 と 50 で与えられるものである（図 3.13 参照）．$9 \times 9 = 81$ 単位の正方形の中の円は，長さ 3 単位の 2 辺を持つ角（かど）を切り取ることによって正方形化される．これによって $81 - 18 = 63$ 単位の面が作られる．63 は $64 = 8^2 = (9-1)^2$ に近いので，

直径の 9 分の 1 を引けば正方形になる[10]

となる．これは No. 50（[T.E. ピート (1923)] から再製）での証明で，そこでは

[10]　［訳註］この時代のエジプトでは正の整数と単位分数しか扱えなかった．直径が 9 の円を分割して，4 隅を図のように切り取った多角形は，円よりも少し減るが，少しは増えて，面積が整数値 63 になり，これに 1 を足すとより円の面積に近くなりそうだが，たまたまそれが平方数で，1 辺 8 の正方形の面積になる．このことを「円を正方形にした」と表現している．

となっている．円筒容器の体積を計算しているリンド No. 42 では，直径 10 に対する面積は　　　　つまり $79\frac{1}{108} + \frac{1}{324}$ で与えられ，整理すれば $79\frac{4}{324} = 79\frac{1}{81}$ となり，これが（エジプトの）正しい値である．半径 1 の円に対しては，このアルゴリズムは近似値 $\pi \approx (2 - \frac{2}{9})^2 = \frac{256}{81} = 3.1605$ を与える．

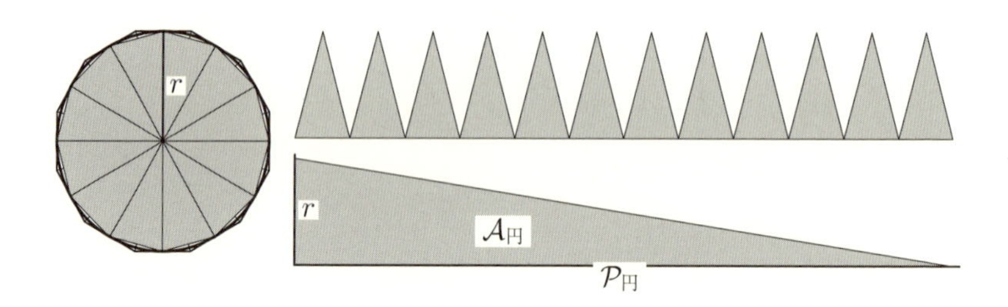

図 3.14　円の面積と周長に関するアルキメデスの「命題 I」

アルキメデスの円の正方形化． アルキメデスはその有名な著書『円の計測』[アルキメデス (250 B.C.)a] の中でこの問題にギリシャの厳密さで，円に内側と外側から，面積と周長のわかっている正多角形に近づいていくことによって攻撃した（図 3.13 の一番右の図参照）．これは π に対する近似値だけでなく，**厳密な**誤差範囲にも導くものである．

アルキメデスは**命題 I**「円の面積は，底辺が周長で，高さが円の半径である三角形の面積である」（図 3.14 参照）から始めている．式で書くと，

$$\mathcal{A}_{円} = \mathcal{P}_{円} \cdot \frac{r}{2},\quad それゆえ，(3.18) を使うと，\quad \mathcal{P}_{円} = 2r\pi \qquad (3.20)$$

となる．**証明**は，内接正多角形と外接正多角形が三角形からなり，点の数が増えていくと，この多角形の間の差が 0 に近づいていくという事実に基づいている．この命題によって，π を半径 1 の周長の半分として求めていくことがで

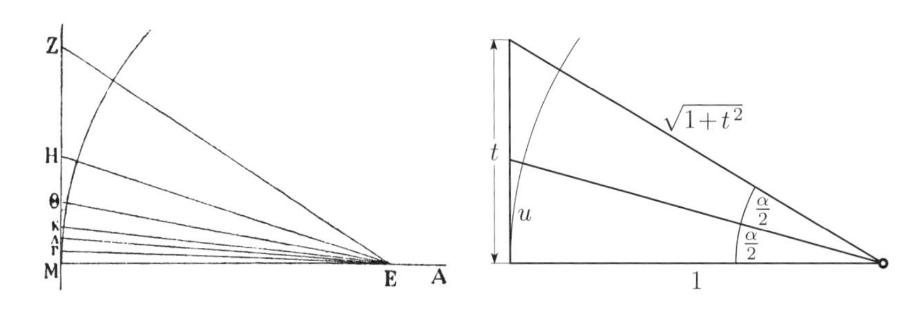

図 3.15 外接正 96 角形のアルキメデスの計算（左図はヴェル・エック (1921) から再製）

きるようになる.

π の上界. t を，半径 1 の外接正 n 角形の辺の長さとする（図 3.15 参照）. 外接正 $2n$ 角形に対する対応する値 u を求めたい．ユークリッド VI.3 から

$$\frac{t-u}{\sqrt{1+t^2}} = \frac{u}{1} \quad \text{つまり} \quad u = \frac{t}{\sqrt{1+t^2}+1} \mapsto t \tag{3.21}$$

が得られる．$n = 6$ に対する $t = \frac{\sqrt{3}}{3}$ から始めて，この公式を繰り返し使い，アルキメデスは

$$\Gamma Z < \frac{153}{265},\ \Gamma H < \frac{153}{571},\ \Gamma\Theta < \frac{153}{1162\frac{1}{8}},\ \Gamma K < \frac{153}{2334\frac{1}{4}},\ \Gamma\Lambda < \frac{153}{4673\frac{1}{2}}$$

という評価を得た．これらと同時に図 3.17 の最初の 3 列の，t の真の値や対応する π の上界が得られる.

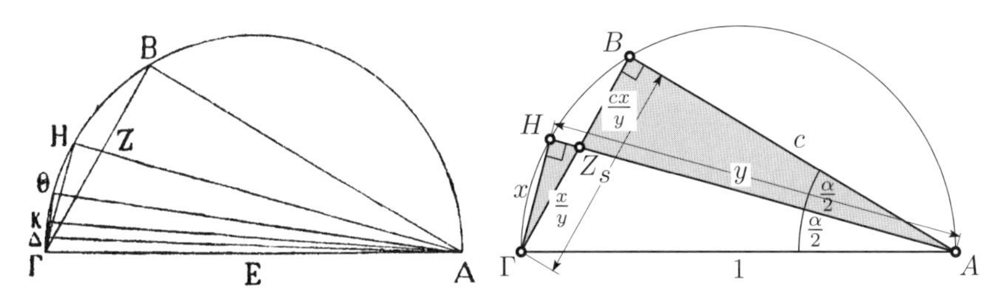

図 3.16 内接正 96 角形のアルキメデスの計算（左図はヴェル・エック (1921) から再製）

π の下界. ここでは，円の直径を単位の長さ1と選ぶ（これは，ヴィエートまでの三角関数の標準的な取り扱いである．210ページの図5.33参照）．s を，この円に内接する正 n 角形の辺の長さとする（図3.16参照）．正 $2n$ 角形の辺の長さ x を求めたい．アルキメデスの方法は以下の通りである．ピュタゴラスの定理により $c=\sqrt{1-s^2}$ である．ユークリッド III.21 により，三角形 ABZ と ΓHZ は $AH\Gamma$ に相似である．それゆえ，タレスの定理によって，$\Gamma Z=\frac{x}{y}$ かつ $ZB=\frac{cx}{y}$ である．これから，$s=\frac{(1+c)x}{y}$，つまり $\frac{y}{x}=\frac{c+1}{s}$ が結論される．両辺を二乗して1を足せば（ピュタゴラスの定理を2回使って），

$$\frac{y^2+x^2}{x^2}=\frac{1}{x^2}=\frac{c^2+2c+1+s^2}{s^2}=\frac{2c+2}{s^2} \tag{3.22}$$

が得られる．$\frac{2c+2}{s^2}$ の平方根を取れば，$\frac{1}{x}$ と x が，最終的に $y=\frac{(1+c)x}{s}$ が得られる．これらの値を使って $x\mapsto s$ と $y\mapsto c$ とし，続けて次の繰り返しを行う．アルキメデスは，$n=6$ と $s=\frac{1}{2}$ から始めて，このアルゴリズムを4回繰り返して

$$B\Gamma\geq\frac{1}{2},\ H\Gamma>\frac{780}{3013\frac{3}{4}},\ \Theta\Gamma>\frac{240}{1838\frac{9}{11}},\ K\Gamma>\frac{66}{1009\frac{1}{6}},\ \Lambda\Gamma>\frac{66}{2017\frac{1}{4}}$$

という評価を得た．図3.17の最後の3列における，s の正しい値と，アルキメデスの値と対応する π の下界の比較を参照せよ．

最後に，アルキメデスは有名な**命題 III** を

$$3\,\frac{10}{71}<\pi<3\,\frac{1}{7} \tag{3.23}$$

と述べている．これは $3.14084<\pi<3.14286$ に対応している．

n	$t_{真}$	$t_{アルキ}$	π の上界	$s_{真}$	$s_{アルキ}$	π の下界
6	0.577350	0.577358	3.464102	0.500000	0.500000	3.000000
12	0.267949	0.267951	3.215390	0.258819	0.258814	3.105829
24	0.131652	0.131655	3.159660	0.130526	0.130519	3.132629
48	0.065543	0.065546	3.146086	0.065403	0.065400	3.139350
96	0.032737	0.032738	3.142715	0.032719	0.032718	3.141032

図3.17　t と s に対するアルキメデスの値の，その正しい値と π に対する対応する限界との比較

注意. どのようにしてアルキメデスが必要な平方根のすべてをそのような精度で計算することができたかは推測することしかできない（より詳細については，アルキメデスの『全集』[ヴェル・エック (1921)] におけるフェル・エッケの脚注，または [ミール (1983)] を参照のこと）．ほかの誰か (アシュケロンのユートゥシャス) がこれらの計算をもう一度点検するまでに 700 年以上もかかっている（ヴェル・エックの第 2 版 (1960), 第 II 巻，702–710 ページ参照）．10 進法（算術的方法（メトーディ・アリスメティカエ, methodi arithmeticæ)）が発見されたのちになってやっと，これらの計算をさらに高い精度で行うことができるようになった（1593–96 年，アドリアン・ファン・ルーメンとルドルフ・ファン・ケーレンによる[11]（図 3.18 参照）．ルドルフはその生涯の終わりには 35 桁に到達した）．

METHODI ARITHMETICAE
PRACTICAE VNIVERSALIS
quam $3\frac{1415.9265}{10000.0000}$

図 3.18　ファン・ルーメンの 8 桁の π の出版（アドリアヌス・ロマヌス[12] 1597）BGE Ka123

3.6　球を測る

「... どんな円も，底辺が周長で高さが半径である三角形に等しいので，どんな球も底面が球面に等しく，高さが半径である円錐に等しいという直観を持った.」

（『方法』の中でアルキメデス，[ヴェル・エック (1921)]（第 2 版，1960）488 ページ参照）

古代最大の科学者であるアルキメデスは，球の表面積と体積の決定が自分の最大の発見であると考え，自分の墓石に，円柱に内接し，円錐に外接する球の絵を刻むように頼んだ．こうして，本節は，いわば，「一番の中の一番」である．

体積か表面積かの，どちらか一つの量が見つけられたなら，もう一方は

[11] $\pi = \sqrt{10}$ という偽りの主張したオランダの強力な学者ジョゼフ・スキャリジャーに対抗し，アルキメデスの業績を弁護する中でなされた．

[12] ［訳注］アドリアヌス・ロマヌスはアドリアン・ファン・ルーメンのラテン語名．

(3.20) に似た公式で容易に導かれる（引用参照）. アルキメデスは三つの異なる証明を与えた.

- 1899 年にエルサレム・パリンプセスト[13]の中で再発見され，1911 年にハイベアによって編集された，エラトステネスへの手紙である原稿『力学的定理の方法』において，アルキメデスは，球面と円錐と円柱を「釣り合いの位置」に置き，スライスごとに重みをつける（下巻第 9 章の図 9.14 参照）ことによる天才的な証明を与えた. これは，おそらく，彼が初めて得た体積の公式である. 円錐を反対向きに回せば，この証明は（釣り合わす必要もなく）簡単になる. すぐ下で行うのはこれである.
- ハイベアがもとはアルキメデスの最初の仕事であると考えた『球と円柱について』において，彼は長く厳密な評価を使って，初めて球の表面積を導いた. 次に説明するのはこれである.
- 最後に，『円錐体と球体について』という著作の中で，「いくつかの困難」に出会った後で，アルキメデスは，足し上げることによって，楕円体のときにも有効なもう一つの証明を発明した. それは，今日では積分 $\int(r^2 - x^2)\,dx$ に対する「上下のリーマン和」と呼ぶものである（図 3.21 右図参照）.

「簡単化した重みづけ」による体積. 円錐と，球と円柱の半分を図 3.19 左図に示したように置き，回転軸上任意に選んだ点 Σ で，直交する平面で，その 3 立体を切る. この平面は 3 立体との交わりは，それぞれ半径が $\rho_{円錐}$，$\rho_{球}$，$\rho_{円柱}$ の円になる. ユークリッド XII.2 により，これらの円の面積は半径の 2 乗に比例する. ピュタゴラスの定理により，

$$\rho_{球}^2 + x^2 = \rho_{球}^2 + \rho_{円錐}^2 = \rho_{円柱}^2$$

となる. これがすべての Σ に対して成り立つので，体積に対して同じ関係式

$$\mathcal{V}_{球} + \mathcal{V}_{円錐} = \mathcal{V}_{円柱} \tag{3.24}$$

---

[13] ［訳註］パリンプセストは，羊皮紙は高価だったため，羊皮紙に書かれた文字を消して，その上に別の文を書いたもののことである. 消すのも完全ではないので，もとの文字を読み取ることができ，そういうものの中に重要な文書があることがある.

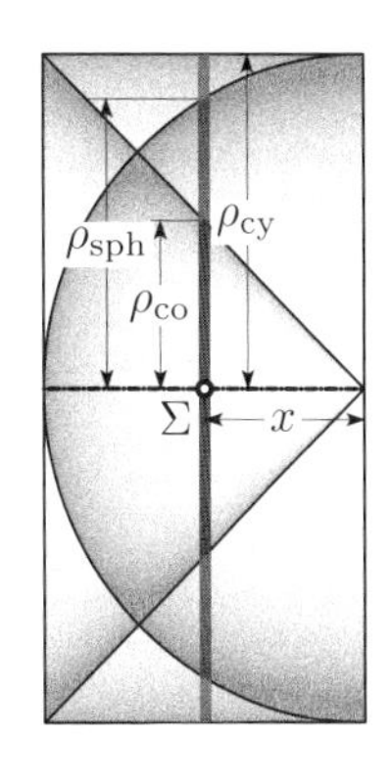

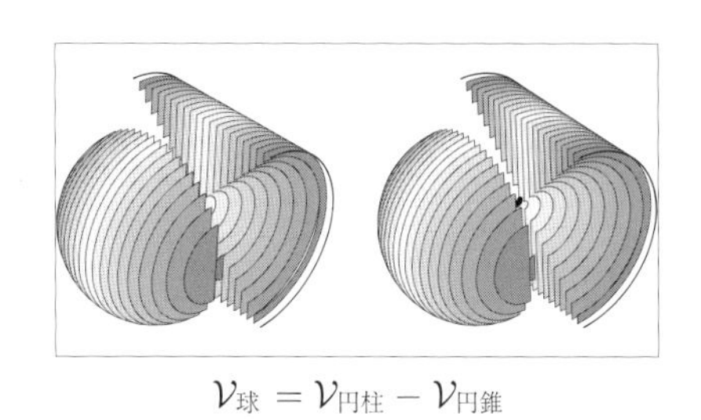

$\mathcal{V}_{球} = \mathcal{V}_{円柱} - \mathcal{V}_{円錐}$

図 3.19　球，円柱，円錐の体積

が成り立つことがわかり，$\mathcal{V}_{円錐} = \frac{1}{3}\mathcal{V}_{円柱}$ であることから，美しい関係式

$$\boxed{\mathcal{V}_{円錐} : \mathcal{V}_{球} : \mathcal{V}_{円柱} = 1 : 2 : 3} \tag{3.25}$$

が得られる．

表面積を通した体積．『球と円柱について』においてアルキメデスは**命題 XXXIII**「どんな球の表面積もその大円の面積の 4 倍である」，つまり，式では，(3.18) を使うと，

$$\mathcal{A}_{球} = 4\pi r^2 \tag{3.26}$$

と述べた．

命題 I–XXXII は定義と公準（このうちの 5 番目は今日「アルキメデスの公理」と呼ばれている）から始めて，この結果の長い証明からなっていて，そこでは下からと上からの評価と，注意深い極限移行が行われている．鍵となる結果は命題 XXI（図 3.20 左図参照）である．「$AEZBH\Theta\ldots$ を円に内接する正 $2n$ 角形とすれば，ユークリッド III.21 により，三角形 $B\Sigma P$ と $\Lambda\Pi P$ は ΓEA と相似であり，そのことから

$$h = P\Sigma + \Pi P = \frac{(\rho_1 + \rho_2)s}{\Gamma E} \tag{3.27}$$

であることがわかる．今度はこの図形を軸 $A\Gamma$ の周りに回転すると，線分 ZB

が描くリボンはある接頂円錐の側面である．このリボンが多くの狭い台形からできていると想像してみる．こうして，その面積は 16 ページの図 1.11 の第 4 の公式を，(3.20) と (3.27) と一緒に使うと

$$\mathcal{A}_{\text{リボン}} = \frac{2\pi\rho_1 + 2\pi\rho_2}{2} \cdot s = h \cdot \Gamma E \cdot \pi \to h \cdot 2r\pi \tag{3.28}$$

ここで矢印が成り立つのは，$s \to 0$ のときに $\Gamma E \to 2r$ となるからである．つまり，球面上のそれぞれのリボンの面積は外接円柱に射影されたリボンの面積と同じである（図 3.20 の右図参照）．こうして，球面全体の面積はこの円柱の側面積と同じになり，つまり $2r \cdot 2r\pi = 4\pi r^2$ となる．

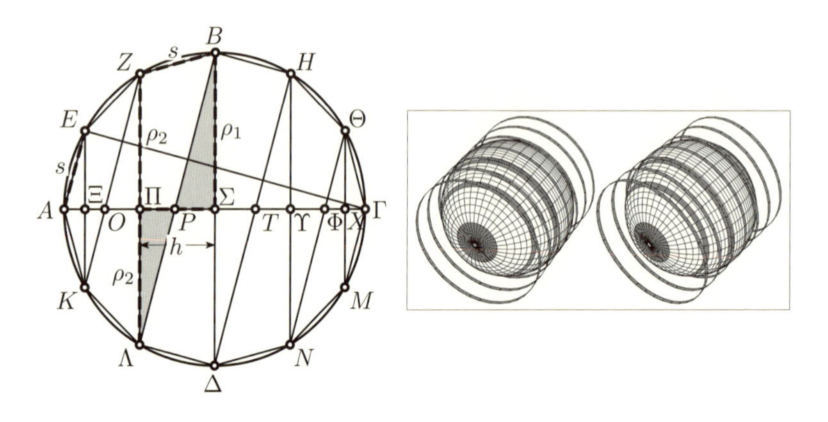

図 3.20　左図：アルキメデスの命題 21，右図：面積を保つ円筒射影

円柱射影． 公式 (3.28) をまた別の仕方で説明することができる．**球面上の点を，軸から外接円柱の上に垂直に射影する写像は面積を保つ**（ランベルト，1772 年）．

球の体積． 命題 XXXIII のすぐ後で，アルキメデスは**命題 XXXIV**「どんな球の体積も，底面が大円で高さがその半径であるような円錐の体積の 4 倍である」を述べている．つまり (2.12) と (3.26) を使って式で書けば

$$\mathcal{V}_{\text{球}} = \frac{4\pi r^3}{3} \tag{3.29}$$

となり，(3.25) と同じである．アルキメデスはこの結果を，彼の命題 I のアナ

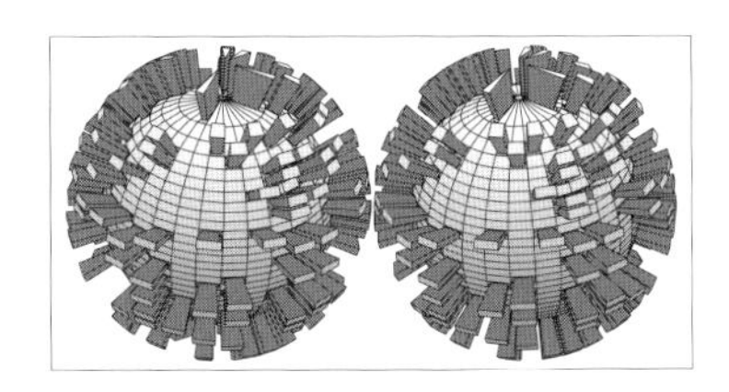

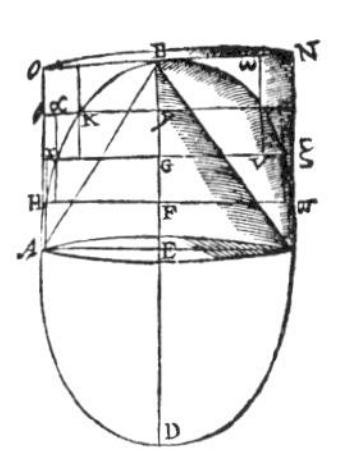

図 3.21　左：アルキメデスの命題 34，右：上下の「リーマン和」による別証（1615 年版『全集』，BGE Ka 459 から再製）

ロジーで発見した（引用と図 3.14 参照）．なぜなら，球は，底面が表面上にあり，頂点が球の中心にあるような，細い円錐からできているからである．この直観をもっとよく理解するために図 3.21 左図の中からこれらの円錐をいくつか引っ張り出してみるとよい．

3.7　放物線の面積

アルキメデスのもう一つの有名な結果は放物線の面積に関するものである．

$$\mathcal{P} = \frac{4}{3} \cdot \mathcal{T} \qquad \text{ここで} \begin{cases} \mathcal{P} = \text{放物線の面積} \\ \mathcal{T} = \text{内接三角形の面積} \end{cases} \tag{3.30}$$

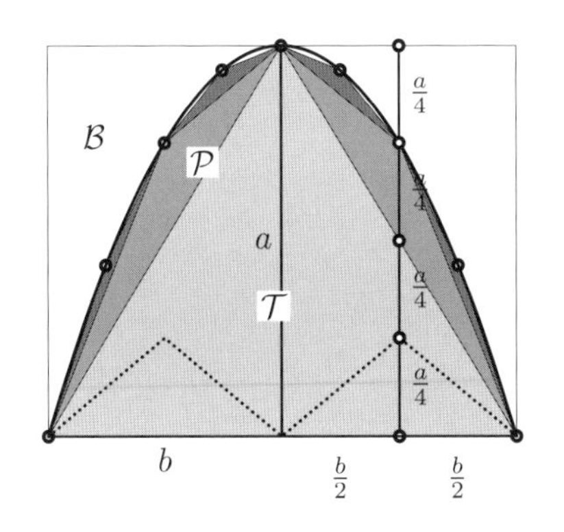

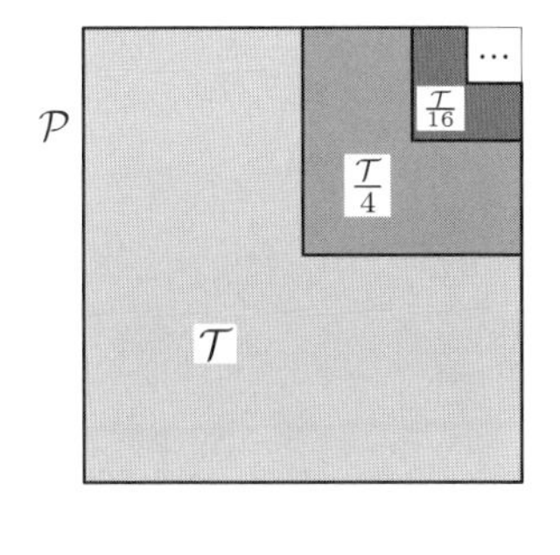

図 3.22　放物線の求積

証明. またしても，この結果に対する彼の最初のアプローチは「重みづけ」によるもので（演習問題23参照），その後またも，彼の眼からは，より厳密な幾何学的証明を続けている．

最初は薄灰色の三角形 $\mathcal{T}$ を放物線に内接させ，次にそれぞれ面積が $\frac{\mathcal{T}}{8}$ の中間の濃さの灰色の三角形を2つ付け加え（この面積は辺が点線の三角形と同じ面積である．(3.3)とユークリッドI.41を使う），それから面積が $\frac{\mathcal{T}}{64}$ の4つの濃灰色の三角形を付け加えるなどとして放物線を埋めていく（図3.22の最初の図参照）．こうして，

$$\mathcal{P} = \mathcal{T} + 2 \cdot \frac{\mathcal{T}}{8} + 4 \cdot \frac{\mathcal{T}}{64} + \ldots \ = \mathcal{T} + \frac{\mathcal{T}}{4} + \frac{\mathcal{T}}{16} + \frac{\mathcal{T}}{64} + \ldots$$

となる．図3.22の第2の図（と図3.23）は特に創意に溢れている．$\mathcal{T}$（または図3.23の A）は正方形の4分の3を覆うので，上の和は $\frac{4}{3} \cdot \mathcal{T}$ に等しいことが示される．□

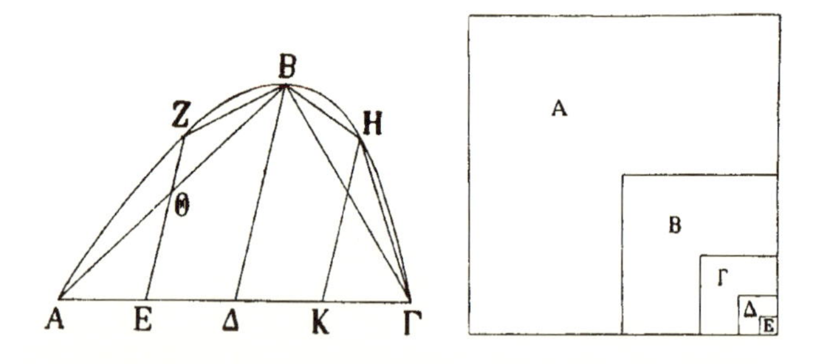

図 3.23　アルキメデスの描いたもの（放物線の求積）

注意. (a) 今日では普通，上下反転した放物線を考えるので，白い部分の面積 $\mathcal{B}$ が**正方形の3分の1**である，ということになる．

(b) **双曲線**の面積はさらに19世紀も待たねばならなかった．その計算には対数の解析が関係する（たとえば，[ハイラー，ヴァンナー (1997)] 第I.3節参照）．

3.8 角の三等分とコンコイド

古代の大きな挑戦の三番目は与えられた角を三等分することである．下巻の6.3節で見るように，この問題の解答は頂点の数が6より大きな正多角形の研究への道を切り開いていった．物語はアルキメデスの補題から始まる．

アルキメデスの命題 8. （『補題の書』[14]から）Dを中心とする円が与えられ，任意の弦ABを延長して，$BC = DB$となるCを取る．EDFがCを通る直径であれば（図3.24参照），弧$AE = 3$弧FBとなる．

証明. アルキメデスのもとの証明では，平行な弦EGを引いて，錯角から，二等辺三角形EDGとDBCが同じになり，ユークリッドI.32（12ページの公式(1.2)）から，$\angle GDF = 2\angle FDB$となることがわかり，それゆえ弧AE＝弧GB＝弧GF＋弧FB＝3弧FBとなる．

ヴィエートの証明. 半径DAを引くと（図3.24右図参照），等距離のジグザグからなる「ヴィエートの梯子」が得られる．$\beta = \angle ACD$と置く．これにより，底角が$\beta, 2\beta, 3\beta$となる二等辺三角形の列ができる（下巻6.2節の説明

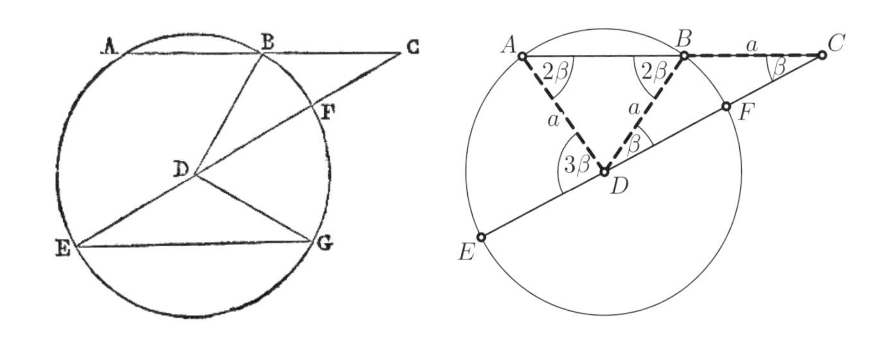

図 3.24 左：『補題の書』からアルキメデスの命題8，右：正ジグザグを使った証明

[14] この著作の元のギリシャ語のテキストは失われている．それが現在伝わっているのは，サービト・イブン・クッラの作ったアラビア語の稿本を通してであるが，すべての校訂者がアルキメデスによるオリジナルな著作であると考えているわけではない．上の図はF. ペイラール編集の『全集(*Œuvres*)』，Paris 1808, BGE Ka 461 のものである．

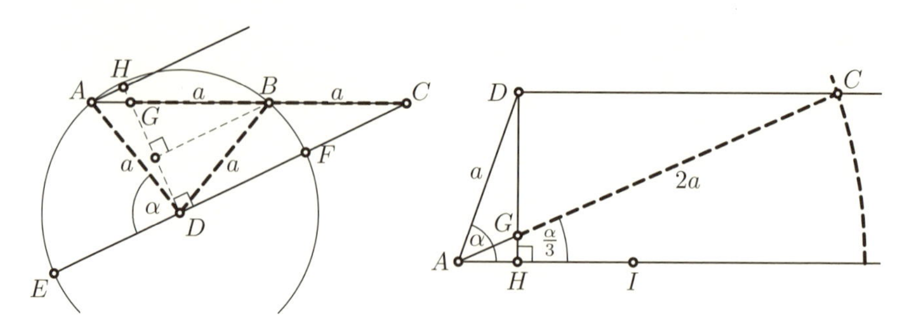

図 3.25　コンコイドを利用したパッポスの角の三等分

参照).　□

パッポス IV.32:　角の三等分の作図.　三等分したい角 $\angle ADE$ が与えられているとしよう（図 3.24 参照). アルキメデスの命題 8 では, CB が $AD = a$ と等しくなるような, C を ED の延長線上にとる必要があるが, B も C もわかってはいない. そのような「作図」はギリシャ人によって νεύσεις ［ネウセイス］（破滅している）と呼ばれていた. パッポスの次のアイデアが問題を簡単にしてくれた（図 3.25 左図参照). ED に垂線 DH を引き, AB との交点を G として, B と A を通り ED に平行な直線を引く. これによって 2 つの直角三角形が得られ, 平行角により, その B における 2 つの角は等しい[15]. こうして, DBG は二等辺三角形となるので, GB は a に等しくなり, $GC = 2a$ となる.

作図.「図 3.25 の右の図で与えられた $\angle IAD$（この角は左の図の $\angle ADE$ と平行角になる）を三等分するために, D を通る IA の垂線 DH を引く. それから D を通る平行線上の点 C で, この直線上の G と, CGA が一直線になり, $GC = 2AD$ となるものを求める.」

---

[15] ［訳註］平行角で, と本書で言う場合, 錯角と同位角が等しいことを何重にも使うということを意味するようだ. 今の場合, B を通る平行線と HD との交点を M とすると, 錯角により, $\angle HAG = \angle GBM$ であり, 同位角により, $\angle HAG = \angle BCD$ である. $BD = BC = a$ であるから, $\angle BCD = \angle BDC$ となり, また錯角から $\angle BDC = \angle DBM$ となる. 結局 $\angle GBM = \angle DBM$ となる. だから, 2 つの直角三角形は同じであり, $\angle MGB = \angle MDB$ である.

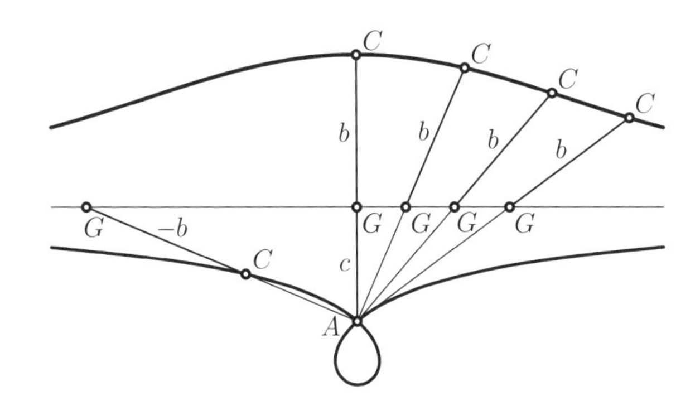

図 **3.26** ニコメデスのコンコイド

ニコメデスのコンコイド． 上の作図ではまだ，点 G と C の両方が知られていないという問題がある．しかし今度は，点 G は直線上を動いている．状況は次のようになっている．A は固定された点で，$GGG\ldots$ は A から距離 c の固定された直線で，b は与えられた正の値である．「点 A を通る各直線上で距離 GC が b に等しい曲線 $CCC\ldots$ は，直線 $GGG\ldots$ の，A に関する距離 b の**コンコイド**と呼ばれる（図 3.26 参照）．」b を負に取ると，カスプやループを含むかもしれない曲線になる．

ニコメデスはもともと，この曲線を立方体の倍化のために考案した（下巻第 6 章の演習問題 2 参照）．上のパッポスの作図では，点 C は，直線 DH の，A に関する距離 $2a$ のコンコイドと，D を通る平行線との交点として求められる．

パッポス IV.31．双曲線を使う三等分． コンコイドを使うのを避け，代わりに双曲線を使う，上の作図をエレガントに変えたものもまたパッポス（[パッポス選集] IV.31）によって発見された．図 3.27 に，GC に平行な HK を引く．長さ $2a$ も，始点 H もわかっている．タレスの定理を 2 回使うと，

$$\frac{x}{c} = \frac{CA}{GA} = \frac{DH}{GH} = \frac{d}{y} \qquad \Rightarrow \qquad xy = cd \tag{3.31}$$

が得られる．つまり，点 K は，H を中心とする半径 H の円と，H を通り，FA と FD を漸近線とする双曲線との交点として見つけることができる．

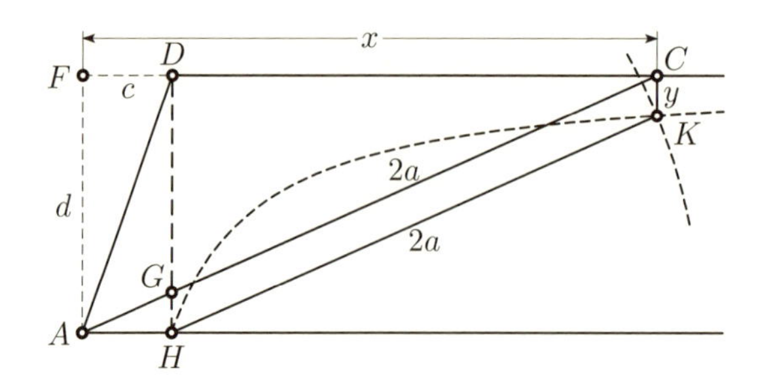

図 3.27　双曲線を使うパッポスの三等分

注意. 下巻の第8章で見るように，円錐曲線だけを使った作図はほかのどんな曲線を使う作図よりも高い評価を受ける.

3.9　アルキメデスのらせん

原点の周りを一定の角速度で回転する半直線を考える．この半直線上を，原点から定速で離れていく点を P とするとき，P の軌跡を**アルキメデスのらせん**と言う（図 3.28 左図参照）．このらせんは明らかに三等分曲線である（さらに n 等分曲線ですらある，図 3.28 中図参照）[16]．a を，半直線上の速度を半直線自身の角速度で割った商とすれば，このらせんは公式

$$r = a\varphi \tag{3.32}$$

によって特徴づけられる．アルキメデスが『らせんについて』（[T.L. ヒース (1897)] 151 ページ参照）において，主に関心を持っていたのは，その接線と面積である．ここに現代の微積分学の源がある．

命題 XX. Δ における接線と，$A\Delta$ と直交し A を通る直線とは，$AZ =$ 弧 ΔK を満たす点 Z で交わる（図 3.28 (c) 参照）.

証明のアイデア. 与えられた点 Δ から角 φ を小さい角 $d\varphi$[17]だけ大きくする

[16] ［訳註］もちろん，左図の φ を与えられた角とするとき，線分 OP を n 等分して，中図のように，O を中心として，n 等分点までの距離を半径とする円を描けばよい.
[17] これもライプニッツの記号.

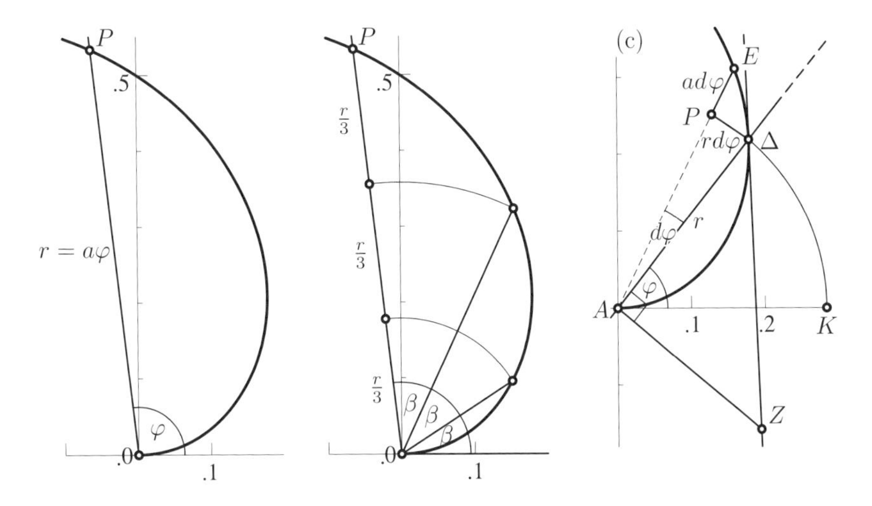

図 **3.28** アルキメデスのらせん，中：角の三等分のために，右：その接線

と，直角三角形 ΔPE で，直角をはさむ辺は $P\Delta = rd\varphi$ と $PE = ad\varphi$ となる ((3.32) による)．十分小さく $d\varphi$ を選ぶと，三角形 ΔAZ は三角形と相似である．こうして，タレスの定理により，$\frac{AZ}{r} = \frac{r}{a} = \varphi$ となり，$AZ = r\varphi =$ 弧 ΔK（弧 ΔK の長さ）となる． □

命題 XXIV. らせんと半直線 $A\Delta$ の間の面積（図 3.28(c) 参照）は扇形 $A\Delta K$ の面積の **3** 分の **1** である．

証明のアイデア. アルキメデスは単に**リーマン和**を使っている（図 3.29 左図参照）．因数の $\frac{1}{3}$ は放物線の面積（そのような小さいスライスの面積は $\frac{1}{2}r^2d\varphi$ であるから．第 3.7 節の終わりの注意参照）やピラミッドの体積に関係している． □

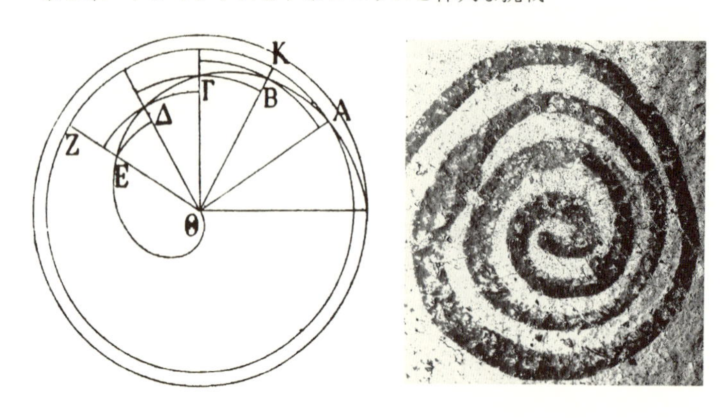

図 3.29　左：らせんの面積に対するアルキメデスの描画，右：ミノア期のラルナックス[18]上のアルキメデスのらせん（クレタ島レティムノの考古学博物館）

3.10　演習問題

1. 次のオイラーの結果（[オイラー (1748)]）第II巻 §119）を証明せよ．OP と OP' が楕円の2つの共役半直径であれば（図3.9左図参照），$OP^2 + OP'^2 = a^2 + b^2$ は一定である．オイラーが長い三角関数の計算によって得たこの結果は，アポロニウスの最後の命題群の1つ（アポロニウス VII.12）でもある．
2. ニュートンの命題（『プリンキピア』1687, 第I巻補題 XII）「*Parallelogramma omnia circa datam Ellipsin descripta esse inter se æqualia*（与えられた楕円のどんな共役直径に外接する平行四辺形もすべて等しい）」を証明せよ．この定理によってニュートンは多くの同時代人の称賛を勝ち得た．なぜかと言えば，「数学において」この万能の天才は「時に，証明がなくてさえ，直観によって見ることができたからである」（ウィリアム・ホイストン，1749）．
3. 与えられた円と直線から同じ距離にある点 P の軌跡が放物線であること

[18]　［訳註］ラルナックス (λάρναξ) は古代ギリシャのテラコッタ（素焼きの焼き物）製の棺で，全身を収めるものと，火葬した灰だけを収めるものあった．

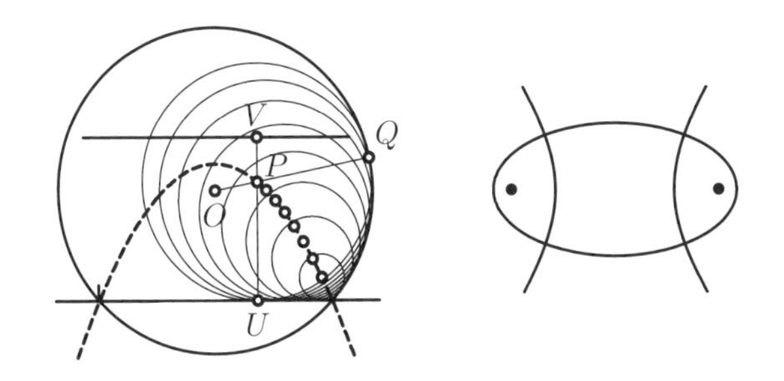

図 3.30 左：円と直線から同じ距離，右：共焦円錐曲線

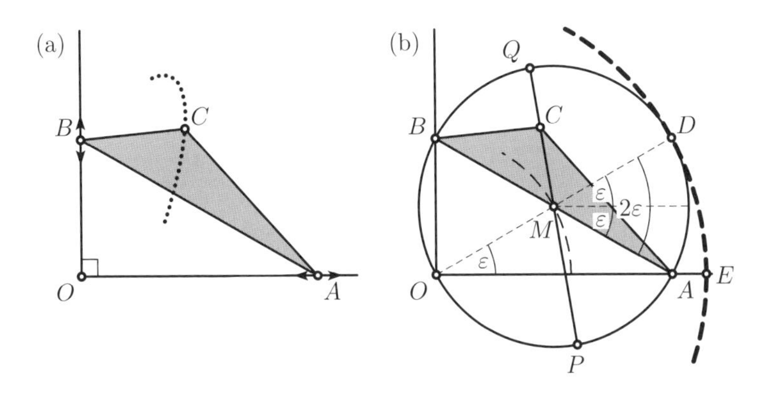

図 3.31 ファン・スホーテンの楕円を描く三角形機械

を示せ（図 3.30 左図参照）.

4. 2 つの与えられた円から同じ距離にある点 P の軌跡を求めよ.
5. 2 つの**共焦**円錐曲線（つまり，同じ焦点を持つ楕円と双曲線）の交点における接線の素敵な性質を推測し，それを証明せよ（図 3.30 右図参照）.
6. ファン・スホーテンはその著書『数学演習』(*Exercitationum mathematicorum*)[ファン・スホーテン (1657)] の中の 1 つの章を丸々，楕円，放物線，双曲線を描くための機械装置に捧げている．このうち，彼が**三角形機械**と呼んだものが，図 3.31 (a) に表わされていて，図 3.32 左図はその複製である．固定された三角形 ABC の 2 つの頂点 A と B が，固定された 2 つの直交する直線上を滑る．そのとき第 3 の点 C があ

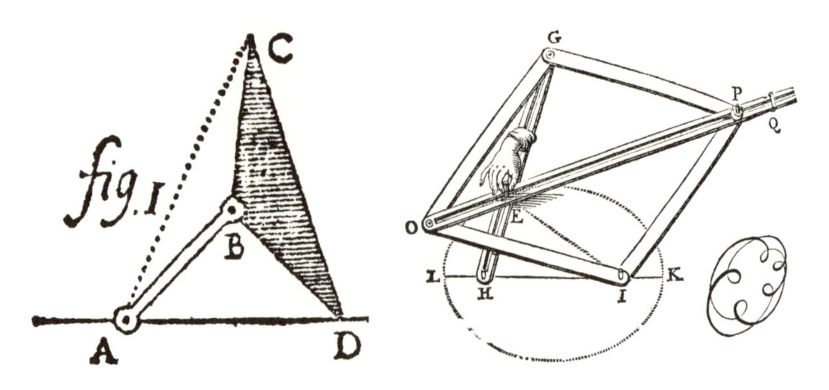

図 3.32　左：ファン・スホーテンの楕円を描く三角形機械の複写，右：平行四辺形機械のもの

る楕円の上を動くことを示せ．図 3.32 のファン・スホーテンのもとの機械が同値であるのは，A と B の中点がある円上を動くからである．

7. 図 3.32 右図のファン・スホーテンの**平行四辺形機械**がなぜ楕円を描くのかを説明せよ．
8. アポロニウス III.50「楕円の焦点 F, F' の，ある点 P での接線上への直交射影 R, R' は，O を中心とし半径 a の円上にある」を証明せよ（図 3.33 左図参照）．

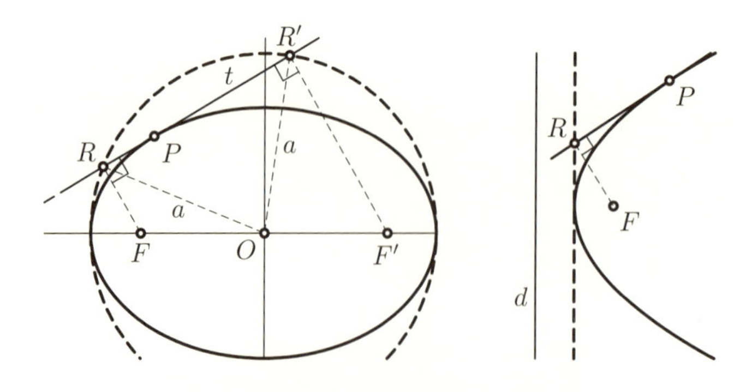

図 3.33　焦点の接線の上への直交射影

9. 前問の結果に類似の結果を，放物線に対して証明せよ．つまり，放物線の焦点 F の各点の接線上への直交射影 R が，放物線の頂点における接

線上にあること（図 3.33 右図参照），それゆえ R の縦座標が P の縦座標の半分であることを証明せよ．

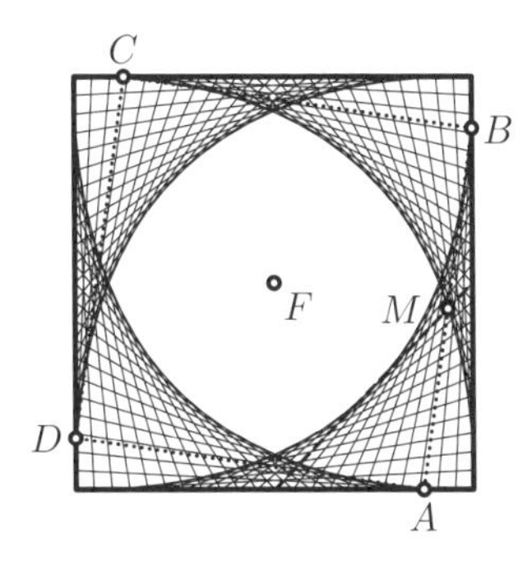

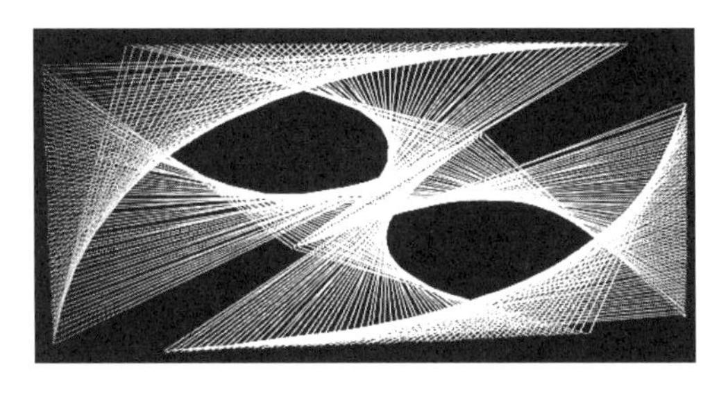

図 3.34 左：固定された正方形の中を回転する正方形，右：エヴィの絨毯

10. 正方形 $ABCD$ がその頂点を固定された正方形の辺の上を滑りながら回転している（図 3.34 左図参照）[19]．4 辺が作る美しい曲線の性質を解析せよ．同様な曲線が現代美術のある種の傑作に現れている（図 3.34 右図参照）．

以下の 6 つの演習問題は，紀元前の 2 つの世紀に，円錐曲線の重要な性質に対するアポロニウスのもともとのアプローチをたどり返すものである．この天才を繰り返し称賛したくさせるものであり，またそれらはタレスの定理とユークリッド III.21 を繰り返し使っている．

11. AB をある楕円の長軸，$\Delta\Gamma$ を Γ における接線とする（図 3.35 (a) 参照）．以下の等式を証明せよ．

---

[19] ［訳註］正方形 $ABCD$ は回転しながら大きさを変えていることに注意する．

アポロニウス I.34:　$\frac{BE}{EA} = \frac{B\Delta}{\Delta A}$　または，タレスの定理により　$\frac{u'}{u} = \frac{h'}{h}$,

アポロニウス I.36:　$\frac{ZE}{ZA} = \frac{ZA}{Z\Delta}$,

アポロニウス III.42:　$h \cdot h' = b^2$,　ここで，b は半短軸

後に，点 B, A, E, Δ は「調和集合」をなすという言い方をする（下巻第11章参照．特に (11.10) 式はアポロニウス I.34 からアポロニウス I.36 への移行を示している）．

ヒント．変換 $y \mapsto \frac{a}{b}y$ によって，楕円を引き延ばして円にせよ．

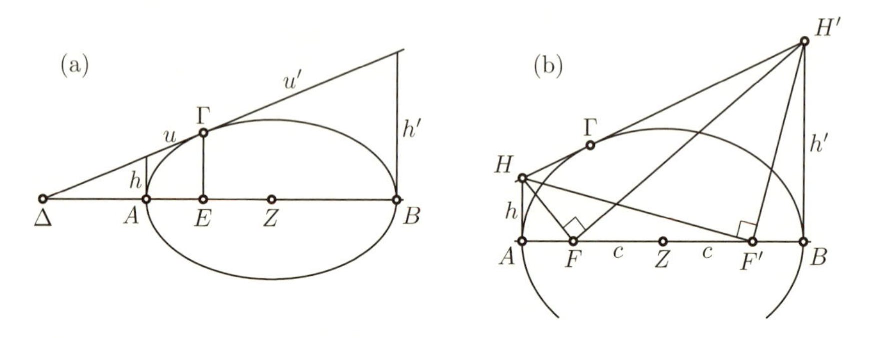

図 3.35　アポロニウス I.34 と I.36，アポロニウス III.42 (a) と III.45 (b)

12. アポロニウス III.45．$H\Gamma H'$ を Γ における楕円の接線とする．上の演習問題の結果を使い，長軸上の2点 F と F' で，$\angle H'FH$ と $\angle H'F'H$ が直角になるようなものが存在することを証明せよ（図 3.35 (b) 参照）．これらの点は楕円の中心から同じ距離 c になり，この c はすべての接線に対して同じになる（現在ではこれらの点を**焦点**と呼ぶ．アポロニウスはこれらの点を Z と H と書いた）．

13. アポロニウス III.46：上の演習問題の結果を使い，図 3.36 (a) で α と書かれた角がすべて等しいこと，また β と書かれたと角 γ と書かれた角に対しても同じであることを証明せよ．

14. アポロニウス III.47：Θ を直線 $F'H$ と FH' の交点とする（図 3.36 (b) 参照）．上の演習問題の結果を使って，直線 $\Theta\Gamma$ が接線 $H\Gamma H'$ に直交す

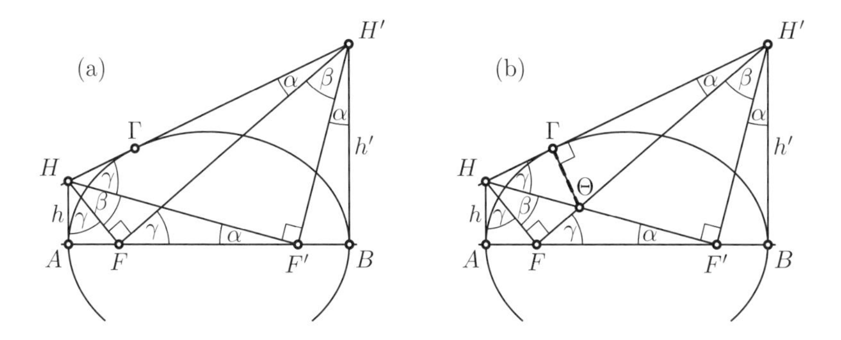

図 3.36 定理，(a) アポロニウス III.46，(b) アポロニウス III.47

ることを証明せよ．

15. 今や，最初の大結果であるアポロニウス III.48「$F'\Gamma$ と接線の間の角が $F\Gamma$ と接線の間の角に等しい」を証明する位置にある．アポロニウス III.47 により，これは「$\angle F'\Gamma\Theta$ と $\angle\Theta\Gamma F$ は等しい」と同値である．これを証明せよ．

16. アポロニウス III.49「図 3.36 (a) と同じ状況を考え，Θ を接線 HH' の上への F' の直交射影とする．そのとき，$\angle A\Theta B$ は直角である」を証明せよ．

   注意． AB を直径とし，この直角に対するタレスの円を考えると，アポロニウス III.50 が得られ（上の演習問題 8 参照），その演習問題に対する議論と逆の議論によって，2200 年以上も前に始めて証明されたように，最終的にアポロニウス III.52 が得られる．

17. 前のアポロニウスの証明に従って，いわゆる「ポンスレの第 1 の定理」（これは [ポンスレ (1817/18)] の「定理 I」と「定理 II」を合わせたもの）「定点 P から楕円に 2 本の接線が引かれているとし（図 3.37 左図参照），動いていく接線がこの 2 接線を点 S と S' で切るとする．F を楕円の焦点とすると，$\angle S'FS = \gamma$ はそのようなすべての接線に対して同じである」を証明せよ．系として，2 本の接線 PT と PT' は焦点から見ると同じ角 γ であることを導け（図 3.37 右図参照）．

18. （アメリカ数学協議会の封筒の上の演習問題）楕円に対して $OP \cdot OQ = a^2 - b^2$ となることを証明せよ（図 3.38 (a) 参照）．

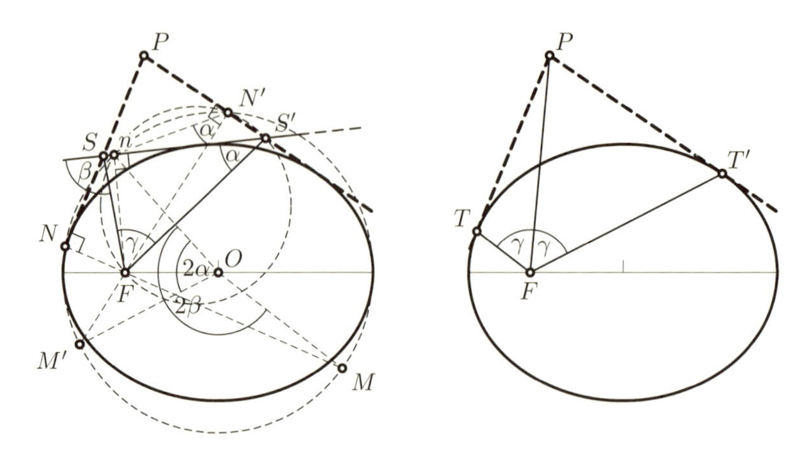

図 3.37　左図：ポンスレの第1定理．右図：その系

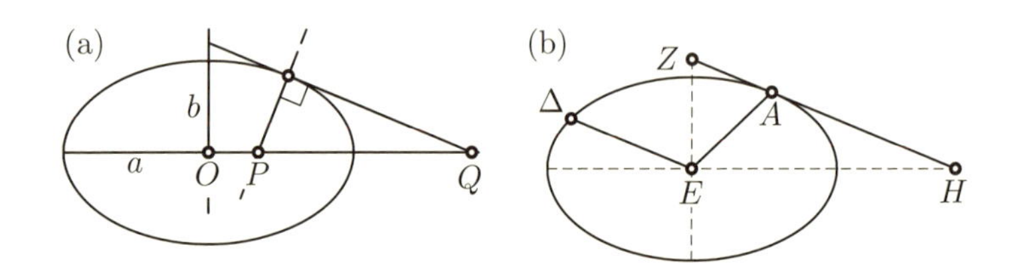

図 3.38　(a) アメリカ数学協議会の演習問題の主張，(b) 楕円の軸のパッポスの作図

19.「EA と $E\Delta$ が共役で，ZAH が楕円の接線で，Z と H が軸上にあるなら（図 3.38 (b) 参照）$ZA \cdot AH = E\Delta^2$ となる」ことを示せ．この結果は（ユークリッド III.35 とともに），2つの共役直径から楕円の軸の方向 EH と EZ のパッポスの作図の主な要素である（[パッポス選集] 第 VIII 巻 §XVII と [オイラー (1753)] E192 の図 5 を参照）．

20. アポロニウス III.42 の系「d と d' が楕円の焦点の接線からの距離ならば，

$$d \cdot d' = b^2 \tag{3.33}$$

となる」を証明せよ（図 3.39 左図参照）．

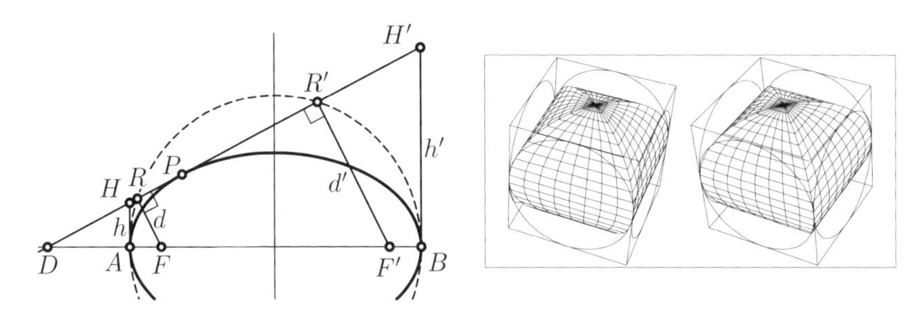

図 **3.39** 左：アポロニウス III.42 の系，右：アルキメデスの「2 重円柱」

21. アルキメデスはエラトステネスに（「あなたが勤勉（スポウダイオン，$\sigma\pi o\upsilon\delta\alpha\tilde{\iota}o\nu$）な，哲学の優れた教師だということを私は知っているので」）単位立方体に内接する 2 つの直交する円柱の共通部分の体積が $\frac{2}{3}$ であると手紙を書いて，彼に証明を見つけるように促した（『方法』の序文参照）．ここで思うのだが，読者の皆さんは「勤勉」なので，きっとそうすることだろう．

22. （ディオクレスのシッソイド）パッポスの次の結果（[パッポス選集] 第 III 巻第 10 章）を証明せよ．「$AB\Gamma$ を中心を Δ とする半円とし，ΔE を与えられた距離とする（図 3.40 左図参照）．ΓE を延長して円周まで延ばしたところを Z と書く．直線 $AH\Theta K$ を，K が弧 $B\Gamma$ 上で，H が ΓZ 上で，Θ が ΔB 上で，$H\Theta = \Theta K$ を満たすように定める．そのと

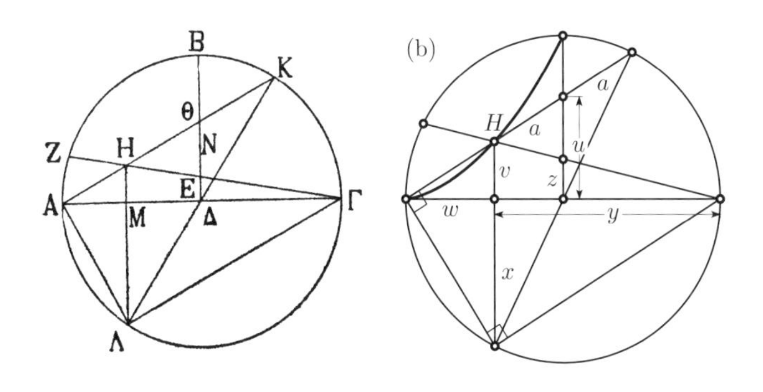

図 **3.40** 左：ディオクレスのシッソイドを使ったパッポスによる立方体の倍化，翻訳 [ヴェル・エック (1933)] から再製，右：現代の記号のもの

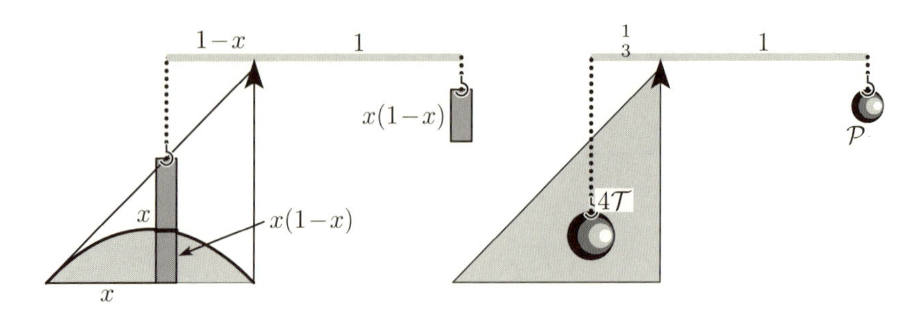

図 **3.41**　アルキメデスがどのように放物線を「量ったか」

き，$E\Delta$ 対 $B\Delta$ は，$\Theta\Delta$ の立方対 $B\Delta$ の立方になる」．言い換えれば，量 $\Theta\Delta$ が，与えられた比 $\Theta\Delta$ だけ立方体を大きくする問題を解くことになる．

ヒント． パッポスは半円を全円にまで延長して，直径 $K\Delta\Lambda$ を引いて，$AK\Gamma\Lambda$ が長方形になるようにすることを示唆している．仮定とタレスの定理により，$HM\Lambda$ は $\Theta\Delta$ に平行である．それからパッポスの証明はまるまる1ページ分の散文が必要となる．円の半径が1であると仮定すると，現代の記号では（図3.40 (b) 参照），必要な結果は $z = u^3$，つまり $u = \sqrt[3]{z}$ となり，これは1行で証明することができる．

注意． パッポスのバージョンでは，A を通る直線は，線分 $H\Theta$ と ΘK が等しくなるまで，試行錯誤で取っていくことになる．もう一つの可能性は，A を通る**すべての**直線に対して，Θ からの距離が ΘK にある点 H を決めることである．この曲線は**ディオクレスのシッソイド**と呼ばれている（図3.40 (b) 参照）．直線が求まれば，最初に ΓEH，次に $AH\Theta$ と，2つの直線を引くことにより，立方体を大きくする問題は解かれる．

23. 放物線

$$y = \frac{1}{4} - \left(x - \frac{1}{2}\right)^2 = x(1-x)$$

を「釣り合わせ」（図3.41参照），「距離は重さに反比例する」（下巻 (9.11)）という条件でその面積を決定するというアルキメデスの美しいアイデアを説明せよ[20]．これが，$\mathcal{P} = \frac{4}{3}\mathcal{T}$ という公式に対するアルキメデスの最初のアプローチである．

[20] この演習問題はジュネーヴ大学のマルタン・クエノの示唆による．このテーマについて，より詳しくは第 9.2 節にある．

第4章　ユークリッド幾何のさらなる結果

ユークリッド幾何はもっとも古い数学の分野である．これまでの数世紀の間ずっと大思想家たちが美しいアイデアと結果を積み上げ，莫大な宝物となっている．本節では，そのいくつかを喜んでお見せすることにする．

4.1　算術平均，幾何平均，調和平均

2つの量が与えられたとし，それを $p, q (p > q > 0)$ と書く．古代ギリシャ時代を通じて，幾何学者たちはこの2つの項の間に何らかの**平均**を挿入する方法を探してきた．最後には，パッポスは **10**[1] ものそのような平均を扱った．これらの中の最初の3つ[2]が最も興味深いものである．つまり，**算術平均** (arithmetic mean) の a，**幾何平均** (geometric mean) の g，**調和平均** (harmonic mean) の h である[3]．パッポスはこれらの数を次のように定義する．

算術平均:	初項　対　それ自身	=	最初の超過　対　第2の超過
幾何平均:	初項　対　第2項	=	最初の超過　対　第2の超過
調和平均:	初項　対　第3項	=	最初の超過　対　第2の超過

これを式で書くと，

[1] 聖なる数．28ページの演習問題8参照

[2] これも聖なる数．

[3] ［訳註］日本では，算術平均を相加平均，幾何平均を相乗平均と呼ぶことが多い．

$$1=\frac{p}{p}=\frac{p-a}{a-q}\quad \text{つまり}\ a=\frac{p+q}{2}$$

$$\frac{p}{g}=\frac{p-g}{g-q}\quad \text{つまり}\ g=\sqrt{pq} \tag{4.1}$$

$$\frac{p}{q}=\frac{p-h}{h-q}\quad \text{つまり}\ h=\frac{2pq}{p+q}$$

となる．調和平均に対しては

$$h=\frac{2}{\frac{1}{p}+\frac{1}{q}}\qquad \text{もしくは，もっときれいに}\quad \frac{1}{h}=\frac{1}{2}\left(\frac{1}{p}+\frac{1}{q}\right) \tag{4.2}$$

と書くことができる．逆数を取れば算術平均に戻る．ピュタゴラス学派は，振動する弦で実験をして，音の「倍音 (harmonics)」を発見したが，

$$\lambda,\ \frac{\lambda}{2},\ \frac{\lambda}{3},\ \frac{\lambda}{4},\ \frac{\lambda}{5},\ \cdots \tag{4.3}$$

(4.2) から，それぞれの「倍音」が，その左右隣のものの調和平均であるがわかる．この事実が調和平均の名前の由来である．

不等式． 項 p, a, q は**算術数列**をなし，項 p, g, q は**幾何数列**をなす[4]．重要な関係式 $ah=g^2$ があるので，g はまた a と h の幾何平均であることがわかる．(4.1) を上から下へ見ると，第1の超過と第2の超過の比は段々大きくなるので，平均は段々と小さくなっていき，有名な不等式

$$a>g>h \tag{4.4}$$

が得られる．この関係のもう1つの証明が図4.1左図から見て取れる．パッポスはこれを「別の幾何学者」のものとしているが，その正しさには同意していない[5]．

「調和–幾何」不等式のさらにもう一つの証明が双曲線から得られる（下巻10.8節の図10.18のアポロニウスIII.43参照）．積 pq が一定であるような双

4　［訳註］日本ではそれぞれ，等差数列，等比数列と呼ぶことが多い．

5　しかし，われわれは同意する．h に対するタレスの定理と $g^2=ah$ を使う．

曲線の接線たちの交点は，$p = q = \sqrt{pq}$ と等しい角の二等分線のときに，原点 P からの距離が最大になる．また，下巻第 11 章の演習問題 6 を参照のこと．

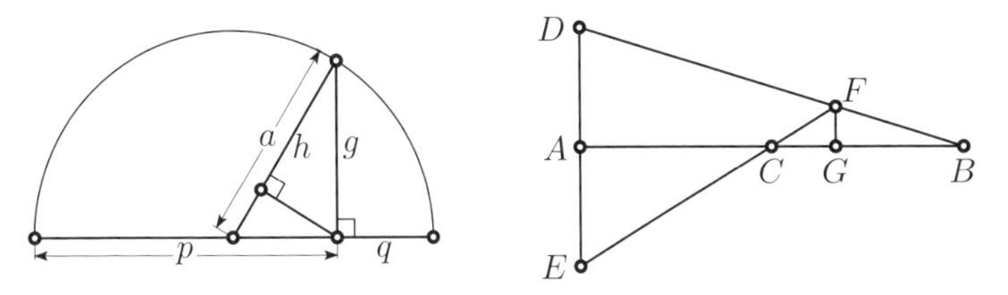

図 4.1　左：平均の「別の幾何学者」の作図，右：調和平均のパッポスの作図

調和平均のパッポスの作図． それからパッポスは続けて，第 III 巻の命題 9 と 10 において，調和平均のやさしい作図を提案している（図 4.1 右図参照）．AB と GB を与えられた量とする．垂線 DAE を描き，$DA = AE$ となるようにする．それから垂線 GF を引き，DFB が一直線上になるようにする．最後に直線 EF は，BC が求める調和平均であるような点 C を定める．

証明については，タレスの定理を

$$\frac{AB}{GB} = \frac{DA}{FG} = \frac{AE}{FG} = \frac{AC}{CG} \tag{4.5}$$

と 2 回使うことにより，$\dfrac{p}{q} = \dfrac{p-h}{h-q}$ を確かめる．　□

注意． ここでわれわれがいるのは射影幾何の夜明けである（第 11 章参照）．実際，点列 $EDA\infty$ は「調和の位置」にあり，F を通して射影すると点列 $CBAG$ となる．上の式 (4.5)の最初と最後の分数の商は，符号は違うけれど，これらの点の「非調和比」となる．

4.2　三角形の古典的な 4 心

“Ànno i Trianguli rettilinei sì belle Affezioni, che meritano di esser considerate dai Geometri più di quello abbian fatto sinora.（三角形にはそのような美しい性質があ

り，それは幾何学者からこれまで受けてきたよりもより多くの考察に値する.）

（ファニャーノ伯爵ジュリオ・カルロ [ファニャーノ (1750)] 第 II 巻 1 ページ）

"Es ist in der That bewunderswürdig, dass eine so einfache Figur, wie das Dreieck, so unerschöpflich an Eigenschaften ist. （三角形のような単純な図形が無尽蔵に多くの性質を持っていることは実に驚くべきことである.）

（[A.L. クレレ (1821/22)] 176 ページ）

「ユークリッドをやっつけろ！　三角形に死を！」

（J. デュドネ, 1959）

ユークリッド IV.4 と IV.5 に従い，三角形の性質の膨大な宝は何世紀にもわたって発見されてきたが（最初の 2 つの引用参照），あらゆる人の喜びであったわけではない（最後の引用参照）．三角形の頂点，辺，角の記号を対称的にきれいにつけるのが一般的になった（図参照）．

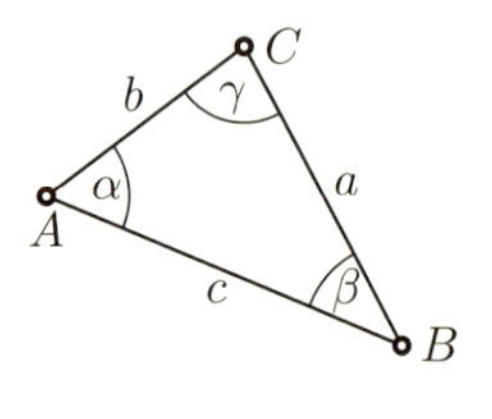

三角形の内心 *I*. 三角形 ABC が与えられたとする．AB と AC の両辺に接するどんな円の中心も角 α の二等分線上にある（図 4.2 左図参照）．そのような円が最終的に**第 3** の辺に接したとする．そのとき，その中心は 3 辺すべてから同じ距離 ρ にあり，それゆえ，それは **3 つの角すべて**の二等分線上にある（図 4.2 右図参照）．こうして次の結果が証明された．

ユークリッド IV.4. 三角形の 3 本の角の二等分線は，内心と呼ばれる点 I で交わる．

注意. D, E, F を内接円と三角形の接点とすると，

$$AE = AF, \qquad BF = BD, \qquad CD = CE$$

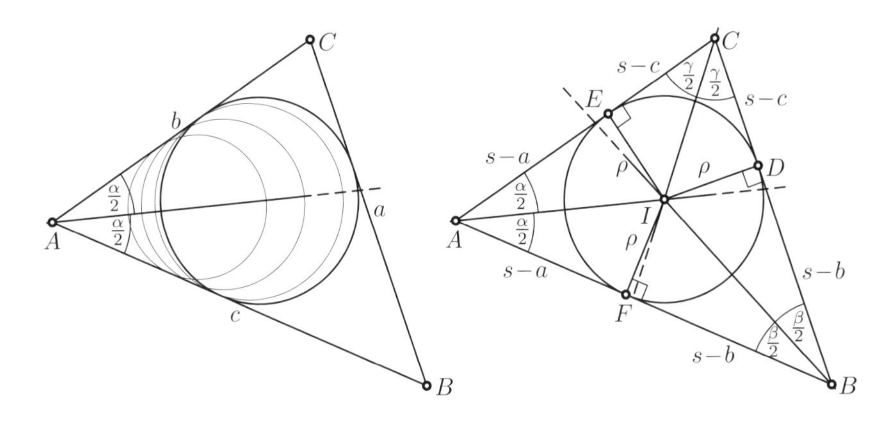

図 **4.2**　内接円の発生

となる．これら 3 つの量の和は**半周長**に等しく，通常 s と表わされ，

$$s = \frac{a+b+c}{2} \tag{4.6}$$

となる．$AF + FB + DC = s$ かつ $AF + FB = c$ であるから，$DC = s - c$ がわかり，同じように図 4.2 右図に示されるほかのすべての量が得られる．

三角形の外心 O. 三角形の 2 つの頂点 A と B を通るどんな円の中心も，AB の垂直二等分線上にある（図 4.3 (a)）．もしこの中心が動いていき，最終的に円周が第 3 の点 C を通るならば，その中心は **3 つすべての**頂点から同じ距離 R にあり，3 本の垂直二等分線上にあることになる（図 4.3 (b)）．これによって次の命題が得られる．

ユークリッド IV.5. 三角形の 3 本の垂直二等分線は，外心と呼ばれる点 O で交わる．

興味深い付加的な情報がある．線分 AO と BO はともに，垂直二等分線 OF と角 γ をなす（α と β に対しても同様）．これがユークリッド III.20 から導かれるのは，中心角 2γ が OF によって半分にされるからである（図 4.3 (b) 参照）．

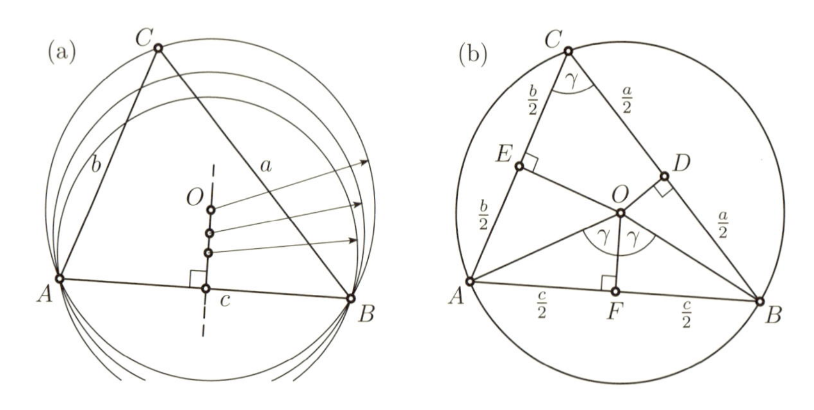

図 **4.3**　(a) 外接円の発生，(b) 外心 O と周囲の角

中線と重心 G.

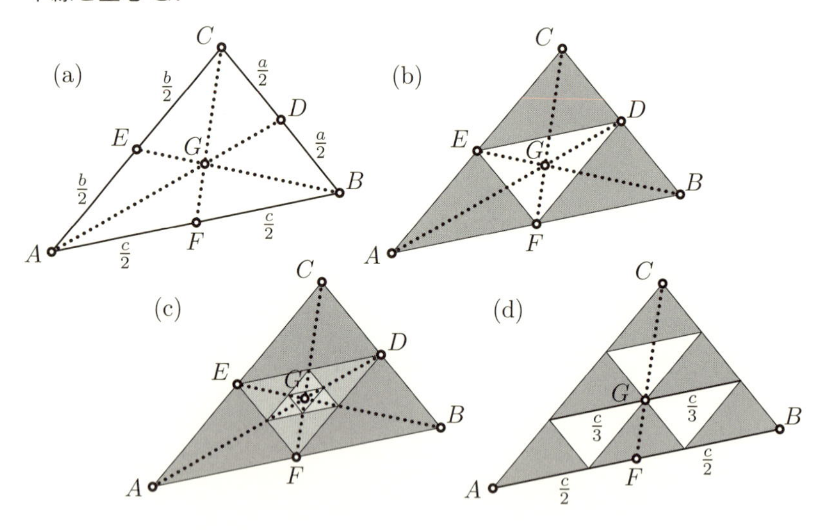

図 **4.4**　三角形の重心

ユークリッドは三角形の最初の2つの注目すべき点を発見したが，第3の点である重心[6]の発見は，数学だけでなく力学においても天才を発揮したアル

6　［訳註］図心 (centroid) という語を使っているが，以下でわかるように重力中心（重心）という意味づけもあり，日本では重心という術語が一般的なので，重心に統一した．

キメデスに残しておかれた．それは，『平面の平衡について』において，三角形の**重力中心**を発見するために彼が行った努力の副産物であった．下巻 9.2 節（重心と重心座標）において，重力中心が，三角形の頂点と対辺の中点を結ぶ直線（**中線**と呼ばれる）のそれぞれの上になければならないことのアルキメデスの証明を与える（図 4.4 (a) 参照）．

定理 4.1 三角形の 3 本の中線は，重心と呼ばれる点 G で交わる．重心は中線を 2 : 1 の比に分割する．

証明. 見込みのあるアイデアは，これもアルキメデスのものだが，いわゆる**中点三角形** DEF を使うことで，その頂点は図 4.4 (b) に示すように，ABC の辺の中点である．タレスにより，中点三角形はもとの三角形と同じ中線を持つ．今度はこれに繰り返し**中点簡約**を行う（図 4.4 (c) 参照）．そうすると，三角形は 1 点に縮んでいき，その点を G とすれば，3 本すべての中線の上になければならない．

第 2 の証明では，無限のステップを取ることなく，結果は直ちに見て取れるのだが，第 1 章のタレスの定理の石器時代証明と同じように，各辺を**三等分**するのである（図 4.4 (d) 参照）．すると，タレスの定理により，中線 CF が G を通ることがわかり，ほかの中線に対しても同様となる． □

高さと垂心 *H*

> ὄρθιος［オルティオス］まっすぐ上に，直立した，急勾配の，登りの，...
>
> （リデル，スコット『ギリシャ語–英語辞書』オックスフォード）

高さは三角形の頂点を通り，対辺に**直交する**直線である．またしても次の注目すべき結果が得られる．

定理 4.2 三角形の 3 本の高さは，垂心と呼ばれる点 H で交わる．

証明. この定理はアルキメデスの失われた原稿に含まれており，パッポス，プロクロス，レギオモンタヌス，ルドルフ・ファン・ケーレンの著作の中で何度か，証明がなかったり正しくなかったりしながら現れている（D.T. ホワ

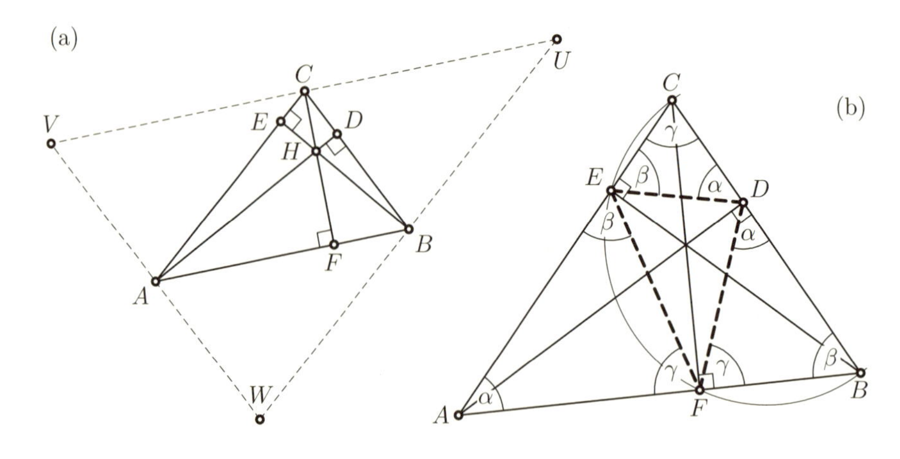

図 4.5　(a) 垂心に対する定理 4.3 のガウスの証明，(b) 垂足三角形

イトサイド編の『ニュートンの数学論文』第4巻454ページの脚注参照)．知られている最初の証明は17世紀になって，タレスの定理を使ったものである(155ページの演習問題2のニュートンの証明参照)．

すべての可能な証明の中で明らかに最もエレガントな証明は，ガウスによって発見されたものである（『全集』第IV巻396ページ）．図4.4(b)の中点簡約を逆向きに適用する．つまり，**その中点三角形が $\boldsymbol{ABC}$ であるような三角形 $\boldsymbol{UVW}$ を探すのである．** これは，点 A, B, C のそれぞれを通り，対辺に平行な直線を引けばできる（図4.5(a)）．これにより，平行四辺形 $ACBW$, $ABCV$, $ABUC$ が得られ，A, B, C がそれぞれ VW, WU, UV の中点になることが示される．それゆえ，三角形 ABC の高さは，新しい三角形 UVW の辺の垂直二等分線になる．ユークリッドIV.5により，これらの直線は三角形 UVW の外心で交わらねばならず，この点は**三角形 $\boldsymbol{ABC}$ の垂心となる．** □

垂足三角形． 与えられた三角形 ABC の高さの足（つまり，図4.5(a)の点 DEF）は，研究する価値のある新しい三角形を作る．これを ABC の**垂足三角形**と呼ぶ（図4.5(b)参照）．ジョヴァンニ・ファニャーノによるこの三角形の発見（[ファニャーノ (1770)]，[ファニャーノ (1779)]）は，下巻第7章の演習問題13で議論する最小化問題に関係している．

定理 4.3　(a) 鋭角三角形 ABC の垂足三角形 DEF は 3 つの三角形 AEF, DBF, DEC を定め，これらはすべて ABC と相似だが，向きは反対である．
(b) ABC の高さ AD, BE, CF は垂足三角形の角の二等分線である．
(c) ABC の頂点と図 4.3 (b) の外心 O を結ぶ線分 AO, BO, CO はそれぞれ垂足三角形の辺 EF, FD, DE と直交する．

証明.　証明は図 4.5 (b) に示されている．

(a) BC を直径とする円を描くと，直交性から，点 E と F はその円上にある．こうして，四辺形 $CEFB$ は円に内接する．ユークリッド III.22 により，$\angle BFE$ は $2\llcorner - \gamma$ であるので，補角 $\angle EFA$ は γ である．ほかのすべての角についても同様である．

(b) 線分 EF と DF は，F において AB と同じ角 γ をなすので，CF とは同じ角 $\llcorner - \gamma$ をなす．

(c) 図 4.5 (b) の角 $\gamma = EFA$ は図 4.3 (b) の $\angle AOF$ と直交角である[7]．　□

注意.　性質 (b) から，三角形 ABC の高さは DEF の内心を通るので，今度はユークリッド IV.4 を使えば，定理 4.2 の別証が得られることになる．

4.3　メネラウスの定理とチェバの定理

アレキサンドリアのメネラウスは A.D.100 頃に生きていた人で，ヒッパルコスとプトレマイオスとともに，球面三角法の創設者の一人である．次の定理は，球面三角形を解くために，その著書『スファエリカ (*Sphaerica*)』の第 3 巻で用いられた．『アルマゲスト (*Almagest*)』の中で使われてきて，この著作を通して有名になった．詳細については [シャール (1837)] 第 I 章 §22 と「ノート VI」を参照のこと．[カルノー (1803)] に再登場したが，そこで幾何学の基礎に対する基本的な重要性が認識された．

興味があるのは，次の問題に答えることである．与えられた三角形 ABC

[7] ［訳註］直交角が等しいというのは，結局は円に内接する四角形を作り，円周角に対応するということであり，この場合も円に内接する四角形をイメージできれば終わる．気をつけないといけないのは，図 4.5 (b) での点 F は C からの垂線の足であり，図 4.3 (b) での点 F は AB の中点で，異なる点であることである．後者を F' とでもして，AO と EF の交点を J とすれば，$FF'OJ$ は円に内接する四辺形になる．

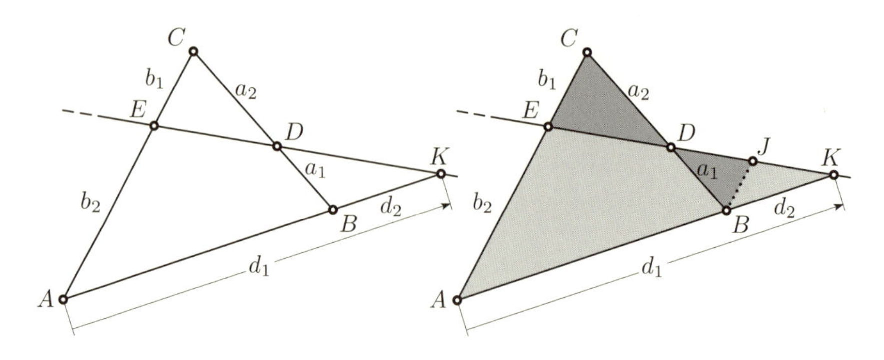

図 4.6　左：メネラウスの定理，右：その証明

を直線 EDK が横切っているとする（図 4.6 左図参照）．長さ $a_1, a_2, b_1, b_2, d_1, d_2$ について何が言えるだろうか？

定理 4.4（メネラウス）　図 4.6 において，点 E, D, K が一直線上にあるのは，

$$\frac{a_1}{a_2} \cdot \frac{b_1}{b_2} \cdot \frac{d_1}{d_2} = 1$$

であるとき，かつそのときだけである．

証明.　証明するのは有名な定理なのだから，図 4.6 の左側を見るだけではあまり役に立たない．タレスの定理が使えるようにするには，どこかに，ほかの何かの直線に平行な直線を引かねばならない．点 B を選び，AEC に平行な直線 BJ を引くことにする．そうすると，一対の相似三角形（図 4.6 の右の灰色の三角形）が得られる．濃灰色の三角形から $BJ = \frac{b_1 a_1}{a_2}$ が得られ，淡灰色の三角形 BJK と AEK から $\frac{d_2}{d_1} = \frac{BJ}{AE} = \frac{b_1 a_1}{b_2 a_2}$ が得られる．

逆の推論は与えられた比 $\frac{a_1}{a_2}$ を持つ点 D の一意性から得られる．　□

チェバの定理.　3 点を三角形の各辺に 1 つずつ選び，それぞれ向かい合う頂点と結ぶ．どんな条件の下で，この 3 本の直線が一点で交わるのだろうか？この問題に答える定理は長い間，ヨハン・ベルヌーイ（[ヨハン・ベルヌーイ (全集)] 1742, 第 4 巻 33 ページ）[8]のものとされ，1816 年にクレレによって再

[8] “Qui continen tur ANEKΔ OTA（逸話となっている）”.

発見された．後に，シャールが，この結果がすでにジョヴァンニ・チェバ(1648–1734) に知られていたことを発見した．さらに後になって（[ホーゲンディイク (2004)][9]参照)，さらに 600 年も前に，11 世紀にサラゴサ王国（現在，北東スペインにある）の王であったアル・ムタマン・イブン・フードによって定理が知られていたことが発見された．

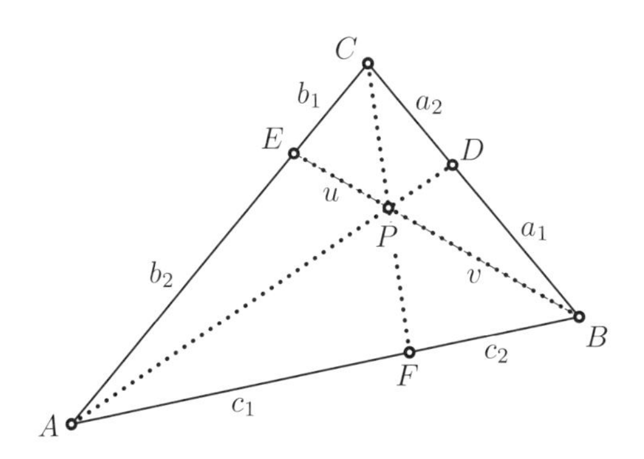

図 4.7 チェバの定理と，アル・ムタマンによる証明

定理 4.5（チェバ） 三角形において，直線 AD, BE, CF が一点で交わるのは（図 4.7 参照）

$$\frac{a_1}{a_2} \cdot \frac{b_1}{b_2} \cdot \frac{c_1}{c_2} = 1$$

であるとき，かつそのときだけである．

証明. アル・ムタマンの証明は次の通りである．メネラウスの定理を 2 度，一度は三角形 CEB に，もう一度は三角形 AEB に適用すると，

$$\frac{u}{v} \cdot \frac{a_1}{a_2} \cdot \frac{b_1 + b_2}{b_2} = 1 \qquad \text{かつ} \qquad \frac{u}{v} \cdot \frac{c_2}{c_1} \cdot \frac{b_1 + b_2}{b_1} = 1$$

が得られる．それから，割れば終わりである． □

注意. チェバの証明は 3 つの質点の重心を使うもので，9.2 節で与える．ヨハン・ベルヌーイの証明は，メネラウスの定理の上の証明のようにタレスの定

[9] この参考文献については D. ポーニックに著者たちは感謝している．1994 年のチューリヒの ICM 会議録，1570 ページも参照のこと．

理を使う（156ページの演習問題4参照）．クレレの証明はユークリッドVI.2のスタイルである（三角形の面積を使う．演習問題5参照）．もしこれらすべてでも十分でないというなら，演習問題6で与える証明は，タレスの定理を対称的に使うもので，覚えやすい．J. シュタイナーによるもう一つの証明に導く，素敵な拡張が演習問題7で与えられる．

例. D, E, F が ABC の中点であれば，$a_1 = a_2$, $b_1 = b_2$, $c_1 = c_2$ となって，チェバの条件は満たされ，P は重心 G となる．D, E, F が高さの足である場合，三角形 AFC と AEB は相似となり，タレスの定理により $\frac{c_1}{b_2} = \frac{h_c}{h_b}$ となり，同じように $\frac{a_1}{c_2} = \frac{h_a}{h_c}$ かつ $\frac{b_1}{a_2} = \frac{h_b}{h_a}$ となる．ここで，h_a, h_b, h_c は高さの長さである．またもチェバの定理の仮定が満たされ，定理4.2の別証が得られる．

定理4.4と4.5の間には，下巻第11章で明らかになる，もう一つの関係がある．図4.6と4.7を重ね合わせると，完全四辺形となる図形が得られる．それゆえ，11.3節の定理11.10により，点 A, B, F, K は非調和比が -1 であるような，**調和の位置**にある．こういう理由で，メネラウスの定理の条件を負号を使って書く，つまり距離 BK をマイナスの意味に取る方が，いくぶん良いだろう．

ジェルゴンヌ点（ジョゼフ・ディアス・ジェルゴンヌ, 1771–1859）．

> 「（1830年の）7月革命の間，反抗的な学生たちが彼のクラスで口笛を吹き始めたとき，口笛の音響学の講義を始めることによって彼らの共感を勝ち得た」
>
> （ストルイク．MacTutor History of Mathematics アーカイブ[10]に引用されたもの）

定理 4.6　三角形 ABC において，D, E, F を内接円が三角形に接する点とする（図4.2右図参照）．そのとき，直線 AD, BE, CF は一点で交わる（この点を三角形の**ジェルゴンヌ点**と言う）．

証明. 図4.2に示された長さは明らかにチェバの定理の条件を満たす．　□

[10] http://www-history.mcs.st-and.ac.uk/Biographies/Gergonne.html

4.4 アポロニウス・パッポス・スチュアートの定理

三角形の頂点とその対辺上の点とを結ぶ線分は，チェバの定理に因(ちな)んで**チェヴィアン**と呼ばれる[11]．その長さを求めたい．

解答． 図 4.8 (a) の三角形 FBC と AFC に対して，ユークリッド II.13 と II.12 を使うと（51 ページの公式 (2.2) と脚注参照）

$$2un = w^2 + n^2 - a^2 \qquad \text{かつ} \qquad -2um = w^2 + m^2 - b^2 \tag{4.7}$$

が得られる．$m = n$ の場合には，この 2 式を足せば，未知数 u が消える．こうして，**中線の長さ**が得られる．

定理 4.7（パッポス，『全集』[12]第 VII 巻命題 122） 辺の長さが a, b, $c = 2n$ である三角形 ABC の中線の長さ $CF = w$ は

$$w^2 + n^2 = \frac{1}{2}a^2 + \frac{1}{2}b^2 \tag{4.8}$$

を満たす．三角形 ABC を平行四辺形 $ADBC$ に拡張すると（図 4.8 (b) 参照），平行四辺形の辺の長さは a, b で，対角線の長さは $d_1 = 2n$, $d_2 = 2w$ となり，(4.8) 式から

$$d_1^2 + d_2^2 = 2a^2 + 2b^2 \tag{4.9}$$

という関係が得られる．

この最後の公式は**平行四辺形の法則**と呼ばれている．パッポスの定理は，シムソンの復元 ([シムソン (1749)] 152 ページ) によれば，アポロニウスの失われた著作 *De locis planis*（『平面の軌跡』）の一部である．それはまた，ジュリオ・ファニャーノ（[ファニャーノ (1750)] 第 II 巻，付録: *Nuova et generale proprietà de' Poligoni*（多角形の新しく一般的な性質）補題 I）でも与えられている．それはオイラーが任意の四辺形に対する彼の一般化（第 7 章の演習問題 2 を参照）を公表したのと同じ年であった．

---

[11] ［訳註］慣例に従い，チェバと表記しているが，Ceva が原綴なので，チェヴァと表記すべきであり，その形容詞化である Cevian はさすがにチェビアンとはしにくい．

[12] 著者たちはこの文献についてフィリップ・ヘンリーに感謝している．

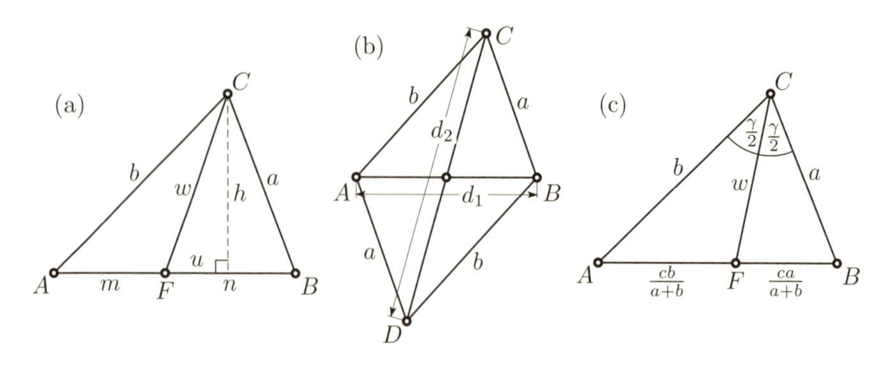

図 4.8　(a) チェヴィアンの長さに対するスチュアートの定理，(b) 平行四辺形の法則，(c) 角の二等分線の長さ

定理 4.8（**[M. スチュアート (1746)]　命題 II**）　図 4.8 (a) のチェヴィアンの長さ $CF = w$ に対して，(4.8) 式の一般化[13]

$$w^2 + nm = \frac{m}{n+m}\,a^2 + \frac{n}{n+m}\,b^2 \tag{4.10}$$

が成り立つ．

証明.　(4.7) の第 1 式に m を，第 2 式に n を掛ける．得られた式を足せばまたも未知数 u が消え，(4.10) が得られる．　□

系 4.9　図 4.8 (c) の角の二等分線の長さ $CF = w$ は

$$w^2 = ab\Big(1 - \Big(\frac{c}{a+b}\Big)^2\Big) = \frac{ab(a+b+c)(a+b-c)}{(a+b)^2} \tag{4.11}$$

となる．

証明.　CF が角の二等分線ならば，ユークリッド VI.3 の結果として，$m = \frac{cb}{a+b}$ かつ $n = \frac{ca}{a+b}$ となり，$m + n = c$ である．これを (4.10) に代入して少し整理すると，述べられた結果（ユークリッド II.5 による最後の恒等式である）が得られる．　□

---

[13] スチュアートは結果を $CA^2 \cdot FB + CB^2 \cdot AF - CF^2 \cdot AB = AB \cdot AF \cdot FB$ という形に書いた．こちらの方が良いかもしれない．

4.5 シュタイナーの円の定理群

"Gefunden Samstag den 10. Christmonat 1814, 3 + 3 + 4 St. daran gesucht, des Nachts um 1 Uhr gefunden. [1814 年 12 月 10 日土曜日に発見，3 + 3 + 4 の努力の後，夜中の 1 時に]."

（イベルドンのペスタロッチ学校の生徒としての最初の月の間のシュタイナーのノートから．シドラーの『数学教育』2e sér. vol. 11 (1965), p. 241 の論文から引用.）

図 4.9 左:全集 (1881) からのシュタイナーの肖像，右：ウッツェンシュトルフのシュタイナーの生家，（家が壊れる前に）バーバラ・クンマーによって撮られた写真

ヤーコプ・シュタイナー (1796–1863) の伝記は，大数学者の中でももっとも信じられないほどのものである．彼はスイスの小さな村（ベルン近くのウッツェンシュトルフ，写真参照）で生まれた．父親は読むことを禁じ，村の司祭

は彼に書くのを教えることを拒んだ．彼はカテキズム（教義問答）のできが十分でなかったのである．18歳のとき，イベルドンのペスタロッチ学校に最年長の生徒として入学し，熱心に大きなエネルギーを使って自分の教育を始めた(引用参照)．後になって，ベルリンで，ヴェルデン・ギムナジウムで高等数学を教えることを許されなかったのは，彼がヘーゲルの哲学をあまりよく理解していなかったからである．だから，彼は “Privatlehrer”（私講師）として生き延び，新しく創刊された**クレレ誌**の第1巻に5編の論文 (No. 5, 18, 25, 31, 32) を寄稿した．これらの論文はシュタイナーの最初の公表された長い著作（[シュタイナー (1826b)]）を含んでおり，今からそれを述べていく．同じ結果を含む，著作プロジェクト・シュタイナー（[シュタイナー (1826a)]）は1931年になって出版された．

円に関する点の冪． 53ページの図2.17 (b), (c) の記号で，ユークリッドIII.36を使うと

$$EA \cdot EB = t^2 = (d+r)(d-r) = d^2 - r^2 \tag{4.12}$$

は，円周上の点 A と B が，E と同じ直線上にある限り，その位置には依らず，ただ円の半径 r と，点 E の中心からの距離 d だけに依っている．シュタイナーに従って，この量は**円に関する点 $\boldsymbol{E}$ の冪**と呼ばれる．

2円に対する等冪の直線． 中心が C_1, C_2 で，半径が r_1, r_2 である2円が与えられたとする（図4.10参照）．両方の円に関して冪が同じであるような点の集合を探す．

2円が交わっていれば（左の図），答は簡単である．この場合，A と B を結ぶ直線（根軸）上に点 E を選べば，その冪 $EA \cdot EB$ は両方の円に対して同じになることがわかる．E から両方の円への接線は同じ長さ $t = \sqrt{EA \cdot EB}$ を持ち，それを半径とし，E を中心とする円は**両方の円と直交する**．

今度は中心間の距離 a が $a > r_1 + r_2$ であるとする（右の図）．直線 C_1C_2 上の点 D で同じ冪を持つ，つまり，

$$d_1^2 - r_1^2 = d_2^2 - r_2^2 \quad \text{かつ} \quad d_1 + d_2 = a \tag{4.13}$$

を満たすものを探す．これを $r_1^2 - r_2^2 = d_1^2 - d_2^2 = (d_1+d_2)(d_1-d_2) = a(2d_1-a)$

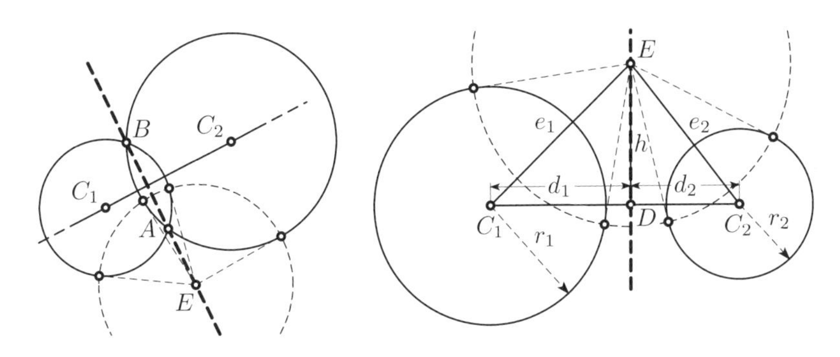

図 4.10 左：等冪の直線としての根軸，右：交わらない 2 円に対する等冪の直線

と書くと，

$$d_1 = \frac{a^2 + r_1^2 - r_2^2}{2a} = \frac{a}{2} + \frac{r_1^2 - r_2^2}{2a} \quad と \quad d_2 = \frac{a}{2} + \frac{r_2^2 - r_1^2}{2a} \tag{4.14}$$

が得られる．今度は，D を通り，C_1C_2 の直交する直線の上で，D から距離 h のところに E を置き，(4.13) の両辺に h^2 を足せば，ピュタゴラスの定理により

$$h^2 + d_1^2 - r_1^2 = h^2 + d_2^2 - r_2^2 \quad それゆえ \quad e_1^2 - r_1^2 = e_2^2 - r_2^2 \tag{4.15}$$

となり，E はまたそれぞれの円に対して同じ冪を持つことになる．逆もまた成り立ち，つまり，**両方の円に対して同じ冪を持ち，両方の円と直交する円の中心であるようなあらゆる点は，「等冪の直線」である $\boldsymbol{DE}$ 上にある**ことは，それぞれ別に証明をしたシュタイナーには自明であった．これとすぐ前の主張との関連性は，ユークリッド I.48 と I.47（ピュタゴラスの定理）との関連性と同じである．

注意． もし小さい方の円が大きい円の中へ動いていけば，等冪の直線は，最初共通接線となり，それから根軸となり，共通接線となり，最後には両方の円の外に動いていく（図 4.11 参照）．

3 円に対する等冪の点． 3 円の場合，対になる円ごとに等冪の直線があり，3 本ある．**これらの直線は，「3 円に対する等冪の点」である 1 つの点 $\boldsymbol{E}$ で交**

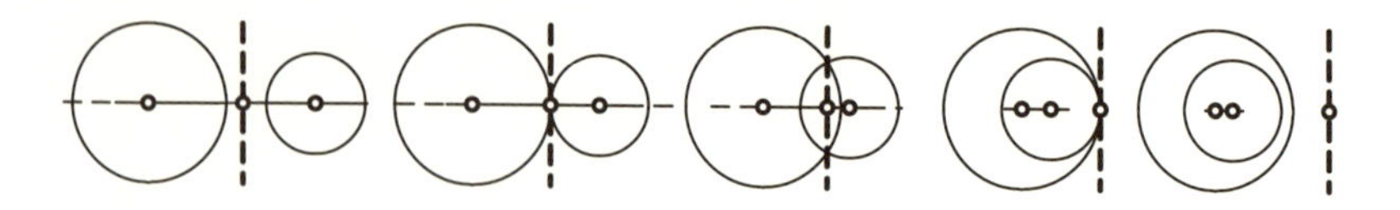

図 4.11　1つの円がもう1つの円の中へ移動するときの等冪の直線

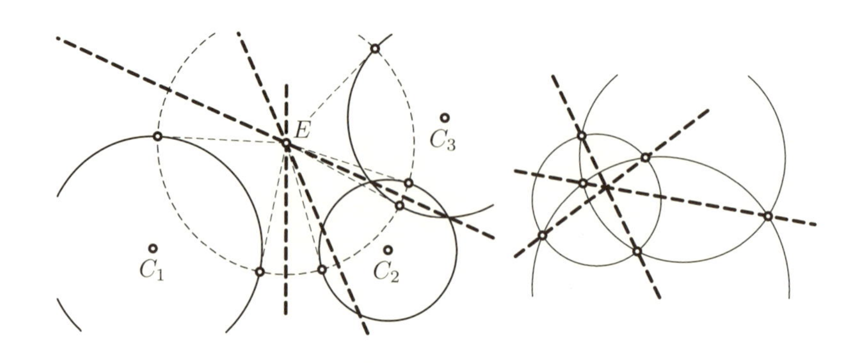

図 4.12　左：3円に対する等冪，右：3円の根軸

わる（図 4.12 左図参照）．さらに，この点 E は3円すべてに直交する円の中心である．特に，互いに交わる3円の3本の根軸は1点で交わる（図 4.12 右図参照）．

これらの主張の証明は，ユークリッド IV.4 と IV.5 の証明に類似の結論である，3つの冪のうちどの2つも等しいならば，3つすべてが等しくなければならないという事実に依っている．

2円の相似の中心．すでにヴィエートが注意していることだが（9ページの図 1.5 参照），異なる中心と異なる半径を持つ2つの円には2種類の相似の中心がある．（図の向き付けを反転する）**内側**のもの I と，（図の向き付けを保つ）**外側**のもの E とである．それから [シュタイナー (1826b)] ではその明確な説明がされている（図 4.13 参照）．円の中心がそれぞれ C_2 と C_1 で，半径が θr と r であれば，タレスの定理から

$$IC_2 = \frac{\theta}{\theta+1}\,a,\quad IC_1 = \frac{1}{\theta+1}\,a,\quad EC_2 = \frac{\theta}{\theta-1}\,a,\quad EC_1 = \frac{1}{\theta-1}\,a \qquad (4.16)$$

が r に依らないことがわかる．ここで，a は中心 C_1C_2 の間の距離である．とくに，$\theta = 2$ に対して得られる値が図 4.13 左図にある．

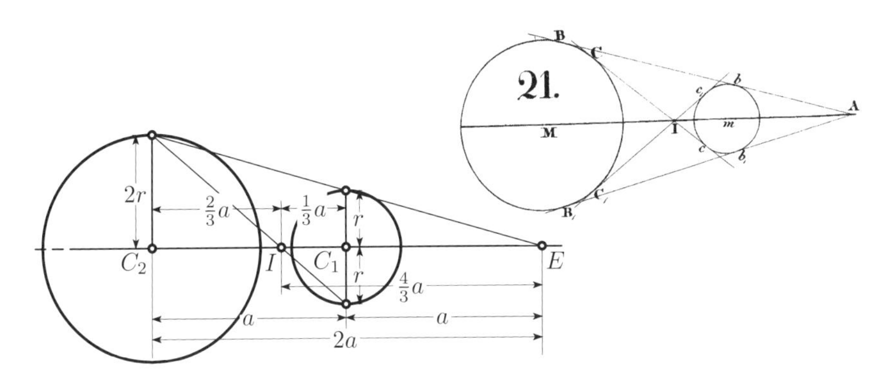

図 **4.13**　左：2 円の内側と外側の相似の中心 (I と E)，右：シュタイナー (1826c) からもとのイラスト

相似の中心に対する 2 円の共通の冪．C_1 と C_2 に中心のある 2 円と外側の相似の中心 E に対し，もう一度，$EC_2 = \theta \cdot EC_1$ である，つまり第 2 の円が第 1 の円の θ 倍であると仮定する．もし E を通る直線が点 X', X, Y, Y'（この順で，図 4.14 参照）で交わるならば，タレスの定理により，$EY = \theta \cdot EX'$ かつ $EY' = \theta \cdot EX$ となる．もしここで $q = EX' \cdot EX$ が第 1 の円に対する E の冪であれば，第 2 の円に対する E の冪は $\theta^2 q$ となる．さらに，「混合冪」

$$EX \cdot EY = EX' \cdot EY' = \theta q = p \tag{4.17}$$

は **E を通るすべての直線に対して同じ値になる**．とくに，$EC \cdot ED = p$ となる．シュタイナーはこの定数 p を**相似の中心に関する 2 円の共通の冪**と呼んでいる．

それから，C_3 に中心を持つ第 3 の円を，2 円に点 A と B で接しさせ，C_1, A, C_3 と C_3, B, C_2 がそれぞれ一直線上にあるようにする．第 1 の円上の点 A' を C_1A' が C_3B と平行になるように定義し，第 2 の円上の点 B' を C_2B' が AC_3 と平行になるように定義する．こうして，3 つの二等辺三角形 $A'C_1A$, BC_3A，BC_2B' で，互いに相似で，対応する辺が平行であるようなものが得

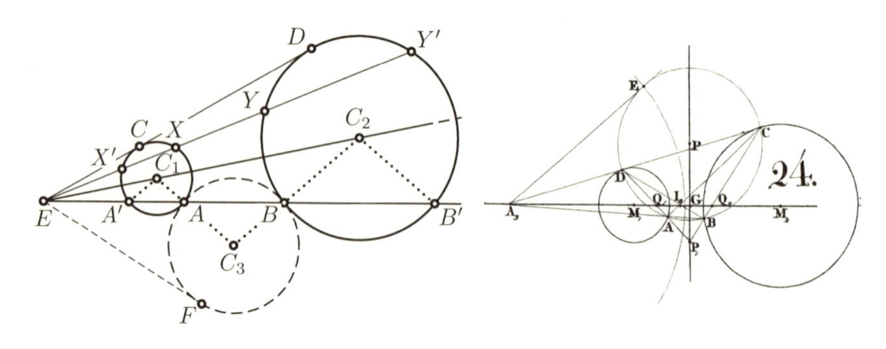

図 **4.14**　左：E に対する 2 円の共通の冪，右：[シュタイナー (1826c)] からもとのイラスト

られる．したがって，タレスの定理により，A と B が E と一直線上にあり，(4.17)から

$$EA \cdot EB = EF^2 = p \tag{4.18}$$

となる．つまり，***E* に関する 2 円の共通の冪は，両方の円に接する円に関する *E* の（通常の）冪である．**

パッポスの「古代の定理」のシュタイナーの証明． ここで，すでにパッポスが「古代の定理」と呼んだ結果のシュタイナーのエレガントな証明を示すことができるようになった[14]．

定理 4.10（[パッポス選集] 第 IV 巻命題 15）　2 つの半円 C_1 と C_2 が B で接し（図 4.15 左図参照），m_i を中心，r_i を半径とする 2 円が C_1，C_2 と接し，互いにも接しているとする．そのとき，

$$\frac{h_2}{r_2} = \frac{h_1}{r_1} + 2 \tag{4.19}$$

となる．ここで，h_i は共通の直径 P_1P_2B から m_i までの距離である．とくに（パッポスの命題 16，右の図），C_1 と C_2 の間の領域を，無限個の円 m_1，m_2，$m_3, \ldots$ が埋め尽くし，m_1 が共通の直径上にあるなら，

[14] "Circumfertur in quibusdam libris antiqua propositio huiusmodi（このような命題がいくつかの古代の書物の中に散見される）".

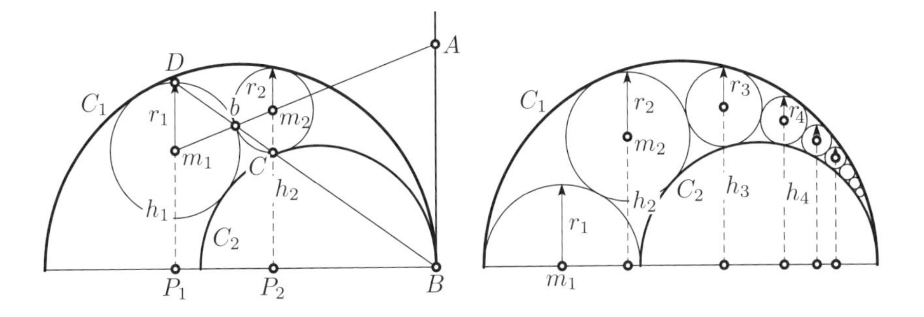

図 **4.15** 左：パッポスの「古代の定理」とシュタイナーの証明．右：パッポスの命題 16

$$\frac{h_1}{r_1}=0, \quad \frac{h_2}{r_2}=2, \quad \frac{h_3}{r_3}=4, \quad \frac{h_4}{r_4}=6, \quad \ldots \tag{4.20}$$

となる．もし最初の円が共通の直径に接していれば（パッポスの命題 18），対応する比の列は 1, 3, 5, 7, ... となる．

証明. (4.19) の証明については（(4.20) はその自明な結果である），[シュタイナー (1826b)] におけるシュタイナーの証明のステップを忠実に追うことにする（図 4.15 左図参照）．

(a) B における共通接線は，円 C_1 と C_2 に対する等冪の直線である．

(b) 円 m_1 と m_2 に対する外側の相似の中心 A は，C_1 と C_2 に関して同じ冪を持つ（(4.18) 参照）ので，共通接線上にある．

(c) タレスの定理により，$P_1B : P_2B = r_1 : r_2$ となる[15]．

(d) AB^2 は，A に関する m_1 と m_2 の共通の冪である（またも (4.18) による）．

(e) （(4.17) で，b はぶつかっている 2 点 X と Y を表していることから）$Ab^2 = AB^2$ となり，それゆえ $Ab = AB$ である．

(f) D, b, C は一直線上にあり，タレスの定理により（bm_2C と bAB はともに二等辺三角形であって，相似になるから）b, C, B も一直線上にあって，D, b, C, B は一直線上にある．

[15] ［訳註］A が 2 つの円 m_1, m_2 の相似の中心であることから，AC と P_1m_1 との交点 C' は円 m_1 上にある．タレスの定理を $\triangle Am_2C$ と $\triangle Am_1C'$ に使う．

(g) タレスの定理と (c) とから,

$$\frac{h_1 + r_1}{r_1} = \frac{h_2 - r_2}{r_2}$$

となり, これから (4.19) が導かれる. □

いったん有名な結果の簡単な証明が見つけられると, 数多くの拡張や一般化への道が開かれる. シュタイナーはそれをかなりのエネルギーで追求したのである.

シュタイナーのポリズム

「ポリズムは‘ある問題を不確定な, または無数の解があり得るようなものにするような条件を見つける可能性を肯定するような’数学的な‘命題である’」

(J. プレイフェア, 1792)

定理 4.11([シュタイナー (1826b)] 第2部 §22) C_1 と C_2 が2つの円で, C_2 が C_1 の内部にあるとする. 2つの円の間を円の鎖 Γ_1, Γ_2, Γ_3 ...が埋め尽くし, それぞれが隣り合う円と接し, さらに C_1 と C_2 にも接するとする. そのとき, もしある n に対して $\Gamma_n = \Gamma_1$ となるなら (図 4.16 の第2の図を参照), Γ_1 をどのように選んでも, 同じ n に対して同じ性質が成り立つ (第3の図を参照).

シュタイナーは長く奮闘した末にこの結果を得た. 図 4.17 は彼のもとの考察のアイデアを示している. 次の章 (第 5.5 節) で, この結果が立体射影を使うと, 非常にエレガントに仕方で得られることを見ることになる.

4.6 オイラー線と九点円

「彼 (オイラー) の単純な発見のいくつかはそのような性質を持っているので, ユークリッドの幽霊が‘一体どうして, 考え付かなかったんだろう?’と言うという想像ができるほどである.」

([H.S.M. コクセター (1961)] 17 ページ)

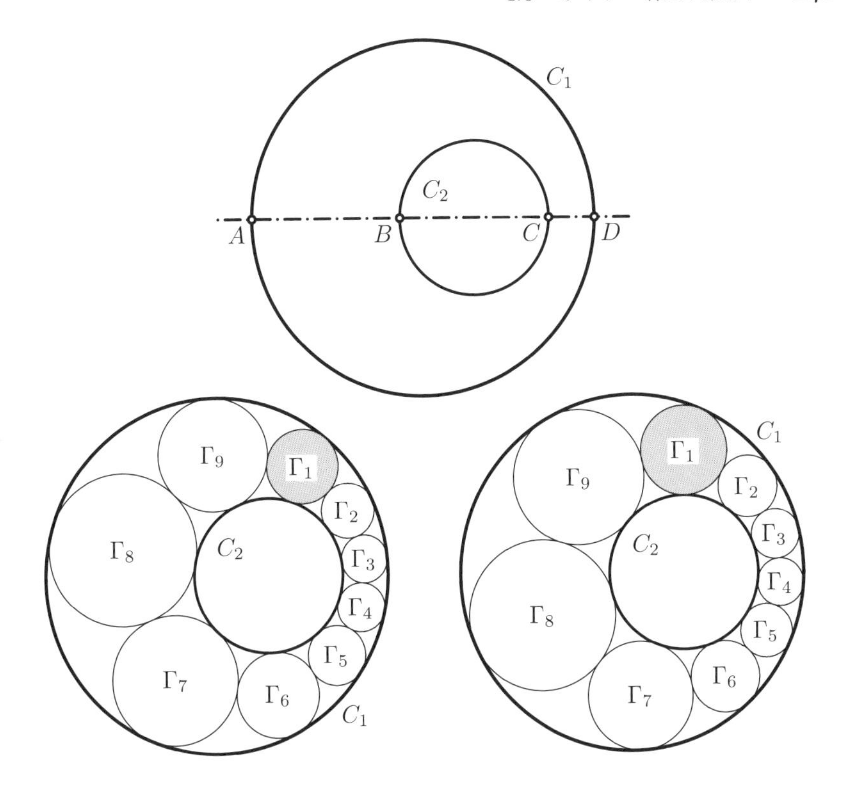

図 4.16 シュタイナーのポリズム

オイラー線. オイラー [オイラー (1767a)] は解析的な計算によって三角形の4つの**注目すべき点**の**注目すべき**性質を発見した（下巻第7章7.7節参照）. ここでは, ABC の相似性と中点簡約によって数行のエレガントな証明が得られるということで満足しておくことにしよう.

定理 4.12 どんな三角形においても, 点 H, G, O は一直線上にあり（この直線を**オイラー線**と呼ぶ), G は線分 HO を $HG : GO = 2 : 1$ という比に分割する.

証明. 三角形 ABC は中点三角形 $A'B'C'$ と相似で, その辺は $A'B'C'$ の辺と平行で, 長さは2倍で, 向きは反対である（図 4.18 左図参照）. 対応する点 AA', BB', CC' を結ぶ直線（これらは中線である）はすべて同じ点 G を通

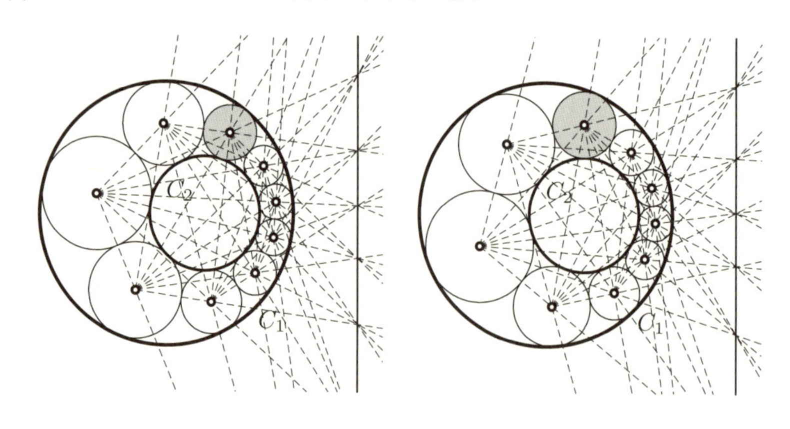

図 4.17 シュタイナーの問題で円の中心を結ぶ

り，G は（9 ページの図 1.4 の点 O と同じような）相似の中心である．知っていることだが，$A'B'C'$ の垂心 H' は ABC の外心 O と一致する（128 ページの図 4.5 の定理 4.3 のガウスの証明を参照）．こうして，$HH' = HO$ を結ぶ直線も G を通り，同じ比 2 : 1 に分割されねばならない．これらの 3 点が**オイラー線**を定義する． □

九点円． 今度は，三角形の外接円（中心は O）と $A'B'C'$ の外接円（大きさは半分で，中心は N）を描く（図 4.18 右図参照）．

この 2 つ目の円は多くの興味深い性質を持ち，三角形の**九点円**と呼ばれている．

定理 4.13 (a) 2 つの円の外側の相似の中心は ABC の垂心 H である．

(b) 九点円の中心 N は H と O の中点である．

(c) 九点円は，定義から，$A'B'C'$ を通るが，高さ AH, BH, CH の足 D, E, F も通る．

(d) 九点円はさらに，線分 AH, BH, CH の中点を通る．

(e) 三角形の 3 辺に関する H の鏡映 K, L, M は高さの延長線上にあるが，ABC の外接円上にある．

証明． (a) 定理 4.12 の証明から，G が 2 円の**内側**の相似の中心である（向

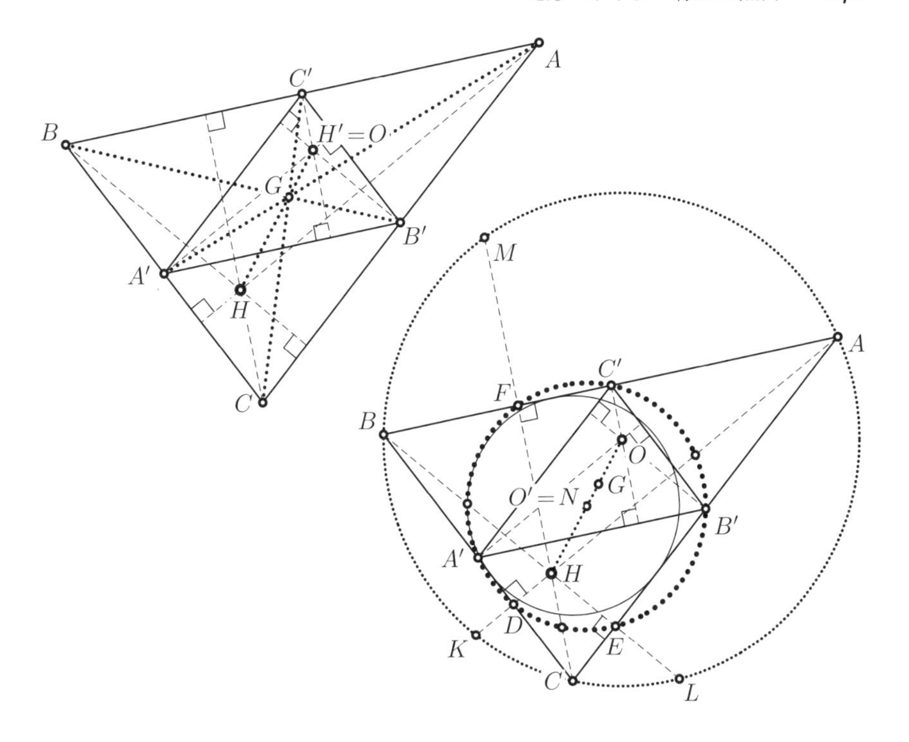

図 4.18 左：オイラー線，右：九点円（またはフォイエルバッハ円）

き付けが反対だから）ことがわかっている．H が OG と同じ直線上にあり，$HG = 2 \cdot GO$ であるから，139 ページの図 4.13 から（そこでも $EI = 2 \cdot IC_2$ だった），H は外側の相似の中心 E に一致しなければならない．

(b) これは，図 4.13 で，C_1 が C_2 と E の中点であるという事実とまったく同じである．

(c) (b) により，N は，H と O の三角形の 1 つの辺への正射影である F と C' からも等距離である．

(d) と (e) は，今度は (a) から導かれる．なぜなら，外側の相似の中心 H と大きい方の円の点の間のあらゆる線分は小さい方の円と中点で交わるからである． □

もう一つ「九点円は ABC の内接円に接する」という注目すべき性質があ

る．これはK.W. フォイエルバッハによって発見された結果である(下巻第7章の定理7.22参照)．これが**フォイエルバッハ円**の名前の由来である．

4.7　傍接円とナゲル点

以下の結果は，シモン・リューリエ[リューリエ(1810/11)]，A.L. クレレ[16] (1816年)，K.W. フォイエルバッハ（1822年)，C.H. フォン・ナゲル（1835年）によって19世紀の初めに発見されたものである．完全な文献表（300以上の文献がある）として[バプティスト(1992)]を挙げておく．

傍接円． 三角形ABCが与えられ，その辺を両方向に延長する．A, B, Cを通り，それぞれ角の2等分線AI, BI, CIに直交する直線を引き新しい三角形$I_aI_bI_c$を作る（図4.19参照)．ユークリッドI.14により，これらの直線は三角形の**外角**の二等分線である．ユークリッドIV.4の証明とまったく同じようにして，たとえば，I_aはABとBCから等距離であり，またBCとCAからも等距離であって，ACとABから等距離であるので，角BACの内角の二等分線上になければならないという結論が得られる．I_aは，点D_aで外から三角形に接する**傍接円**の中心（傍心）と呼び，ρ_aをその半径とする．同じようにもう2つ，それぞれ半径がρ_bとρ_cで，中心がI_bとI_cの傍接円がある．

注意． もとの三角形ABCは三角形$I_aI_bI_c$の垂足三角形である．これは定理4.3の別証を与えている．また，ABCにユークリッドIV.4を適用すると，三角形$I_aI_bI_c$に対する定理4.2の別証が得られる．

定理4.14（ナゲル） 三角形の頂点とその対辺と傍接円との接点を結ぶ直線AD_a, BE_b, CF_cは一点で交わり，その点は**ナゲル点**と呼ばれる．

証明． ユークリッドIII.36により，$AF_a = AE_a$, $CD_a = CE_a$, $BF_a = BD_a$となる．したがって，折れ線ACD_aとABD_aは同じ長さを持つ．その両方で周長となるから，この長さは周長の半分sとなる．$AB = c$を引けば$BD_a = s - c$となる．同じようにして，

[16] 今日では雑誌 *J. Reine Angew. Math.*（純粋及び応用数学雑誌，クレレ誌とも呼ばれる）の創設者としてもっともよく知られている．

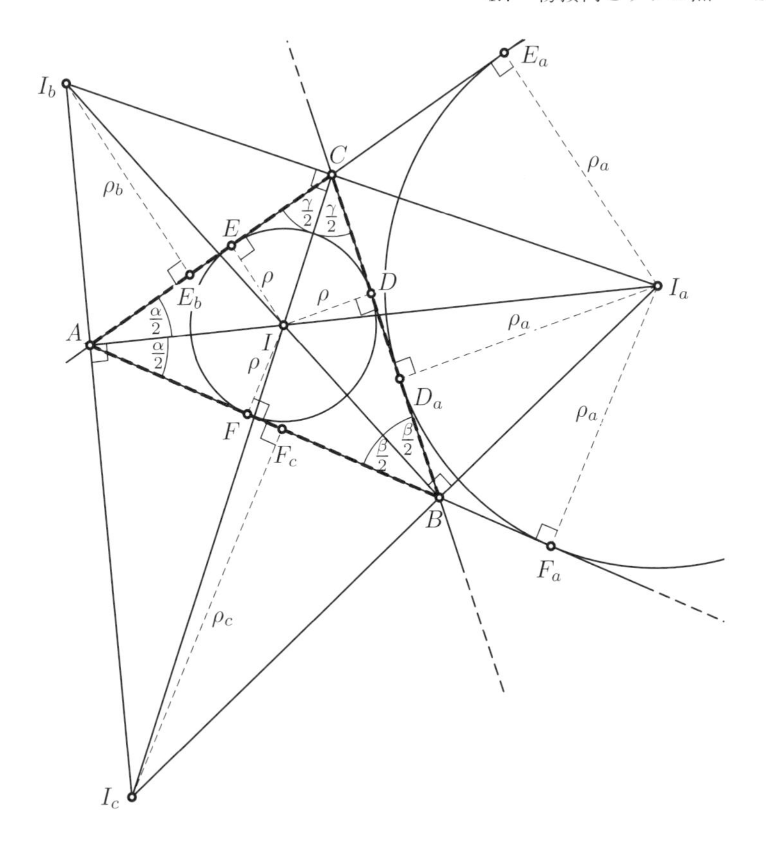

図 **4.19** 傍接円と傍接三角形

$$CD_a = AF_c = s - b, \quad AE_b = BD_a = s - c, \quad BF_c = CE_b = s - a \quad (4.21)$$

となる．これらの値はチェバの定理（定理 4.5）の仮定を満たす． □

相似な三角形 AFI と AF_aI_a にタレスの定理を使い，図 4.2 の値を思い出せば，後で使うことになる公式

$$\rho_a = \frac{s \cdot \rho}{s - a}, \qquad \rho_b = \frac{s \cdot \rho}{s - b}, \qquad \rho_c = \frac{s \cdot \rho}{s - c} \quad (4.22)$$

が得られる．

キンバーリングの中心カタログ． I, O, G, H, ジェルゴンヌ点，九点円の中

心 N，ナゲル点以外にもそのような「中心」，つまり，三角形の点で，頂点の対称的な交換に関してある自然な仕方で定義される点がその興味深い性質とともに発見されてきている．アルファベットの文字が急速に足らなくなってきた．そこで，[キンバーリング (1994)] では，そのような 100 個の点のリストをまとめることで，これらの点を $X_1, X_2, \ldots$ のようにラベル付けが始められた．とくに，$I = X_1$, $O = X_3$, $G = X_2$, $H = X_4$, 九点円の中心 $N = X_5$ で，ジェルゴンヌ点は X_7 で，ナゲル点は X_8 であり，下巻第 7 章で議論することになるフェルマー・トリチェリ点は X_{13} である，などとなる．このリストは，それを支える理論と（オイラー線のような）「中心的な直線」とともに，後に [キンバーリング (1998)] において 400 個の中心にまで拡張された．現在，インターネットでアクセスすることができ，リストはさらに 10 倍の長さになっている．

4.8　ミケルの定理

オーギュスト・ミケルは，パリのスノッブたちがプロバンスと呼ぶ，フランスの田舎（ナントゥア）の高校教師だった．そしてこのプロバンスから，新しく創刊されたリウヴィルの雑誌[17]は突然，美しい幾何学的発見（[ミケル (1838a)] と [ミケル (1838b)] 参照）を受け取り始めることになった．これらのうち最初のものが**ミケル点**に関係したものだが，最も有名になった（下記の定理 4.15）．しかし，ミケルにとって，これはその後に述べる彼の実に素晴らしい五角形定理の証明のための補助的な結果にすぎなかった．

定理 4.15（ミケルの三角形定理）　D, E, F をそれぞれ，ある三角形の辺 BC, CA, AB 上に任意に選んだ点とする（図 4.20 左図参照）．そのとき，三角形 AEF, BDF, CDE の外接円は一点 M で交わり，この点を**ミケル点**と呼ぶ．

証明.　M を，A を通る円と C を通る円との（E とは異なる）交点とする（図 4.20 右図参照）．それから，ユークリッド III.22 によって，α と書かれた 2 つの角は等しく，γ と書かれた 2 つの角も等しい．ユークリッド I.32 により

[17] *Journal de mathématiques pures et appliquées*（純粋及び応用数学雑誌）で，フランス語だがクレレの創刊した雑誌と同じ名前なので，リウヴィル誌と呼ばれている．

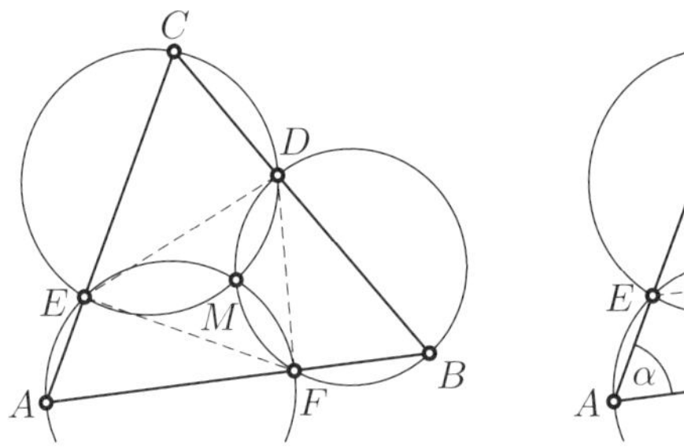

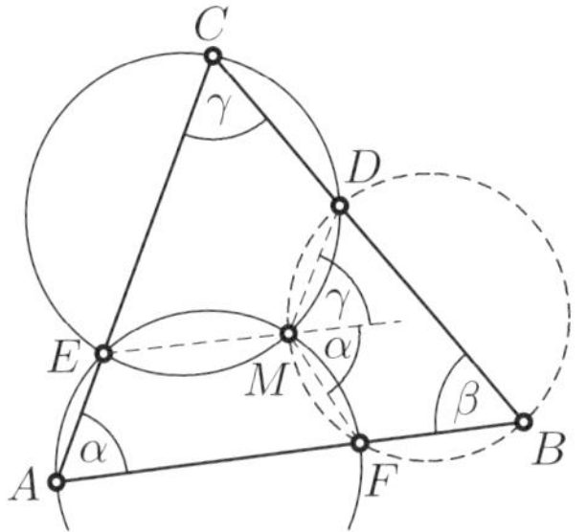

図 4.20 左：ミケルの三角形定理，右：その証明

$\alpha + \gamma + \beta = 2$∟ となり，これからユークリッド III.22 の逆を四辺形 $FMDB$ を適用することによって，M が第 3 の円上にもあることがわかる． □

応用：ブロカール点． ミケルの三角形定理における点 D, E, F をそれぞれ B, C, A の方に動かせば，3 つの円は三角形の **1 つの**頂点を通り，その対辺に**第 2 の**頂点で接する 2 つの円に近づいていく（図 4.21 (a) 参照）．そのとき，ミケル点は，**第 1 ブロカール点**と呼ばれる点 V に近づいていく．ユークリッド III.32（ユークリッド III.21 の変形．75 ページの演習問題 19 参照）を使えば，この図で ω と書かれている 3 つの角がすべて等しいことがわかる．もし 3 点 D, E, F をそれぞれの辺上で**もう一方の**端に押していけば，同じようにして**第 2 ブロカール点**が得られ（図 4.21 (b) 参照），ここでも 3 つの ω と書かれた角は等しい．両方の場合にでてくる ω が等しいことはもう少し難しいことである．ブロカール点 V と W はキンバーリングの意味の中心ではないのは，2 つの頂点の交換に関する対称性を欠いているからである．しかし，その**中点**は対称であって，キンバーリングのリストでは X_{39} となっている．

定義 4.16 $ABDE$ を凸な四辺形とする（図 4.22 参照）．対辺同士を延長して 2 つの交点 F と C を求める．このようにして得られた 4 つの三角形からなる図形を**完全四辺形**と呼ぶ．

定理 4.17（シュタイナーとミケルの四辺形定理） 完全四辺形の 4 つの三角形の外接円はある点 M で交わる．

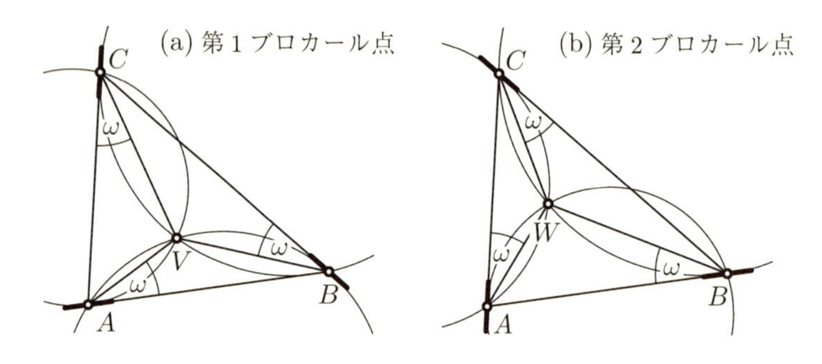

図 4.21　ブロカール点

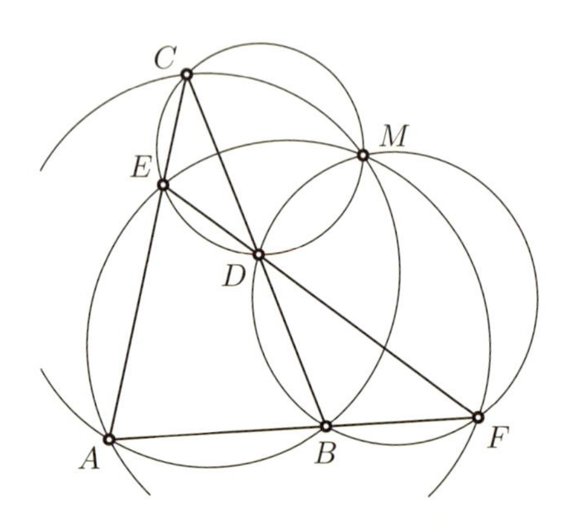

図 4.22　ミケルの四辺形定理

証明. この結果はすでに以前に [シュタイナー (1827/1828)] 1° 号において，2行で，告知されていたが，ミケルが，直前の証明のようにユークリッドの第III巻の定理群を使って，詳細な証明を与えたものである．しかし，ポンスレが**連続性原理**（下巻第11章参照）と呼んだアイデアを使えばこの定理は容易に示すことができる．つまり，定理4.15において，点 F を区間 AB の外に動かしてもまだこの定理が成り立つと信じるのである．さらに，その定理の点 D を動かして，E, D, F は一直線上になるようにする．すると，AFE, FBD, EDC の外接円は一点で交わる．図形の対称性（$F \leftrightarrow C$ と $E \leftrightarrow B$ の交換）により，第4の外接円も同じ点を通らねばならない．□

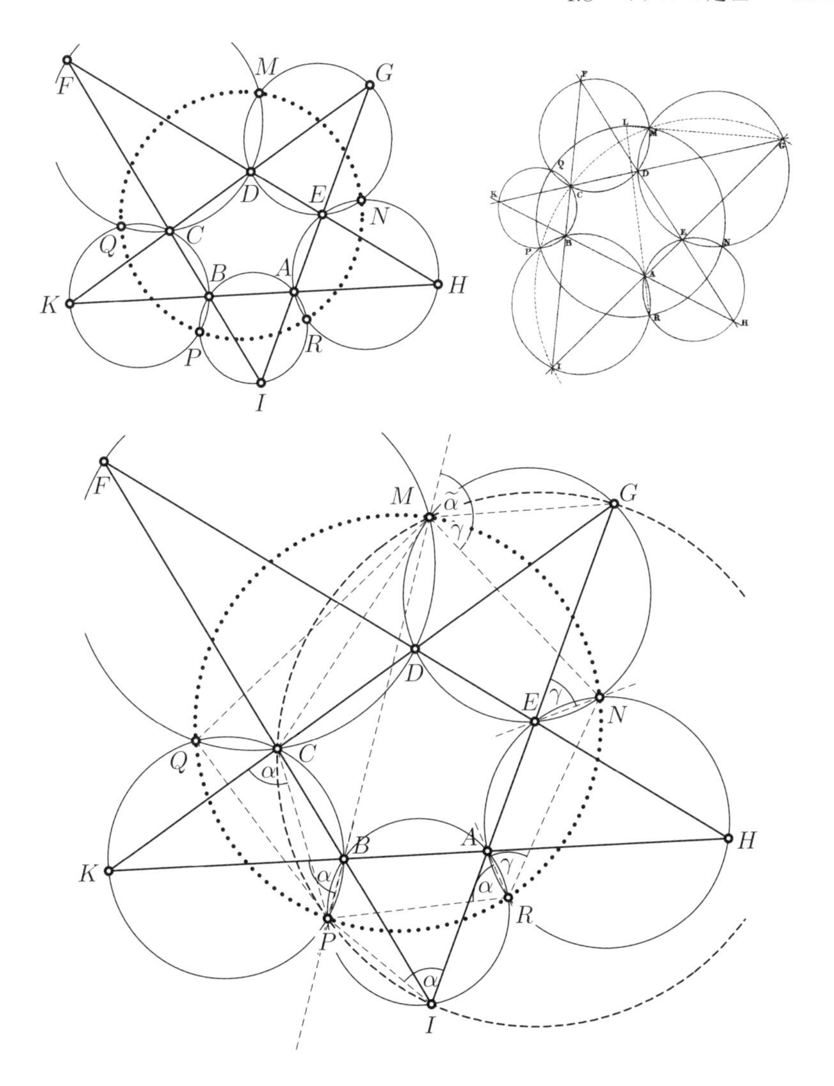

図 **4.23** 上：ミケルの五角形定理（ミケル自身の描いた図とともに），
下：その証明

定理 4.18（**ミケルの五角形定理**） $ABCDE$ を凸の五角形とする（図 4.23 上図参照）．すべての辺を延長して 5 つの点 F, G, H, I, K をその交点とし，5 つの三角形 CFD, DGE, EHA, AIB, BKC の外接円を描く．そのとき，これらの円の（A, B, C, D, E 以外の）交点，つまり点 M, N, R, P, Q は同じ円上にある．

証明. ミケルはこの定理を，つまり，定理4.15と4.17を繰り返し使って，点 I, P, C, M, G が同じ円上にあるという補助的な結果を使って証明した．しかし，A. グチエリスの美しいウェブサイト[18]にあるように，もっぱらユークリッドの第3巻にこの証明を帰着させることもできる（図4.23下図参照）．

ユークリッドIII.22を一回，ユークリッドIII.21を2回使うと，α と書かれた4つの角が等しいことがわかる．同じように，γ と書かれた3つの角が等しい．ユークリッドIII.22を四辺形 $IPCG$ に逆に使うと，頂点の4点が同一円上にあることがわかる．

配位の対称性（$A \leftrightarrow E$ や $B \leftrightarrow D$ などの交換）により，第5の点 M も同じ円上にある．それから，四辺形 $IPMG$ にユークリッドIII.22を使うと，$\widetilde{\alpha}$ と書かれた角が α と一致するとがわかる．

最後に，$\widetilde{\alpha}+\gamma=\alpha+\gamma$ だから，四辺形 $RPMN$ にユークリッドIII.22の逆を使うと，頂点の4点が同じ円上にあることがわかる．またも配位の対称性によって，第5の点 Q が同じ円上にあることがわかる．素晴らしい結果の素晴らしい証明である． □

4.9　モーレーの定理

「モーレーの定理はあっと驚き，証明が難しく，とても美しい．」

（W. ダンハム，"*Euler, the master of us all.*"[19]アメリカ数学協議会，1999）

"... on s'empressa... de rechercher une démonstration aussi courte et aussi élégante que l'énoncé ... A mon avis, de tels désirs ne sauraient être satisfaits.（... 人は，

---

[18] Geometry step by step from the land of the Incas　`http://agutie.homestead.com/`

[19] ［訳注］黒川信重らによる日本語訳が『オイラー入門』として，シュプリンガー・フェアラーク東京 (2004) から出版されている．

主張と同じように単純でエレガントな証明を求める... 私の意見では，そのような欲求は満たされ得ないものである．)”

（H. ルベーグ『数学教育』38 (1939), p. 39）

「直接的なアプローチでは多くの困難に出会うが，後ろ向きにやれば困難は消えてなくなる，...」

（[H.S.M. コクセター (1961)] 24 ページ）

定理 4.19　与えられた三角形 ABC に対して，PQR を頂角の三等分によって作られる三角形とする（図 4.24 参照）．そのとき，PQR は正三角形である．

注意.　主張の単純さとエレガントさにもかかわらず，1904 年に発見されたこの定理は 2000 年以上もの間，もっとも天才的な幾何学者たちからでさえ，その注意を免(まぬが)れていた．ちょっと目には，証明するのが非常に難しく見える（上の引用参照．詳細な歴史的解説については，[ローリア (1939)] p. 367, [H.S.M. コクセター (1961)] p. 24, [H.S.M. コクセター，S.L. グライツァー (1967)] p. 47 や，とくに豊富な文献表のある [オークリー，ベイカー (1978)] を参照）．驚くことに，**逆向きに**行えば，証明は簡単になるのである．以下に与えた証明は [ヴァンナー (2004)] で練り上げたもので，ユークリッド第 I, III～VI 巻だけを使ったものである．

証明.　図 4.24 の三角形 ABC に関することは忘れて，角 α, β, γ の値が

$$\alpha+\beta+\gamma=\frac{2}{3}\llcorner \tag{4.23}$$

を満たしていること（ユークリッド I.32）だけを考える．たとえば，辺の長さを 1 とした正三角形 PQR を図 4.25 のように固定して，そこから始める．それから，モーレーの定理を満たすような三角形 ABC に相似な三角形を再構成することを試みる（文字は同じものを使う）．P, Q, R の作図の一意性から，もとの三角形もまたモーレーの定理を満たさなければならなくなる．

ユークリッド III.20 を念頭に置きながら，それぞれ中心が K, L, M で，中心角が 2α, 2β, 2γ であり，三角形 PQR の辺を弦とするような 3 つの円を描

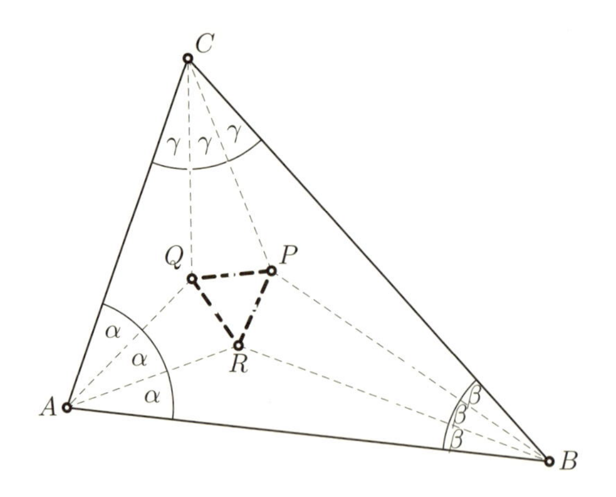

図 **4.24**　モーレーの三角形

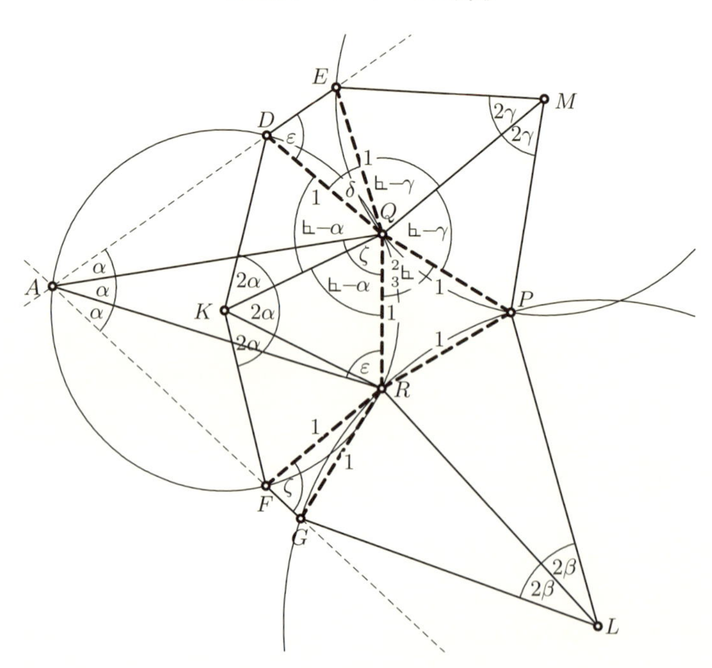

図 **4.25**　モーレーの定理の証明

く[20]．それから，長さがすべて 1 である，4 つの追加的な弦 QD, QE, RF, RG を加える．これにより，それぞれ K, L, M, Q, R に頂点があるいくつかの二等辺三角形が得られる．次に，ユークリッド I.5 と I.32 を使って，これらの三角形のすべての角を計算する．Q の周りの角を全部足すと $4\llcorner$ にならねばならないから[21]，

$$\delta = 2\alpha + 2\gamma - \frac{2}{3}\llcorner \quad \text{となり，} D \text{ では } \varepsilon = \llcorner - \frac{\delta}{2} = \frac{4}{3}\llcorner - \alpha - \gamma \qquad (4.24)$$

となる．同じように，F における角 ζ に対しては（β と γ を交換して），

$$\zeta = \frac{4}{3}\llcorner - \alpha - \beta \quad \text{が得られ，(4.23) と (4.24) から} \quad \alpha + \varepsilon + \zeta = 2\llcorner$$

となる．このことから，角 ε と ζ を使って，RQ 上に三角形 QAR を作図することによって（ユークリッド I.26 の ASA 版），K を中心とする円上にある点 A が見つかる（ユークリッド I.32 とユークリッド III.20 の逆）．それから，四辺形 $ARQD$ と $AQRF$ は同じ円に内接し，A, D, E と A, F, G は同一直線上にある（ユークリッド III.22）ことがわかる．

B と C を同じように作図することによって，証明は終わる． □

R. ペンローズによるもう一つの逆向きの証明（最後の引用参照）は章末の演習問題 12 で与えられている．

4.10 演習問題

1. 図 4.20 の D, E, F が三角形 ABC の高さの足であるとする．そのとき，対応する外接円たちのミケル点が垂心であることを示せ．したがって，ミケルの結果は定理 4.2 の別証を与えている．
2. 定理 4.2 のニュートンの証明を（図 4.26 (a) 参照），タレスの定理を使って y を 2 通りに計算することで再構成せよ．最初に FC と AD の交点を考え，それから FC と BE の交点を考えよ（当時は出版されていなかっ

---

[20] ［訳註］もちろん，この条件によって K, L, M は一意的に定まる．たとえば，Q, R を通る円の中心である K は線分 QR の垂直二等分線上にあり，QR を見込む角が 2α である点の作る円上にもあり，その交点として得られる．

[21] 証明のこの部分については，著者たちはクリスティアン・エービに感謝する．

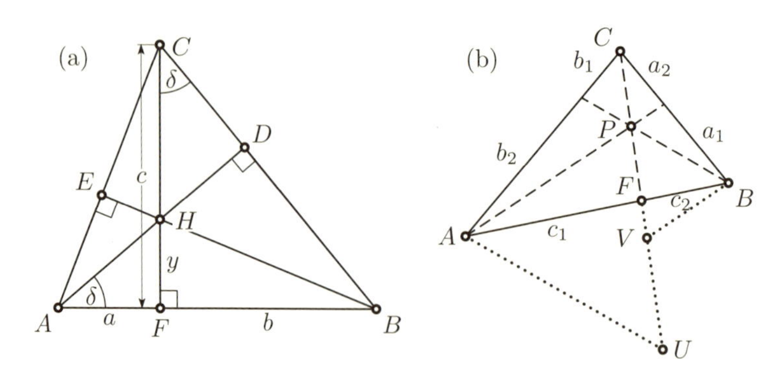

図 4.26　(a) 垂心に対するニュートンの証明，(b) チェバの定理のヨハン・ベルヌーイの証明

た原稿 [ニュートン (1680)] p. 454 を参照).

3. 「H が三角形 ABC の垂心であれば，C は三角形 ABH の垂心である」ことを示せ．($H \mapsto C$ のような) 自身の逆写像であるような写像は**対合**と言われる．
4. チェバの定理のヨハン・ベルヌーイの証明を，直線 CPF を延長して，PB に平行な AU と，AP に平行な BV を引くことによって再構成せよ．タレスの定理が使えるような，相似な三角形の対がいくつか見つかる．ベルヌーイ一族の業績に通じている読者には彼の証明のエレガントさに驚くことはないだろう．
5. チェバの定理のクレレの証明 (1816 年，[バプティスト (1992)] p. 6 1 参照) を再現せよ．それは図 4.27 (a) の 6 つの三角形の面積に基づいたもので，ユークリッド VI.2 のユークリッドの証明に似ている．
6. 図 4.27 (b) の P を通る 3 本の平行線に基づき，タレスの定理を対称的に使う，チェバの定理の証明を再現せよ．
7. 三角形 ABC を考え，その面積を $\mathcal{A}$ と書く．3 本のチェヴィアン AD, BE, CF を引き，図 4.7 の記号を使って，$u = \frac{a_2}{a_1}, v = \frac{b_2}{b_1}, w = \frac{c_2}{c_1} = w$ と置くと，線分 BD, DC, CE, EA, AF, FB の値は図 4.28 右図に示されたものになる．問題は三角形 HKL の面積 T を計算することである．新しく創刊されたクレレ誌によく寄稿していたテオドール・クラウゼ

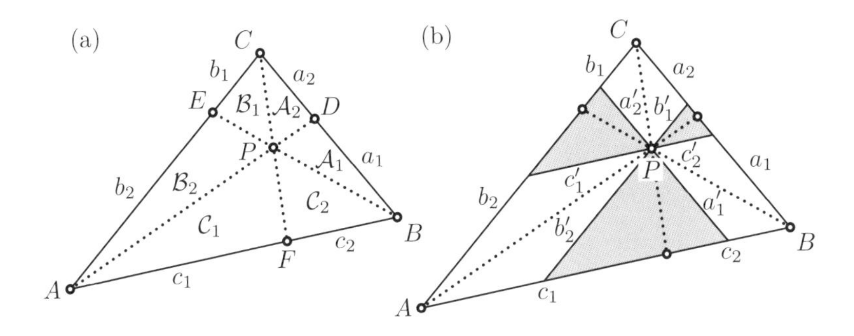

図 4.27　チェバの定理の証明

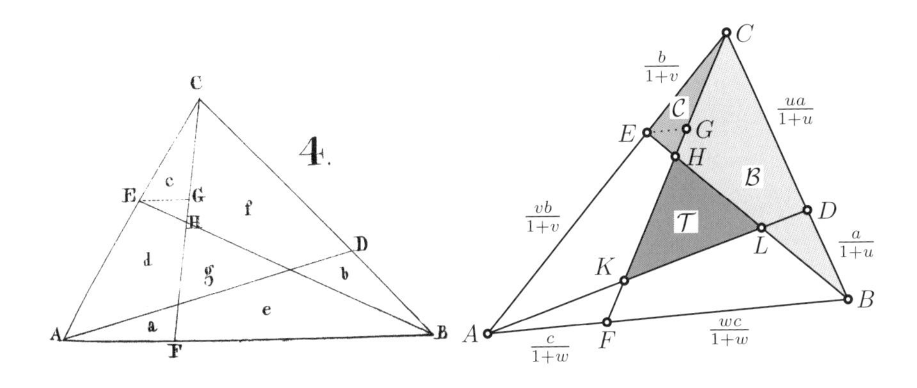

図 4.28　シュタイナー・ペスタロッチの問題，左：シュタイナー (1828b) のもとの図

ンは，$u = v = w$ の場合に恐ろしく複雑な三角法の公式を使ったこの面積の計算を，[クラウゼン (1828)] の中で発表した．この数ページ後の [シュタイナー (1828a)] で，シュタイナーはそのような問題はまったく初等的であり，ペスタロッチ学校では “wegen mancherlei pädagogischer Vorzüge（いくつかの教育的メリットのために）” 広範に取り扱われており，“ohne Hülfe trigonometrischer Functionen”（三角関数の助けなしに）解くことができると，断言している．上の設定で，結果が

$$\mathcal{T} = \frac{(uvw-1)^2}{(1+u+uw)(1+v+vu)(1+w+wv)} \cdot \mathcal{A} \tag{4.25}$$

であることを証明せよ．$uvw = 1$ に対しては $\mathcal{T} = 0$ となるが，チェバの定理との関係がおもしろい．

この結果は後に忘れられ，デュードニー・シュタインハウスの定理とかルースの定理 (1826) として再発見された（『数学基礎』誌 22 (1967), p. 49 参照）．

ヒント． シュタイナーがやった通りに，AFB に平行に EG を引き，タレスの定理によって EG の長さを求め，さらにタレスの定理によって比 $EH : HB$ を求める．この比は，ユークリッド I.41 により，比 $\mathcal{C} : \mathcal{B}$ である．もう一度ユークリッド I.41 によって比 $(\mathcal{C} + \mathcal{B}) : \mathcal{A}$ を定める．これによって $\mathcal{B}$ が求まり，巡回的に置換することで ABL と CAK の面積が求まる．最後に，$\mathcal{A}$ からこれらの面積すべてを引けば $\mathcal{T}$ が得られる．

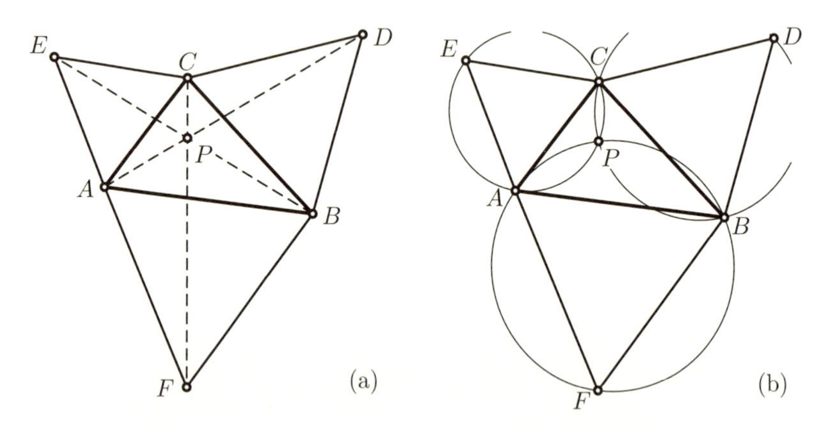

図 4.29　ナポレオンの定理とトリチェリ・フェルマー点

8. **（トリチェリ・フェルマー点とナポレオンの定理）** すべての角が 120° 以下の三角形 ABC を考える．ABC の各辺上，外側に正三角形を作図し，外側の頂点を D, E, F とする（図 4.29 (a) と (b) 参照）．そのとき，以下を証明せよ．

   (a) 3 本の直線 AD, BE, CF は一点 P で交わる．

   (b) この 3 つの三角形の外接円は同じ点 P で交わる．

   (c) P におけるすべての角は 60° である．

(d) この3つの外接円の中心は正三角形をなす.

(e) 線分 AD, BE, CF はすべて $PA + PB + PC$ に等しい.

これらの結果の起こりはフェルマーの挑戦であった（下巻の7.4節参照）. この挑戦は, 1644年にローマに行く途中でフィレンツェに滞在中のメルセンヌ神父がE. トリチェリ[22]に提示したものである（“Questi tre Problemi... sono di Monsù de Fermat, Senatore di Tolosa（この3つの問題は...トゥールーズの議員であるフェルマー氏によるものである）”）. トリチェリは彼の解答を *De Maximis et Minimis*（最大と最小）(1646)（Opere, vol. I, parte sec.（全集, I巻, 2部）, pp. 90–97）という原稿に含めた. 今日では, 点 $P = X_{13}$ は**トリチェリ・フェルマー点**と呼ばれている. 普通**ナポレオンの定理**と呼ばれている結果 (a)[23]が最初に出版されたのは, トーマス・シンプソンの *The Doctrine and Application of Fluxions*（流率の理論と応用）, London 1750 であった. 結果 (b) は問題を解くためのメルセンヌの道具であり, 結果 (c) は最小性の主な理由であり, 結果 (e) はF. ハイネン (1834) による. 文献の詳細や一般化については *Encyklopädie der Math. Wiss.*[24], vol. III.1.2, p. 1129 を参照のこと.

9. ***ABC* の辺に関する外心 *O* の鏡映.** 与えられた三角形 ABC に対して, 点 O をそれぞれ辺 BC, CA, AB に関して鏡映することで新しい三角形 $A'B'C'$ を定義する（図 4.30 参照）. [オデーナル (2006)] において解析的な計算を使って発見された, 以下の性質を証明せよ.

(a) 三角形 ABC を九点円の中心のまわりに 180° 回転すると三角形 $A'B'C'$ が得られる.

(b) 点 A', B', C' はそれぞれ, 三角形 HBC, HCA, HAB の外心である.

---

22 エヴァンジェリスタ・トリチェリ (1608–1647) は気圧計の発明で有名である.

23 ［訳註］通常ナポレオンの定理と呼ばれるのは結果 (d) の方である. (a) によって定まった点 P は（第一）ナポレオン点と呼ばれ, (d) の正三角形をナポレオン三角形と呼ぶことがある.

24 ［訳註］“*Encyklopädie der Mathematischen Wissenschaften mit Einschluss ihrer Anwendungen*（応用を込めた数学の百科事典）” は 1898 年から 1935 年にかけて, B.G.Teubner 出版社から出版され, 20000 ページを超える. F. クラインと W. マイヤーが組織した大事業だった.

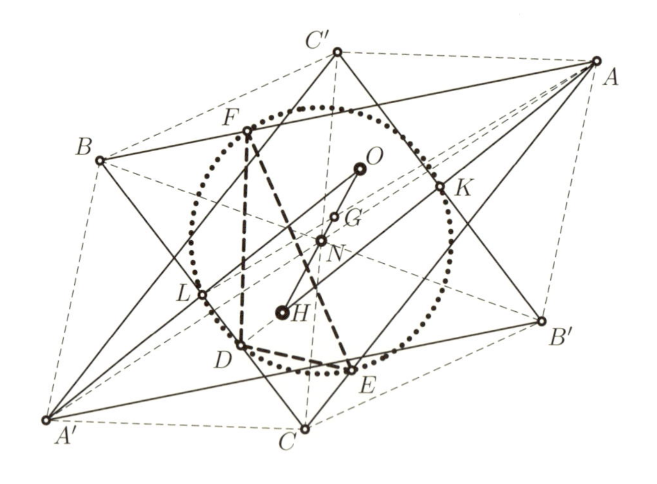

図 **4.30**　ABC の辺に関する外心 O の鏡映

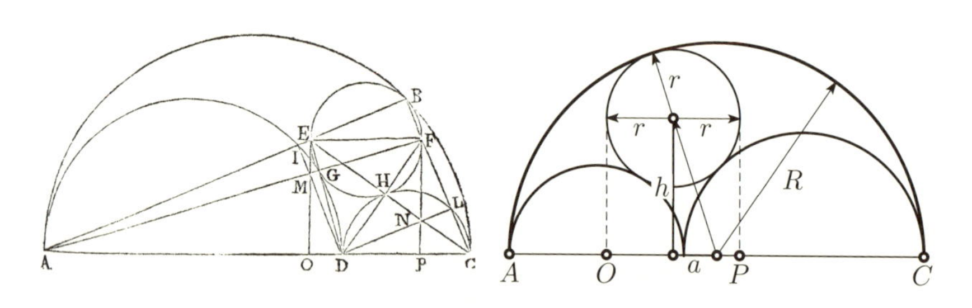

図 **4.31**　右：パッポスの IV.16 に関係したアルキメデス『補題の書』の命題 6，左：アルキメデス全集のペイラール版，第 2 巻，パリ，1818 年から複製

(c) 直線 $A'B$, $A'C$, $A'H$ はそれぞれ，垂足三角形 DEF の辺に直交する．B' と C' に対しても同様である．

10. アルキメデスの『補題の書』の命題 6 の主張は「中心が一直線上にある 3 つの半円が互いに接し，図 4.31 に示されたように第 4 の円が接していれば，AO, OP, PC が「連比例」の関係にある．すなわち，$AO : OP = OP : PC$，または $AO \cdot PC = OP^2$ となる」である．これがパッポスの「古代の定理」IV.16 の第 2 の公式（定理 4.10 と等式 (4.20) 参照）と同値であることを示せ.

11. デューラーの絵（図 4.32 参照）から想を得て，中心の間の距離が $2a$ で，同じ半径 R を持つ 2 つの円の間のレンズ形の空間を，互いに接し 2 円にも接する無限個の円によって埋めてもらいたいと思う．これらの円と根軸との交点の位置を計算せよ．

デューラーは，本のタイトルの中で “mit dem zirckel vnd richtscheyt (定木とコンパスで)” と書いているのに，これらの点をどのように作図することができるかを，つまり，与えられた d に対して e を求めるかを説明していない．この遺漏(いろう)を修復せよ．

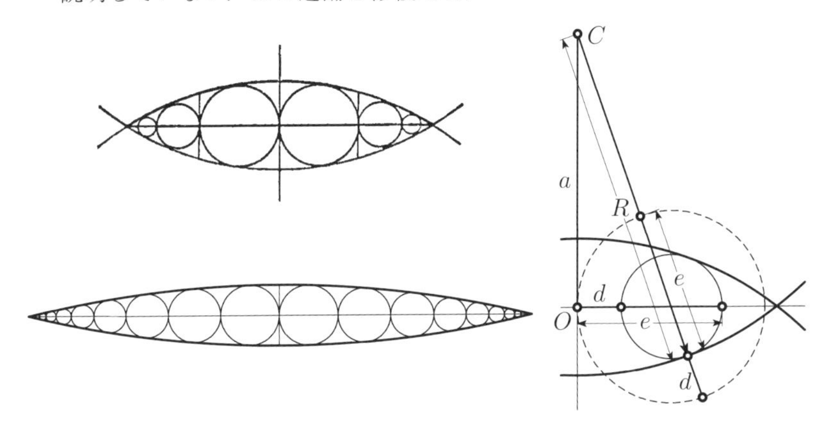

図 4.32 2 つの円盤の交わりを円で埋める（A. デューラー『測定法教則 (Underweysung der messung)』(1525) 第 2 巻

12. 次のアイデアを使った，[H.S.M. コクセター (1961)] で与えられた，モーレーの定理の，ロジャー・ペンローズ[25]の証明に磨きを掛けよ．

三角形 PQR が正三角形であると**仮定せよ**．そのとき，図 4.33 (a) の点 R は三角形 ABW の内心だから，三角形 QPW は二等辺三角形になる．したがって，正三角形から始めて，3 つの二等辺三角形をくっつけ，その辺を延長して点 A, B, C を得る．すべての角を正しく決定せよ．

13. (2007 年ハノイでの国際数学オリンピックの問題）三角形 ABC におい

[25] コクセターは当時 22 歳だったペンローズのことを「ロジャー・ペンローズは遺伝学者のライオネル・ペンローズの息子で，チェスのチャンピオンのジョナサン・ペンローズの弟である」と述べた．ロジャー・ペンローズ卿は，今では，自分自身の権利で有名になった．

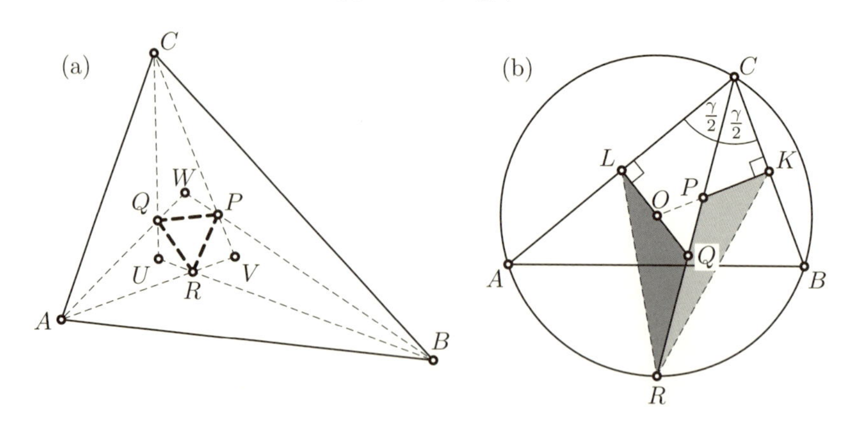

図 4.33　(a) モーレーの定理の，ペンローズの逆向きの証明，(b) オリンピック問題

て，$\angle BCA$ の二等分線が，外接円にまた交わる点を R とし，BC の垂直二等分線と交わる点を P とし，AC の垂直二等分線と交わる点を Q とする．BC の中点が K で，AC の中点が L である（図 4.33 (b) 参照）．三角形 RPK と RQL の面積が同じであることを証明せよ．

14.（インディカ・シャメエラ・アマラシングエによるノート (Math. Spectrum, 2011) から）図 4.8 (a) のチェヴィアン CF を三角形 ABC の外接円上の点 D まで延長し，プトレマイオスの補題（次章の補題 5.1 参照）とタレスの定理とユークリッド III.35 から，スチュアートの定理を導け．

第5章　三角法

τρεῖς, τρία　[トレイス，トリア]　　3, . . .
（リデル，スコット，『ギリシャ–英語辞典』オックスフォード）

γωνία　[ゴーニア]　　角, 角. . .
（リデル，スコット，『ギリシャ–英語辞典』オックスフォード）

私は三角法に集中した．
（『試験』(1989) における Mr. ビーン[1]）

5.1　プトレマイオスと弦関数

ギリシャ科学の次の巨人は紀元150年頃に生きたプトレマイオスで，大天文学者としても『地理学』(ゲオグラフィア，*Geographia*) の著者としても有名であった．プトレマイオスの天文学の業績は彼の主著 μαθηματική σύνταξις [マテマチケ　シュンタクシス] にまとめられた．この書物は後に μεγάλη σύνταξις [メガレ　シュンタクシス][2]，つまり，偉大な論文と呼ばれた．ア

[1] [訳註] ローワン・アトキンソンが演じた，イギリスのテレビコメディの主人公．映画にもアニメにもなった．
[2] メガバイト，メガフロップス，メガワット，メガリス (巨石)，メガロマニア (誇大妄想) . . . などメガで始まる仕事は確かにつまらないものではない

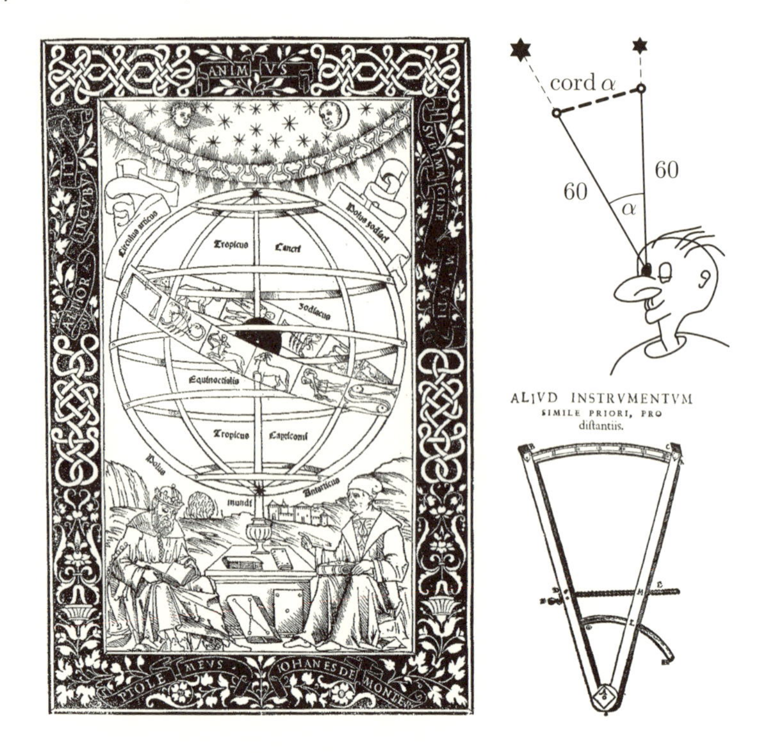

図 5.1　左：1496 年に印刷された『アルマゲスト』の口絵（プトレマイオスとレギオモンタヌスが向かい合って座っている），右上：プトレマイオスの弦関数，右下：角度を測るティコ・ブラーエの道具 (1586)

ラビアの科学者たちはアラビア語とギリシャ語を混ぜたタイトル al-μεγίστη［アル–メギステ］を与えたので，この書物はレギオモンタヌスによりラテン語に翻訳されて『アルマゲスト（*Almagest*)』となった．それは，ユークリッドの『原論』(1482) の次に，(1496 年に) 印刷された **2 番目**の科学書になったのである（図 5.1 左図参照)．

プトレマイオスのすべての測定は弦関数 $\mathrm{cord}\,\alpha$ に基づいている（図 5.1 右図参照)[3]．それは，半径 1（または 60）の円の弦の長さを，対応する中心角

---

[3] プトレマイオスは εὐτεῖα ［エゥテイア］（まっすぐな，直接の）を使っている．“chord”（弦）は χορδή ［コルデー］（腸，カットグット)，ラテン語の “chorda” から来ており，それが楽器の弦を作るのに使われていた．

38 ΜΑΘΗΜΑΤΙΚΗΣ ΣΥΝΤΑΞΕΩΣ ΒΙΒΛΙΟΝ Α.

TABLE DES DROITES INSCRITES DANS LE CERCLE.

ARCS.		CORDES.			TRENTIÈMES DES DIFFÉRENCES.			
Degrés	Min.	Part. du Diam.	Prim	Secon.	Part.	Prim.	Secon.	Tierc.
0	30	0	31	25	0	1	2	50
1	0	1	2	50	0	1	2	50
1	30	1	34	15	0	1	2	50
2	0	2	5	40	0	1	2	50
2	30	2	37	4	0	1	2	48
3	0	3	8	28	0	1	2	48
3	30	3	39	52	0	1	2	48
4	0	4	11	16	0	1	2	47
4	30	4	42	40	0	1	2	47
5	0	5	14	4	0	1	2	46
5	30	5	45	27	0	1	2	45
6	0	6	16	49	0	1	2	44

ΚΑΝΟΝΙΟΝ ΤΩΝ ΕΝ ΚΥΚΛΩ ΕΥΘΕΙΩΝ.

ΠΕΡΙΦΕΡΕΙΩΝ.		ΕΥΘΕΙΩΝ.			ΕΞΗΚΟΣΤΩΝ.			
Μοιρῶν.		Μ.	Π.	Δ.	Μ.	Π.	Δ.	Τ.
ο̄	ς″	ο̄	λα	κε	ο̄	α	β	ν
α	ο̄	α	β	ν	ο̄	α	β	ν
α	ς″	α	λδ	ιε	ο̄	α	β	ν
β	ο̄	β	ε	μ	ο̄	α	β	ν
β	ς″	β	λζ	δ	ο̄	α	β	μη
γ	ο̄	γ	η	κη	ο̄	α	β	μη
γ	ς″	γ	λθ	νβ	ο̄	α	β	μη
δ	ο̄	δ	ια	ις	ο̄	α	β	μζ
δ	ς″	δ	μβ	μ	ο̄	α	β	μζ
ε	ο̄	ε	ιδ	δ	ο̄	α	β	μς
ε	ς″	ε	με	κζ	ο̄	α	β	με
ς	ο̄	ς	ις	μθ	ο̄	α	β	μδ

0	30	0	31	25
1	0	1	2	50
1	30	1	34	15
2	0	2	5	**39**
2	30	2	37	4
3	0	3	8	28
3	30	3	39	**53**
4	0	4	11	**17**
4	30	4	42	40
5	0	5	14	4
5	30	5	45	27
6	0	6	16	49

図 5.2　プトレマイオスの弦の表の初めの部分．左：1813 年にパリで出版されたもの，右：正しい値[4]

α の関数として測るものである．プトレマイオスの『アルマゲスト』には，$\frac{1}{2}^\circ$ と 180° の間の角の弦の表が，$\frac{1}{2}^\circ$ 刻（きざ）みで，与えられている（図 5.2 参照）．弦は半径 60 に対してバビロニアの 60 進法で与えられている．60 進小数点のあと，2 つの 60 進の数を追加して，詳しくしている（通常は全部正しいが，誤差があっても高々 1 秒である）．彼はこれらの数字を *partes minutae primae*（最初の小部分）と *partes minutae secondae*（第 2 の小部分）と呼んでいて，これが現代の *minutes*（分）と *seconds*（秒）の起源である．

プトレマイオスは彼の表をどのように計算したのか？　36° や 60° のような特別な角については，対応する弦の長さは容易に正六角形や正十角形から定めることができる（25 ページの表 1.1 から $\mathrm{cord}\,60^\circ = 1$ と $\mathrm{cord}\,36^\circ = \frac{1}{\Phi}$ がわかる）．一旦 $\mathrm{cord}\,\alpha$ がわかると，アルキメデスの手続きと同じようにして $\mathrm{cord}\,\frac{\alpha}{2}$ が得られる（98 ページの等式 (3.22) を参照）．角の和と差に対しては，弦関数に対する恒等式

$$2\mathrm{cord}\,(\alpha+\beta) = \mathrm{cord}\,\alpha\,\mathrm{cord}\,(180^\circ-\beta) + \mathrm{cord}\,(180^\circ-\alpha)\mathrm{cord}\,\beta\,. \tag{5.1}$$

---

4 ［訳注］右の「正しい値」とある表で太字になっている数字は，弦の表での間違った値を訂正したもの．プトレマイオスの計算の精確さが窺（うかが）える．

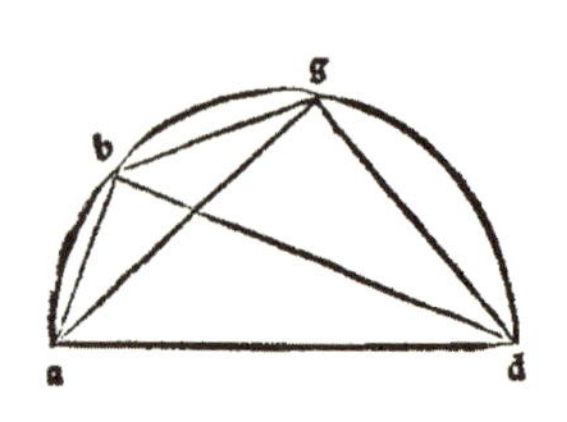

Propositio iiij.

Notis chordis inequalium arcuum in semicirculo: arcus quo maior minorē superat chorda nota fiet.
¶ Ut in semicirculo.a.b.d.supra diametrū.a.d.note sint chorde.a.b.a.g. Dico notam fieri chordam.b.g.nam per correlarium prime huius note etiam fient chorde.b.d.⁊.g.d. ¶ Sint in quadrilatero.a.b.g.d.diametri.a.g.⁊.b.d.note.sunt ⁊ latera.a.b.⁊.g.d.opposita nota.igit͛ per premissam quod fit ex.a.d.in.b.g.notū fiet.Sed.a.d.est nota:quia diameter circuli.ideo.b.g.nota fiet: q̄ querebat͛. Per hāc plurimoꝝ arcuū chordas cognosces. Repiēs enī chordā arcus quo quinta pars circūferentie sextā supat.s.chordā arcus.12.graduū:⁊ sic de alijs.

図 5.3　『アルマゲスト』(1496) にあるプトレマイオスの補題を使った(5.1)の証明

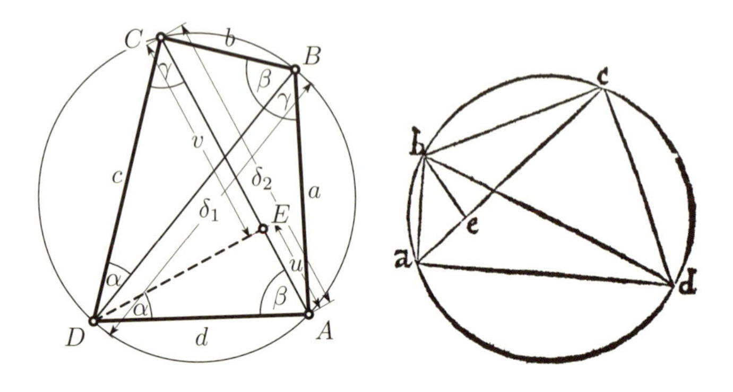

図 5.4　プトレマイオスの補題の証明，右：コペルニクスの『天球の回転について』から

を使った．プトレマイオスはこのようにして，順に，cord 3°，cord 1.5°，cord 0.75° に到達した．しかし，cord 1° には近づけなかった（角の三等分）．したがって，プトレマイオスは cord 1° を，与えられた精度まで，力ずくの補間で正しく計算した．

(5.1) のプトレマイオスによるもとの証明（図 5.3 参照）は，次の補題に基づいている．

補題 5.1（プトレマイオス）　辺が a, b, c, d の四辺形が円に内接するとせよ．そのとき，対角線 δ_1, δ_2 は $ac + bd = \delta_1\delta_2$ を満たす．

証明． E を AC 上の点で，角 EDA が角 CDB に等しいものとする（一意的に定まる，図 5.4 参照）．ユークリッド III.21 から，β と書かれた 2 つの角は等しい（γ と書かれた角も同様）．それゆえ，三角形 EDA と CDB は相似であり（DCE と DBA も相似であり），それから

$$\frac{b}{\delta_1}=\frac{u}{d} \quad かつ \quad \frac{a}{\delta_1}=\frac{v}{c} \quad \Rightarrow \quad bd+ac=\delta_1(u+v)=\delta_1\delta_2$$

となる． □

5.2 レギオモンタヌスとオイラーの三角関数

ギリシャの時代に使われたのは弦関数だけだった．後になって（紀元 630 年頃のブラーマグプタや 1533 年に印刷された [レギオモンタヌス (1464)]），正弦や余弦の方が三角形に関する計算には便利であることがわかった（図 5.5 参照）．

quoad ſatis eſt prolongatũ in e puncto. Di=
co quòd latus b c angulo b a c oppoſitum
eſt ſinus arcus b e dictum angulum ſubten
dentis. Latus autem tertium, ſcilicet a c, æ=
quale eſt ſinui recto complementi arcus b e.
Extendatur enim latus b c occurrendo cir-
cumferentiæ circuli in puncto d. à punctis
autem a quidem centro circuli exeat ſemidi
ameter a k æquediſtans lateri b c. & à pun
cto b corda b h æquediſtans lateri a c. ſe=
cabunt autem ſe neceſſario duæ lineæ b h &
a k, angulis a b h & b a k acutis exiſtenti
bus, quod fiat in puncto g. Quia itaqꝫ ſemidi

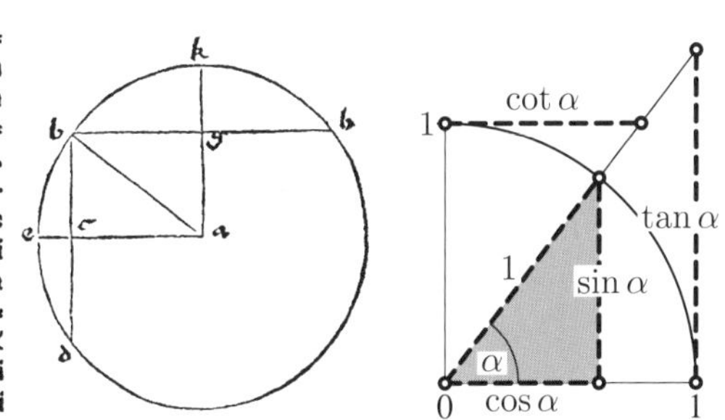

図 5.5 「三角円」と三角関数の定義．左：レギオモンタヌス (1464) による最初の出版（印刷は 1533 年）

しかしながら，このラテン語の文章が満足すべき数学的記号になるまでにさらに 2 世紀もの努力が必要であった．図 5.6 に記法の発展を示した．それぞれの時代の，球面三角法の余弦定理という同じ定理である（189 ページの公式 (5.35) 参照）．この発展の主要なステップはオイラーが行ったことで，正弦と余弦を，表の中の数としてだけでなく，すべての代数的な演算や微分と積分を，障害なく行うことができる真の関数として確立したのである．オイラーは生涯を通して，これらの関数の性質と公式をさらに多く確立することに貢献した．[ホブソン (1891)] は三角関数に関する古典的な論説である．

三角関数を**定義する**ために，図 5.5 に示した半径 1 の円の中に置かれた直角

$\dfrac{(:BC) \div (AB \mp AC) \text{ in } \square R}{\underset{\text{— Sin —}}{\mid AB, \text{ in } AC \mid}} = (:A),$	J. J. シュタンピオーエン （ライデン，1632年）
cosinum anguli ad A fore $= \dfrac{rq - Cc}{Ss} r$, sinu cruris $AB = S$, cosinus eiusdem $= C$, sinu cruris $AC = s$ et cosinu $= c$, cosinu baseos $BC = q$, et radio $= r$;	F. C. マイヤー （サンクト・ペテルブルグ，1727年）
cos : anguli $A = \dfrac{\cos : BC - \cos : AB \cdot \cos : AC}{sAB \cdot sAC}$, posito radio vel sinu toto 1.	L. オイラー （E14，［オイラー (1735)］）
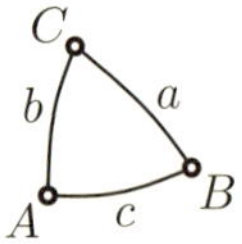 $\cos A = \dfrac{\cos a - \cos b \cdot \cos c}{\sin b \cdot \sin c}$	L. オイラー （E214，［オイラー (1735)］）

図 5.6　三角関数の記号の発展．シュタンピオーエンの記号は A. ブラウンミュール，*Bibliotheca Mathematica* 1 (1900), p. 73 から取った．

三角形を考える．角 α の**対辺**の長さを $\sin\alpha$ と呼んで，（水平な）**隣辺**の長さを $\cos\alpha$ と呼ぶ．さらに，

$$\tan\alpha = \frac{\sin\alpha}{\cos\alpha} \quad \text{と} \quad \cot\alpha = \frac{\cos\alpha}{\sin\alpha} \tag{5.2}$$

を定義する．ピュタゴラスの定理により

$$\sin^2\alpha + \cos^2\alpha = 1 \tag{5.3}$$

である．正弦関数と弦関数との関係は

$$\sin\alpha = \frac{1}{2}\operatorname{cord} 2\alpha \tag{5.4}$$

である．タレスの定理により，これらの定義は任意の大きさの三角形にも直ちに適用されて

$$\begin{aligned} &a = c \cdot \sin\alpha\,, \quad b = c \cdot \cos\alpha\,, \quad a = b \cdot \tan\alpha\,, \\ &\sin\alpha = \frac{a}{c}, \quad \cos\alpha = \frac{b}{c}, \quad \tan\alpha = \frac{a}{b} \end{aligned} \tag{5.5}$$

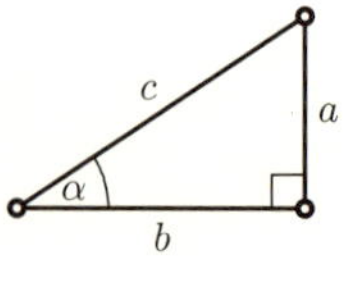

となる.

定理 5.2（加法公式） 以下の恒等式が成り立つ.

$$\begin{aligned}\sin(\alpha+\beta)&=\sin\alpha\cos\beta+\cos\alpha\sin\beta\,,\\ \cos(\alpha+\beta)&=\cos\alpha\cos\beta-\sin\alpha\sin\beta\,,\\ \tan(\alpha+\beta)&=\frac{\tan\alpha+\tan\beta}{1-\tan\alpha\tan\beta}\,.\end{aligned}\tag{5.6}$$

証明. 最初の等式は，(5.4)を使うと，(5.1)と同じである．最初の2つの恒等式の（ユークリッド III.21 に基づいた F. ヴィエートによる）幾何学的な証明は章末の演習問題 3 に与えた．図 5.7 左図に示したものが，関係式 (5.5) に基づいた，これらの等式の今日の標準的な幾何的な証明である．第 3 の公式は，最初のものを第 2 のもので割れば得られる.

しかしながら，tan の 3 つの値を結ぶこの最後の公式については，直接的な幾何的証明が見たいと思うかもしれない．これは図 5.7 右図で与えた．(5.5) を三角形 ABE に適用すると $AB=\tan\alpha\tan\beta$ となるので，$OA=1-\tan\alpha\tan\beta$ である．タレスの定理から，

$$\tan(\alpha+\beta)=\frac{ED}{OA}\cdot OC \quad \text{かつ} \quad \frac{OC}{1}=\frac{EF}{ED} \quad \Rightarrow \quad \tan(\alpha+\beta)=\frac{EF}{OA}$$

となり，これが述べられていることである[5]. □

後に，負の角も受け入れられるようになり

$$\cos(-\alpha)=\cos\alpha\,, \qquad \sin(-\alpha)=-\sin\alpha$$

と定義された．これにより，(5.6)から直ちに

$$\begin{aligned}\sin(\alpha-\beta)&=\sin\alpha\cos\beta-\cos\alpha\sin\beta\,,\\ \cos(\alpha-\beta)&=\cos\alpha\cos\beta+\sin\alpha\sin\beta\end{aligned}\tag{5.7}$$

が得られる.

---

[5] タレスの定理にはよらず，ユークリッド III.21 と III.35 によるこの公式の別の幾何的証明が [ホブソン (1891)] Art. 54 に与えられていて，*Messenger of Mathematics* 誌 vol. IV に掲載されたハート氏によるとされている.

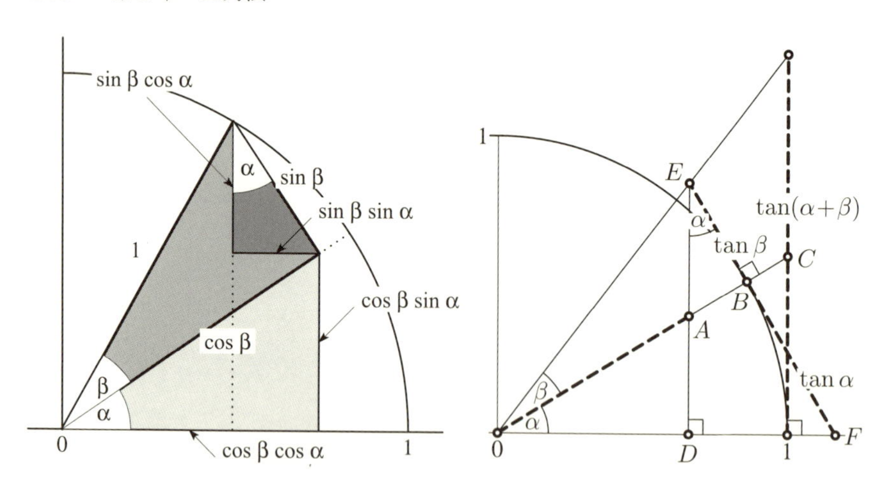

図 5.7　左：正弦と余弦に対する加法公式の証明，右：正接に対するもの

2 倍角と半角の公式. (5.6)式で $\alpha = \beta$ と置けば，

$$\sin 2\alpha = 2\sin\alpha\,\cos\alpha\,,$$
$$\cos 2\alpha = \cos^2\alpha - \sin^2\alpha = 1 - 2\sin^2\alpha = 2\cos^2\alpha - 1 \tag{5.8}$$

が得られる．最後に，最後の等式で α を $\alpha/2$ に置き換えると，

$$\sin\frac{\alpha}{2} = \pm\sqrt{\frac{1-\cos\alpha}{2}}\,, \qquad \cos\frac{\alpha}{2} = \pm\sqrt{\frac{1+\cos\alpha}{2}} \tag{5.9}$$

が得られる（幾何的証明については，図 5.8 左図参照）．

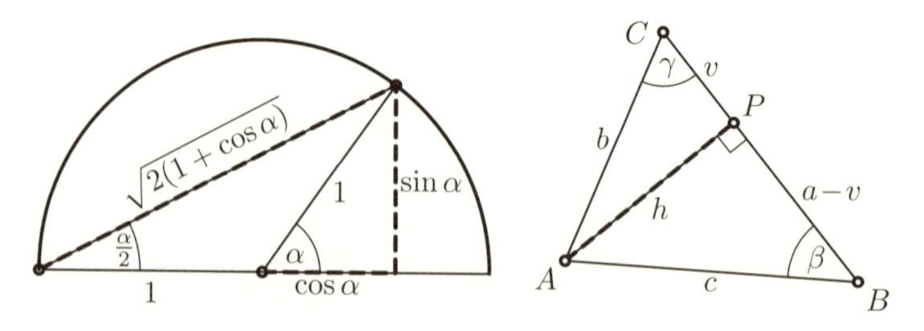

図 5.8　左：半角，右：余弦法則と正弦法則

正弦と余弦のいくつかの値. 正三角形，正方形，正六角形，正十角形の比

率から，それぞれ角 60°, 45°, 36°, 30°, 18° に対する**正弦**と**余弦**の値が決まる．正弦の値がわかれば，ピュタゴラスの定理 (5.3)により余弦の値が求まる．それから，半角を取れば，15° に対する結果が得られ，差を取れば，3° にまで来る．恒等式 (5.6)を使えば，$\alpha = 3^\circ, 6^\circ, 9^\circ, 12^\circ, \ldots$ に対する正弦と余弦の計算ができる．章末の演習問題 4 の表 5.2 参照．代数的な表示の完全なリストがランベルト (1770) によって与えられている．また，[ホブソン (1891)] Art. 66 も参照のこと．

5.3 任意の三角形

三角関数は直角三角形に対して定義されてきた．今度は，任意の三角形に対する三角関係を導こう．

余弦法則． ACB が直角三角形でないとき，BC 上の点 P で，APB が直角三角形にあるようなものを考える（図 5.8 右図参照）[6]．**余弦法則**はユークリッド II.13 と同じである．なぜなら，75 ページの (2.16)式に，三角形 CPA に (5.5)を適用した値 $v = b\cos\gamma$ を代入すれば，

$$c^2 = a^2 + b^2 - 2ab\cos\gamma \quad \text{または} \quad \cos\gamma = \frac{a^2 + b^2 - c^2}{2ab}. \tag{5.10}$$

が得られる．辺と角を $a \to b$, $b \to c$, $c \to a$ のように巡回的に置換すれば，さらに 4 つの公式が得られる．余弦が 0 であれば，つまり直角であれば，それらはすべてピュタゴラスの定理になる．

最初の公式から，図 2.9 の SAS の場合に三角形の第 3 の辺を計算できるし，第 2 の公式から，SSS の場合に第 3 の角を求めることができる．

正弦法則． 図 5.8 右図の h を，(5.5) を使って計算すれば，$h = b\sin\gamma$ と $h = c\sin\beta$ が得られる．一方の式をもう一方の式で割（って，巡回置換をす）れば，**正弦法則**

---

[6] 読者は γ が鈍角の場合には問題があるように思うかもしれない．この場合，点 P は三角形の外側に動き，u は負になる．古代人たちとは違い，われわれはもはやそのような量を恐れることはない．

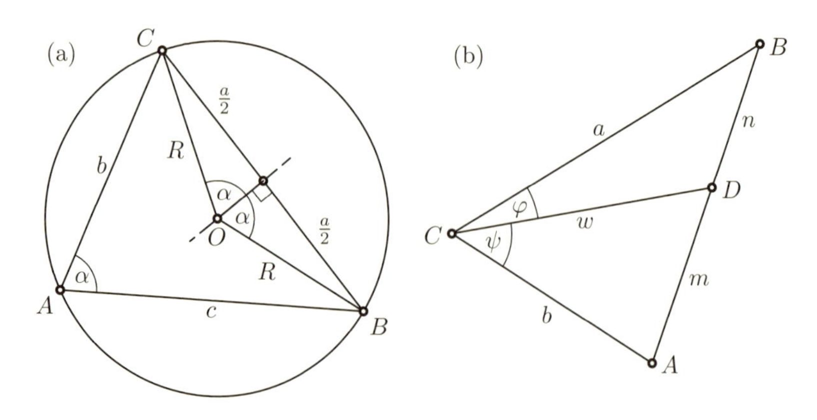

図 5.9　左：正弦法則の証明，右：チェヴィアンの長さ

$$\frac{\sin\alpha}{a} = \frac{\sin\beta}{b} = \frac{\sin\gamma}{c} \tag{5.11}$$

が得られる．この法則は，1 辺と 2 角（したがって 3 角すべて）を知っていると役に立つ．

外接円を含む関係． 126 ページの図 4.3 (b) と同じものである図 5.9 (a) から，$\frac{a}{2} = R\sin\alpha$ がわかり，ほかの角に対しても同様である．これはユークリッド III.20 によって正当化される．これから正弦法則が再証明されるが，情報が少し増えている．

$$\frac{\sin\alpha}{a} = \frac{\sin\beta}{b} = \frac{\sin\gamma}{c} = \frac{1}{2R} \quad \text{または} \quad \begin{aligned} a &= 2R\sin\alpha\,, \\ b &= 2R\sin\beta\,, \\ c &= 2R\sin\gamma \end{aligned} \tag{5.12}$$

となり，ここで R は外接円の半径である．この右側の等式を余弦法則 (5.10) に代入すると，三角形の 3 つの角が出てくる恒等式

$$\sin^2\alpha + \sin^2\beta - \sin^2\gamma = 2\sin\alpha\sin\beta\cos\gamma \tag{5.13}$$

が得られる [スツルム (1823/24)]．

三角形の面積を含む関係． $h = c\sin\beta$ をユークリッド I.41 に代入すれば，

図 5.8 右図の三角形の面積に対する公式

$$\mathcal{A} = \frac{ac}{2} \sin\beta \tag{5.14}$$

が得られる．この公式を abc で割れば，対称な公式

$$\frac{2\mathcal{A}}{abc} = \frac{\sin\alpha}{a} = \frac{\sin\beta}{b} = \frac{\sin\gamma}{c} \tag{5.15}$$

が得られ，正弦法則の**第 3 の**証明になる．これと (5.12) とを比べてみれば，2 つの興味深い公式

$$\mathcal{A} = \frac{abc}{4R} \qquad \text{かつ} \qquad \mathcal{A} = 2R^2 \sin\alpha \sin\beta \sin\gamma \tag{5.16}$$

が導かれる．この面積は 3 つの三角形の面積の和でもある．そのうちの 1 つ，図 5.9 左図に描かれた，BOC の面積は $R^2 \cos\alpha \sin\alpha$ である．これを (5.16) と比較すると，三角形の 3 つの角に関するもう一つの関係式

$$\sin\alpha\cos\alpha + \sin\beta\cos\beta + \sin\gamma\cos\gamma = 2\sin\alpha\sin\beta\sin\gamma \tag{5.17}$$

が得られる．三角形 ABC の面積は 125 ページの図 4.2 の三角形 BCI, CAI, ABI の面積の和だから，

$$\mathcal{A} = \frac{a+b+c}{2} \cdot \rho \qquad (\rho \text{ は内接円の半径}) \tag{5.18}$$

となる．最後に，a, b, c に対する (5.12) を代入して，(5.16) と比べれば，

$$\sin\alpha + \sin\beta + \sin\gamma = \frac{2R}{\rho} \cdot \sin\alpha\sin\beta\sin\gamma \tag{5.19}$$

が得られる．

チェヴィアンと角の二等分線の長さ．第 4.4 節の結果に加え，ここで，チェヴィアンの長さに対する三角公式を導く．頂点 C を選んで，チェヴィアン CD を考え，角 ACD と DCB をそれぞれ ψ と φ と書く（図 5.9 (b) 参照)．そのとき，CD の長さ w に対して，公式

$$\frac{\sin(\varphi+\psi)}{w} = \frac{\sin\psi}{a} + \frac{\sin\varphi}{b} \tag{5.20}$$

が得られるが，これはある意味で正弦法則を拡張したものである．この公式を

証明するために，abw を掛けると，$ab\sin(\varphi+\psi)=bw\sin\psi+aw\sin\varphi$ が得られ，(5.14) を使うと，図 5.9 の 3 つの三角形の面積に対する関係 $\mathcal{A}=\mathcal{A}_1+\mathcal{A}_2$ になる．

C を通る角の二等分線の長さ w は

$$\frac{2\cos\frac{\gamma}{2}}{w}=\frac{1}{a}+\frac{1}{b} \tag{5.21}$$

を満たす． これは，公式 (5.20) で，$\varphi=\psi=\frac{\gamma}{2}$ と選び，(5.8) を使えば得られる．$\cos\frac{\gamma}{2}$ という因数を除けば，w は a と b の間の**調和平均**である（122 ページの等式 (4.2) 参照）．この結果は実際，パッポス以来知られていた（図 4.1 左図参照，CB は三角形 FBE の角の二等分線である）．下巻（第 11 章の演習問題 5）で，この神秘的な類似点に戻ることにする．

5.4　マルファッティの問題の三角解

問題． 与えられた三角形に 3 つの円を内接させ，互いに他の 2 円と接し，三角形の 2 辺とも接するようにせよ（図 5.10 (b) 参照）．

この問題は 19 世紀の初めにかけていくつかの場所に現れ，長い間，非常に難しいという評判があった．マルファッティの円の中心 C_a, C_b, C_c は角の二等分線上にないといけないので，三角形との接点 E, F, H が見つかれば，問題は解けてしまう．

マルファッティの解． 問題が『ジェルゴンヌ誌』第 10 巻 (1810/11) で公表された後，年報[7]の編集者 (rédacteurs des *Annales*) はイタリアから一通の手紙を受け取った．「卓越したイタリアの幾何学者であるマルファッティ氏」は既に 1803 年に解を得ていること，解析的な計算で示したが，それは手紙で再現するには長すぎるが，解は（図 5.10 (b)）の記号で

$$2AE=AB+KC+AL-CI-BI$$

[7]［訳註］ジェルゴンヌ誌の正式名称は *Annales de mathématiques pures et appliquées*（純粋及び応用数学年報）であり，同種の名前のクレレ誌やリウヴィル誌と区別するため，創刊者の J.D. ジェルゴンヌの名を冠して，ジェルゴンヌ誌と通称する．

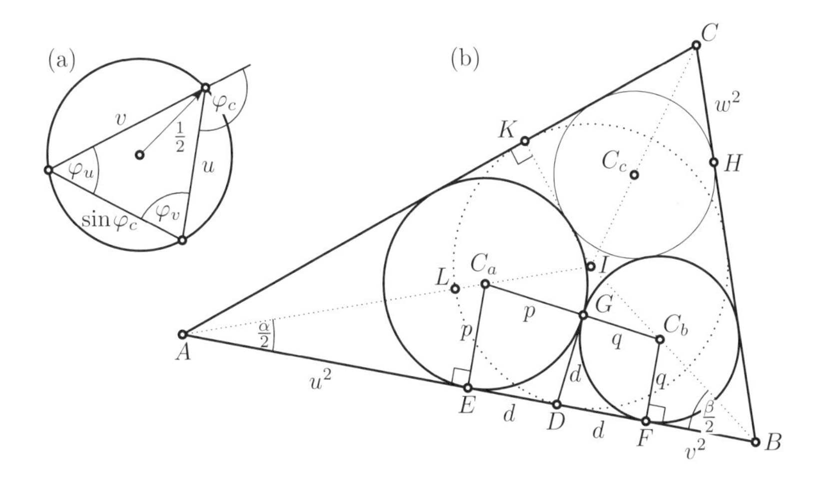

図 5.10 (b) マルファッティの問題とシェルバッハの解,(a) 補助の三角形

であるというものであった.

シュタイナーの作図. [シュタイナー (1826b)] でエレガントな幾何的作図が与えられた.それは図 5.11 に示した.それは,三角形 IAB, IBC, ICA の内接円に基づくものである.シュタイナーは証明せずに,これらの円の 1 つの辺 AB との接点 D から他の 2 つの円への接線が同一の直線であることを主張しており,それが点 E と F を定める.彼はそれから,今度も証明はなしに,三角形 ADE と DBF の内接円が直線 DEF に同じ点で接すると主張する.後になってシュタイナーの証明は再構成されたが(たとえば [カレガ (1981)] pp. 101–106 で),長くて複雑であり,シュタイナーがどう発見したかは何もわからないものになっている.

シェルバッハの解. [K. シェルバッハ (1853)] によるエレガントな解のために,未知の距離 AE, BF, CH をそれぞれ(u, v, w ではなく)u^2, v^2, w^2 と書いた方が良いことがわかる.また,半周長 $s = \frac{a+b+c}{2}$ を $s = 1$ と正規化しておくと便利である.

マルファッティの円を 2 つとり,その共通接線と辺 AB との交点を D と書く(図 5.10 (b) 参照).接線 DE, DG, DF は等しく,それを $DE = DG =$

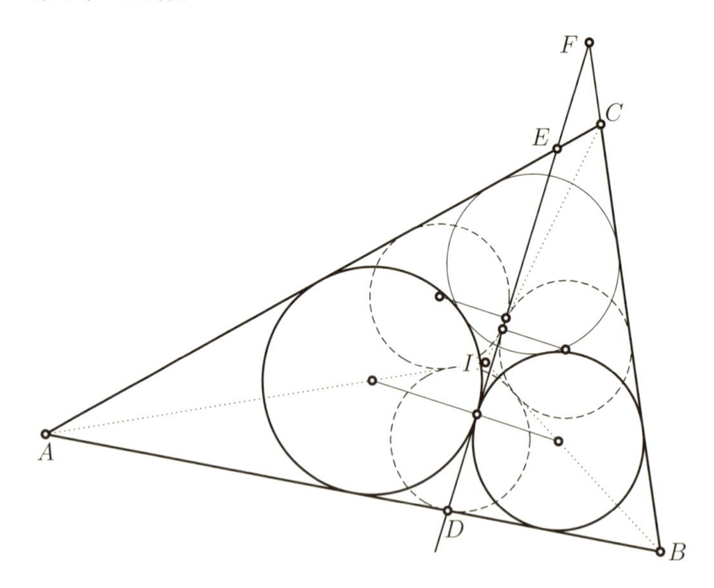

図 5.11　マルファッティの問題に対するシュタイナーの作図

$DF = d$ と書く．四辺形 C_aGDE と DGC_bF は相似だから，$\frac{p}{d} = \frac{d}{q}$ となり，

$$d = \sqrt{pq} = \sqrt{\tan\frac{\alpha}{2}\cdot\tan\frac{\beta}{2}}\cdot uv \quad (\text{なぜなら } p = u^2\tan\frac{\alpha}{2},\ q = v^2\tan\frac{\beta}{2})$$

となる．章末の演習問題5の公式 (5.58) を使ってこの表示を整理すると，

$$\tan\frac{\alpha}{2}\cdot\tan\frac{\beta}{2} = \sqrt{\frac{(1-c)(1-b)}{1-a}\ \frac{(1-a)(1-c)}{1-b}} = 1-c \quad \text{それゆえ} \quad d = \sqrt{1-c}\cdot uv$$

が得られる．三角形の辺 AB の線分を足し合わせると，最終的に

$$c = u^2 + 2d + v^2 = u^2 + 2\sqrt{1-c}\cdot uv + v^2 \tag{5.22}$$

が得られ，辺 b と a に対しても同様の等式が得られる．この3つの2次方程式系を解くことが，問題の主要な困難である．シェルバッハのエレガントなアイデアは，$c = \sin^2\varphi_c$ となるような角 φ_c を決めることである（$s = 1$ だから $c < 1$ であることはわかっている）．すると，$\sqrt{1-c} = \cos\varphi_c$ となり，(5.22) は

$$\sin^2\varphi_c = u^2 + 2uv\,\cos\varphi_c + v^2$$

となる．余弦法則 (5.10) と驚くほど似ている．こうして図 5.10 (a) にスケッチした，辺が $u, v, \sin\varphi_c$ の三角形は φ_c の外角を持つ（なぜなら，cos の項の符号が + だから）．それから，正弦法則 (5.12) の 3 つの公式から，最初に $2R = 1$ が，それから $u = \sin\varphi_u$ と $v = \sin\varphi_v$ が得られる．したがって，(1.2) から

$$\varphi_c = \varphi_u + \varphi_v \quad \text{となり，同様に} \quad \varphi_b = \varphi_w + \varphi_u, \quad \varphi_a = \varphi_v + \varphi_w$$

となる．125 ページのユークリッド IV.4 への注意でのように

$$\varphi_u = \sigma - \varphi_a\,, \quad \varphi_v = \sigma - \varphi_b\,, \quad \varphi_w = \sigma - \varphi_c\,, \quad \text{ここで，} \sigma = \frac{\varphi_a + \varphi_b + \varphi_c}{2}$$

となり，3 円の位置（と半径）が定まる．すべての演算は定木とコンパスによる作図に変えることができるので，最終的には正弦表も計算機も必要でない．

5.5 立体射影

プトレマイオスは**球面三角法**の創造者でもある．彼はそれを主に天文学と地理学における応用のために展開した．これが以下の節のテーマである．プトレマイオスの記念碑的著作である『ゲオグラフィア』(8 巻) には，知られている世界の 8000 もの場所の経度と緯度が含まれている（図 5.12 参照）．その **1 つの**位置，「パリ」の位置が図 5.12 の下図の枠の中に（ギリシャ語で）緯度が $48\frac{1}{2}$ 度と再現されている．この値は 3 分の 1 度の精度で正しい．しかし，経度については当時の器具で測るのは難しかった．インドの近くの誤差は 30° 以上もある．得られた地図の範囲は地球の半分にわたり，16 世紀まで標準的な規準として残っていた．

球面を平らな紙の上に写すために，ヒッパルコスとプトレマイオスは，球面の接平面の上へ，接点の対蹠点 N からの射影を考案した（図 5.13 左図参照）．1613 年以来，これは**立体射影**と呼ばれている（[M. カントール (1894)] 第 I 巻，p. 395 参照）．しかし，地球の地図に対しては，プトレマイオスは円錐状の射影を使った．

定理 5.3（ハリー **(1696)**） 立体射影は共形である．すなわち，すべての角を

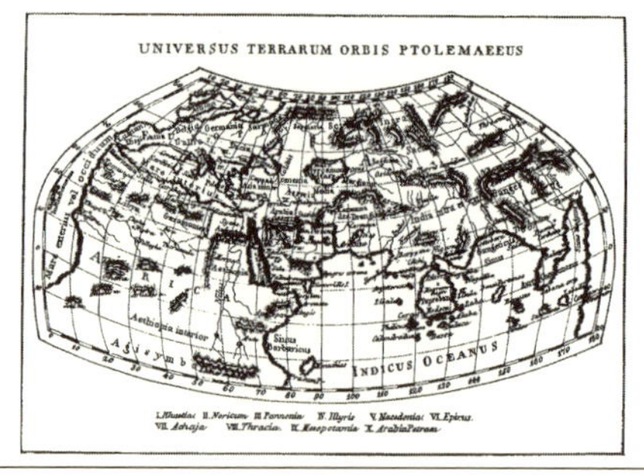

ὑφ' οὓς Παρίσιοι, καὶ πόλις
Παρισίων Λουκοτεκία ....κ̄γ ∠　μ̄η ∠

図 5.12　プトレマイオスの地図．プトレマイオスの『ゲオグラフィア』から再現した線は，“polis Parision Loukotekia[8]” の座標を $23\frac{1}{2}^\circ$ と $48\frac{1}{2}^\circ$ と与えている

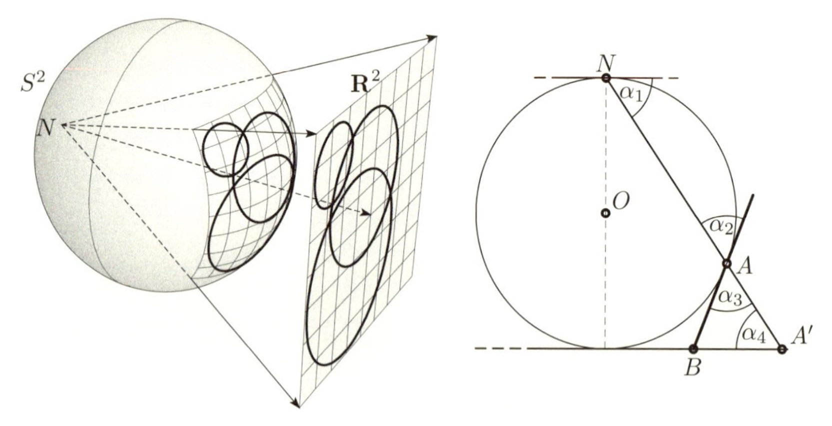

図 5.13　左：立体射影，右：角を保つ

保つ．

証明． 図 5.13 の右図において，$\alpha_1 = \alpha_2$（二等辺三角形），$\alpha_2 = \alpha_3$（対頂

[8]　［訳註］polis Parision Loukotekia は「パリシィ族のポリスであるロウコテキア」という意味のギリシャ語（πόλις Παρισίων Λουκοτεκία）のラテン語表記である．ロウコテキアの意味は沼沢地であり，パリのシテ島を指しており，パリの古名である．

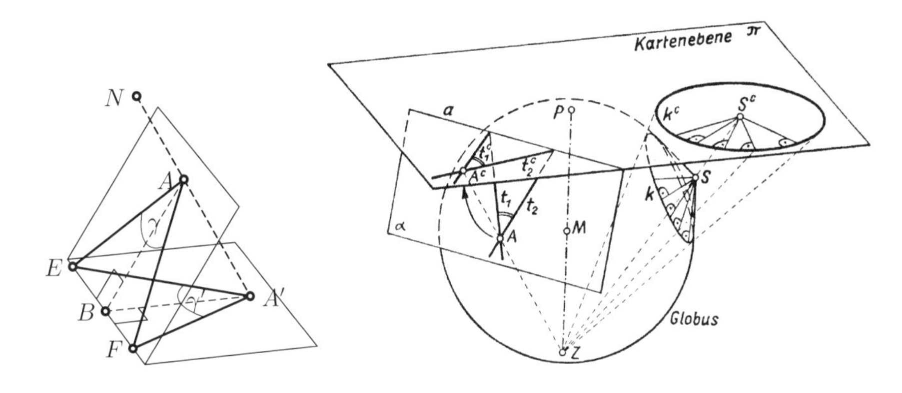

図 5.14　立体射影は角と円を保つ（右側の図は E. ルードヴィヒと J. ラウプによる『画法幾何学 (Darstellende Geometrie)』，ウィーン，1956 から取った）[9]

角)，$\alpha_1 = \alpha_4$（錯角）が確かめられる．こうして，$\alpha_3 = \alpha_4$ であるので，三角形 ABA' は**二等辺三角形**である．接平面の中の 2 本の直線で作られる A における角が A' における同じ角に写されるのは，この 2 直線と水平面との交点である E と F が，A と A' とで作る三角形が同じだからである（図 5.14 左図参照）[10]．　□

定理 5.4（プトレマイオス，[ミケル (1838b)] 定理 IV によって再発見）
立体射影は円を円の上に写す．

証明． 球面上に円が与えられたとする．エレガントなアイデアは，この円に，球面への接線でこの円に直交するものすべてからなる円錐を付け加えることからなる（図 5.14 右図参照）．あらゆるものを立体射影で写すと，円の像 k^c に直線の束が伴うものになる．このすべての直線は同じ点（円錐の頂点の

9　［訳註］右の図の中の文字は「地図の平面 π」と「地球」である．
10　［訳註］少し補っておこう．図 5.14 左図の記号を使う．上の議論によって $AB = A'B$ が示されている．2 つの直角三角形 ABE と $A'BE$ は合同となり，$AE = A'E$ がわかり，同様に $AF = A'F$ がわかる．三辺合同により，三角形 AEF と $A'EF$ が合同になると言っているのである．
ところで，A での角は接平面における A を通る 2 直線で定まるのだが，一方の直線が，接平面と水平面の交線（図の EF）に平行な場合には上の議論は使えないが，それより容易に示すことができるので，証明は読者に委ねられているのだろう．

像）を通り，定理5.3によって，曲線k^cに**直交**する[11]．したがって，k^cは円でなければならない．□

5.6 直角三角形の球面三角法

平面における直線の球面上での類似物は，その中心が球面の中心と同じであるような円（測地線）になる．この性質を持つ球面上の円は**大円**と呼ばれる．球面上の**線分**は大円の連結な部分である．線分の長さは，中心における角をラジアンで測ったものである．

こうして，**球面三角形**は，その辺の長さa, b, cが中心における対応する角である3つの大円と，その3つのうちの2つずつの大円のなす角α, β, γとからなる．角のうちの一つ，たとえばγが直角であれば，球面三角形は**直角三角形**と呼ばれる．

球面三角法はこれらの量の間の可能なすべての関係を見つけることからなる．その最初のものはプトレマイオスにより発見されたもので，**アルマゲスト**（第I巻第11章）にある．彼は直角三角形を考え，メネラウスまで遡る複雑な理論を使っている．球面三角法はさらにイスラム世界の数学者によって発展され[12]，またネイピアによって，後にオイラーによって取り上げられた．オイラーは一般の場合を直接的な方法で，「第1原理から簡潔かつ明確に導かれ (ex primis principiis breviter et dilucide derivata)」展開した

11　［訳註］一般に，曲線γと直線ℓのなす角は，交点におけるγの接線とℓのなす角のことである．空間においても，接線が定義されれば角も定義される．今，球面の点Pでの接平面T_Pは中心Oとを結ぶ半径に垂直な直線全体の作る平面である．T_P上のPを通る直線の各点とOを結ぶ直線全体はOを通る平面となり，この平面と球面との交わりが大円になる．球面上で直線に当たる概念が大円であり，球面上の角は対応する大円のなす面角に一致する．また，球面上の2点P, Q間の距離は，P, Qを通る大円の弧の長さである．球上の円kとは，ある点Rから距離が一定の点の軌跡である．円k上の点Pにおける接線で円kと直交するものと球の半径ORとの交点SはPによらず一定で，Sを頂点とする円錐をなす．立体射影により，空間内の直線は直線に写るので，円錐の母線SPは地図の平面π上の直線S^cP^cに写る．Pにおけるkの接線mはπの中のP^cを通る直線m^cに写される．mがkの半径RP（大円の弧）に直交するというのは，RPを通る平面と円錐との交わりである，円錐上の直線である母線SPと直交することでもある．この母線の像がπ上の直線S^cP^cになっている．定理5.3により，m^cとS^cP^cが直交すると言っているのである．

12　10世紀に，アブル・ワファー・ブーズジャーニー (Abū'l-Wafā' Būzjānī) は球面三角形に対する正弦法則を発見した（[ベルグレン (1986)] p. 175 参照）．11世紀にアル・ジェイヤーニ (al-Jayyānī) は，『球面の未知の弧の書』というタイトルの，球面三角法に関する影響力のある論説を書いた．

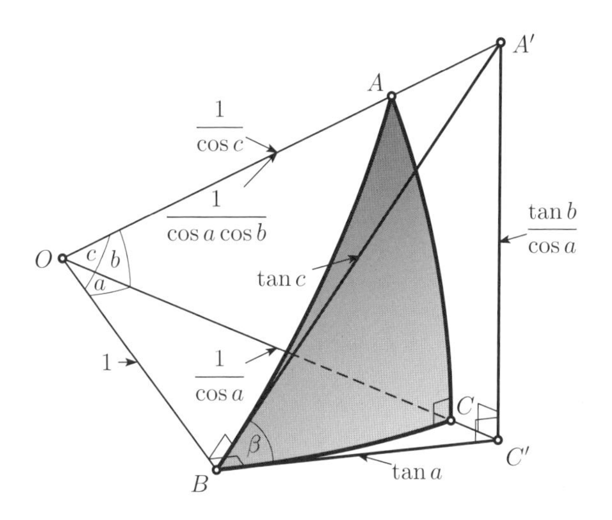

図 **5.15** 球面直角三角形

([オイラー (1782)] 参照)[13]. さらにより「簡潔かつ明確な(brevis et dilucidus)」仕方でオイラーのアイデアを**直角**三角形に適用することから始めよう.

アイデア. C が直角で, B が角 β である球面三角形 ABC を取り, **それを中心 $\boldsymbol{O}$ から $\boldsymbol{B}$ における接平面に射影する.** このようにして, 直角三角形 $A'BC'$ が得られるが, これはまた B で角 β を持つ (図 5.15 参照).

$OB = 1$ と仮定し, 直角三角形 OBC' から量 $BC' = \tan a$ と $OC' = \frac{1}{\cos a}$ を求め, 同じように直角三角形 OBA' から量 $BA' = \tan c$ と $OA' = \frac{1}{\cos c}$ を, そして $OC'A'$ から量 $C'A' = \frac{\tan b}{\cos a}$ と $OA' = \frac{1}{\cos a \cos b}$ を求める. OA' に対して得られた 2 つの値が等しくないといけないので, 最初の興味ある公式である, **余弦の直角法則** (辺に対する余弦法則)

$$\cos c = \cos a \cdot \cos b \qquad (5.23)$$

が得られる. 球面直角三角形には 5 つの未知数 a, b, c, α, β がある. (5.23)式

[13] 同じアイデアが, 1752 年のフランシス・ブレイクの短いノートの中で使われている. 後に, ニュートンもまた 1684 年の未公開の原稿の中で同じ図を使っていることが発見された (より詳しくは [ニュートン『数学論文集』] vol. IV, p. 174, note (9) 参照)

は，3 辺 a, b, c を，**1 つの辺はほかの 2 つ辺**がわかっていれば求められるというように関係づけている．これは，小さな勿忘草(わすれなぐさ)(forget-me-not) によって記号化される．

注意. 角 a, b, c が小さくなれば，つまり三角形が平面三角形に近づいていけば，級数 $\cos c = 1 - \frac{c^2}{2} + \frac{c^4}{24} - \ldots$ の中で，a^4, b^4, c^4, a^2b^2 という項やそれらの積は無視してもよくなる．そのとき，余弦法則は

$$1 - \frac{c^2}{2} \approx \cos c = \cos a \cdot \cos b \approx (1 - \frac{a^2}{2})(1 - \frac{b^2}{2}) \approx 1 - \frac{a^2}{2} - \frac{b^2}{2} \tag{5.24}$$

となり，両辺から 1 を引いて，-2 を掛ければ，ピュタゴラスの定理になっていく．

角に対する公式. 今度は平面三角形 $A'BC'$ を考える．ここでは次の 3 つの公式（と，$a \leftrightarrow b$, $\alpha \leftrightarrow \beta$ という交換をして得られる類似のもの）が見つかる．

$$\sin\beta = \frac{\tan b}{\cos a \cdot \tan c} \overset{(5.23)}{=} \frac{\sin b}{\sin c} \qquad \sin\alpha = \frac{\sin a}{\sin c} \tag{5.25}$$

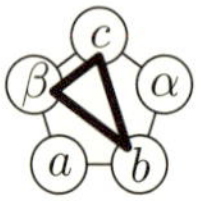

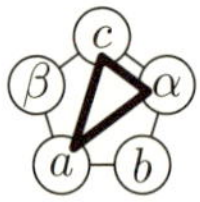

$$\cos\beta = \frac{\tan a}{\tan c} \qquad \cos\alpha = \frac{\tan b}{\tan c} \tag{5.26}$$

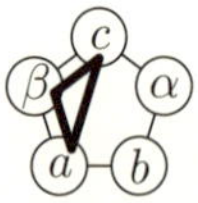

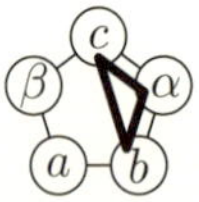

$$\tan\beta = \frac{\tan b}{\cos a \cdot \tan a} = \frac{\tan b}{\sin a} \qquad \tan\alpha = \frac{\tan a}{\sin b}. \tag{5.27}$$

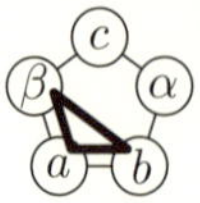

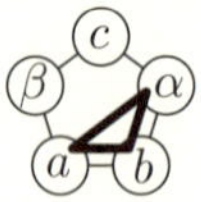

(5.26) の一方の式を (5.25) のもう一方の式で割ると，

$$\frac{\cos\beta}{\sin\alpha} = \frac{\tan a \cdot \sin c}{\tan c \cdot \sin a} \overset{(5.23)}{=} \cos b \qquad \frac{\cos\alpha}{\sin\beta} = \cos a \tag{5.28}$$

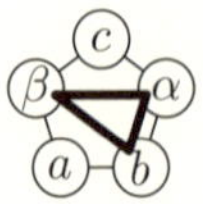

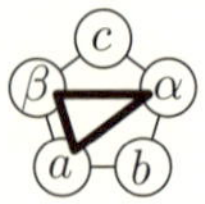

となる．最後の式を (5.23)に代入すると，

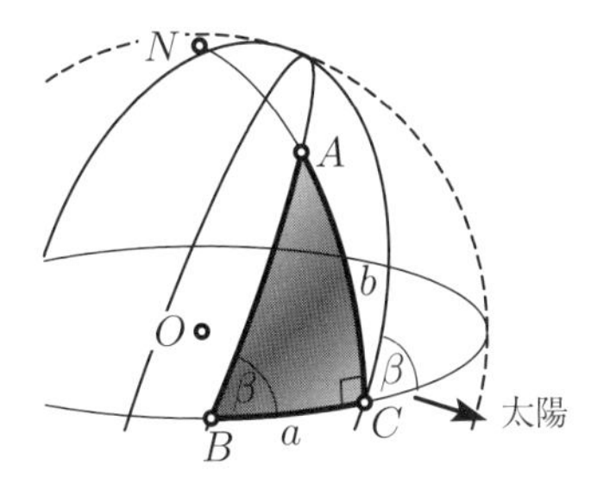

図 **5.16** ヴロツワフにおける最短の日

$$\cos c = \frac{1}{\tan\alpha \cdot \tan\beta} \tag{5.29}$$

となる．結局，あまりたくさんの計算の努力をせずに，素敵な収穫が得られた．この長いリストを覚えるために，巧妙な規則が考案されている（たとえば，ネイピアの法則）．その代わり，個々の公式を覚えるより，むしろ証明を覚える方をお勧めする．

例 1．ヴロツワフにおける最短の日　ポーランドのもっとも傑出した数学者の一人であるフーゴ・シュタインハウス (1887–1972) は「(第二次世界大) 戦後数年経って，わが国の高校における数学教育の不十分さが明白となって (...) 数学者と学校教師との間の密接な協力をもはや先延ばしにはできない」と感じた．「数学に関する関心を刺激する」ために，シュタインハウスは小冊子 [シュタインハウス (1958)] を出版した．問題 76 は，緯度 $\varphi = 51°07'$ に位置する，シュタインハウスの出生地であるヴロツワフ (Wrocław) における最短の日を訊ねるものである．最短の日には（冬至線）太陽は天緯 $\delta = -23°27'$ にある．この日の長さを求めるという問題である．

解答． 12 月 21 日には，影と光の間の限界は，赤道と一定の角 $\beta = 90° + \delta = 66°33'$ をなし，東から西へ回転する大円によって作られる．この円は，ヴロツワフの子午線と赤道との交点（図 5.16 の点 C）を，「ヴロツワフ局所時間」のちょうど 6 時に通る．それからこの円は，ある角 a だけ赤道に沿って動き続け，ヴロツワフの子午線との交点が緯度 $b = \varphi$ の点 A に到達するまで動く．既知の β, b と未知の a を持つ直角三角形を解かなければならない．解答は (5.27) によって与えられ，

$$\sin a = \frac{\tan b}{\tan \beta} = \frac{\tan 51°07'}{\tan 66°33'} = 0.5379034896 \quad \Rightarrow \quad a = 32.541034° \quad (5.30)$$

となる．時間で測った対応する量としては，この値を $\frac{360}{24} = 15$ で割ると，2.169402268 = 2 時間 10 分 10 秒が得られるので，日の出は 8 時 10 分 10 秒に起こる．同じ時間が夕方失われるので，昼の全体の長さとして残るのは 7 時間 39 分 40 秒である．言うまでもないことだが，この素晴らしく正確な値では，φ と δ のデータがそれほど厳密でないことと，太陽が完全な点ではないことと，地球が完全な球ではないことと，光が反射することを考慮に入れてはいない．

例 2.　プラトンの立体. [オイラー (1781)] の脚註に従って，今度はプラトンの立体のいくつかの秘密を発見するために上の公式を使ってみたい．

問題.　プラトンの立体の隣り合う面はどんな角度をなすか？

解答.　ある立体が，正 k 角形からなり，各頂点に ℓ 個の面が集まってくるとする．立体の 1 つの頂点に，小さい球の中心を置く（図 5.17 (a) に，正 8 面体の場合にこのアイデアが図示されている）．そのとき稜はこの球面に垂直に

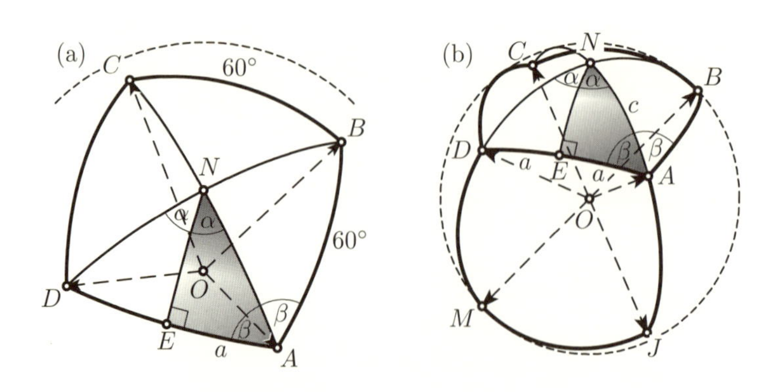

図 5.17　(a) 正八面体の隣りあう面の間の角．(b) 中心から見た立方体の稜の角

交わり[14]，面は正 ℓ 角形を作り，それがこの図の EAN のような 2ℓ 個の球面直角三角形に切り分けられる．$2\ell\alpha = 360°$ だから，$\alpha = \frac{180°}{\ell}$ となる．この ℓ 角形の辺 $2a$ は平面正 k 角形から作られる角に等しいので，$180° \cdot \frac{k-2}{k}$ である．こうして，それぞれのプラトンの立体に対して α と a の値がわかるが，一方角 2β が求める答である．上の勿忘草を慎重に眺めると，(5.28)の右の式，つまり

$$\sin\beta = \frac{\cos\alpha}{\cos a} \tag{5.31}$$

を使わないといけないことがわかり，これから β と 2β が計算される．結果は次の通り．

立体	k	ℓ	α	a	2β
正四面体	3	3	60°	30°	$70°31'43''36'''20''''35'''''$
立方体	4	3	60°	45°	$90°00'00''00'''00''''00'''''$
正八面体	3	4	45°	30°	$109°28'16''23'''39''''25'''''$
正十二面体	5	3	60°	54°	$116°33'54''11'''03''''15'''''$
正二十面体	3	5	36°	30°	$138°11'22''51'''58''''57'''''$

(5.32)

オイラーは対数を使って (5.31) の割り算を計算して，β の正しい度分秒の値を得たが，われわれは誇りをもってテルセス，クアルテス，クインテスを追加する[15]．立方体に対する 90° という結果（すなわちこの角は直角である (“scilicet hic angulus ipse est rectus”)）は驚きではない[16]．

[14] ［訳註］図の (b) があるので混乱するかもしれないが，(a) では O が正八面体の頂点であり，そのごく近くしか描かれていない．O はこの球の中心なので，O から出ている半直線である稜はこの球の半径であり，球面と直交する．

[15] ［訳註］分秒はもともと 60 進法で，基本単位の 60 分の 1，その 60 分の 1 を表すものである．基本単位として，時間と度に対してこれが残っている．この際，小部分という意味の minutus，第 2 のという意味の secundus というラテン語が英語に転化した minute や second が，中国語での分秒に対応するということであった．その意味で英語（ラテン語）では，3 番目の terces，4 番目の quartes，5 番目の quintes といくらでも序数詞を並べれば 60 進法での小数表示を表すことができるが，漢語にその単位がないので，日本語に訳すことができない．

[16] ［訳註］少し驚くようなことがこの表の中にある．正四面体と正八面体の面角を足すとちょうど 180° になるように見えることである．実は見えるだけでなく厳密に 180° になるのである．訳者は『児童・生徒の直観的能力に関する研究 (I)—直観的能力は指導によって向上するか，その可能性について—』三重大学教育学部研究紀要，第 44 巻，教育科学 (1992)，17–49 という論文で，そのことの証明を与えたことがある．厳密な証明も与えてあるが，直観的に納得できる説明をしておこう．正八面体は，すべての稜が等しい，正方形を底面とするピラミッドを 2 つ取り，その底面で貼り合わせた形をしている．その 2 つのピラミッドを $OABCD$ と書く．O が頂点で，$ABCD$ が底辺の正方形である．同じピラミッド $O'A'B'C'D'$ を取り，平面の上に，BC と $A'D'$ をく

問題. プラトンの立体の稜は，中心から見るとどんな角に見えるか？

解答. 今度も立体が，正 k 角形からなり，各頂点に ℓ 個の面が集まってくるとする．これらの k 角形を中心から外接球面に射影すると，球面 k 角形ができる（立方体の例に対しては図 5.17 (b) 参照）．これらの k 角形を，この図の NEA のような $2k$ 個の球面直角三角形に分解する．今度は，角 $\alpha = \frac{\pi}{k}$ と $\beta = \frac{\pi}{\ell}$ がわかっていて，弧 a を求めることになる（$2a$ がこの問題の答だから）．a は直接に (5.28)の右式から得られる．この角から，プラトンの立体の外接球面の半径 R を求めることができる．稜の長さを 1 に正規化すると，$1 = 2R\sin a$ であるから，欲しい値は $2a$ の弦そのものである．結果は次の通りである．

立体	k	ℓ	$2a$	R	ρ/R
正四面体	3	3	$109°28'16''24'''$	0.612372436	0.333333333
立方体	4	3	$70°31'43''36'''$	0.866025404	0.577350269
正八面体	3	4	$90°00'00''00'''$	0.707106781	0.577350269
正十二面体	5	3	$41°48'37''08'''$	1.401258538	0.794654472
正二十面体	3	5	$63°26'05''49'''$	0.951056516	0.794654472

(5.33)

これらの値のほとんどは，実際には球面三角法は必要がない．ピュタゴラスの定理から，正四面体に対しては $1 = 2R\sin a$，正八面体に対しては $R = \frac{\sqrt{2}}{2}$，立方体に対しては $R = \frac{\sqrt{3}}{2}$ であることがわかる．また，ユークリッド XIII.17 から，正十二面体に対して $R = \frac{\Phi\sqrt{3}}{2}$ であることもわかっている．これはわれわれの公式を対照するのに使われる．

問題. プラトンの立体の内接球面の半径を求めよ．

解答. 内接球面は立体の面の中央の点で接する．たとえば，図 5.17 (b) の $ABCD$ を通る平面は，A を ON へ直交射影した点で接する．それゆえ，$\rho = R \cdot \cos c$ となる．ここで，c は弧 AN である．公式 (5.29) を代入すれば，

っつけて並べる．そこで 2 つの頂点 OO' を結ぶと，AB と同じ長さになることが分かり，2 つのピラミッドの間の空間に四面体 $OO'BC$ が得られるが，すべての面が正三角形になり，正四面体となる．ピラミッドの面 ABO と $BB'O'$ と正四面体の面 OBO' が同じ平面になることが納得されたら，2 つの面角の和が 180° になることもわかる．

$$\rho = \frac{R}{\tan\alpha \cdot \tan\beta} \tag{5.34}$$

が得られ，(5.33) の表の最後の列が得られる．この公式の対称性から，双対立体である立方体と正八面体は，正二十面体と正十二面体と同じように，内接球面に対しては同じ半径を持つことがわかる．

ケプラーの最初の宇宙モデル． 上の表の比と，当時知られていた惑星の軌道の半長軸の比

$$a_{\text{木星}}/a_{\text{土星}} = 0.545 \qquad a_{\text{火星}}/a_{\text{木星}} = 0.293$$

$$a_{\text{地球}}/a_{\text{火星}} = 0.657 \qquad a_{\text{金星}}/a_{\text{地球}} = 0.723$$

$$a_{\text{水星}}/a_{\text{金星}} = 0.536$$

が似ていることから，ケプラーは，全宇宙の至上の創造者は，彼の惑星を，プラトンの立体の内接球面と外接球面の上を動かしたがっていると確信した（『宇宙の神秘 (*Mysterium cosmographicum*)』1596）．生涯を通じて，ケプラーはこれを自分の最大の発見であると考えていた．

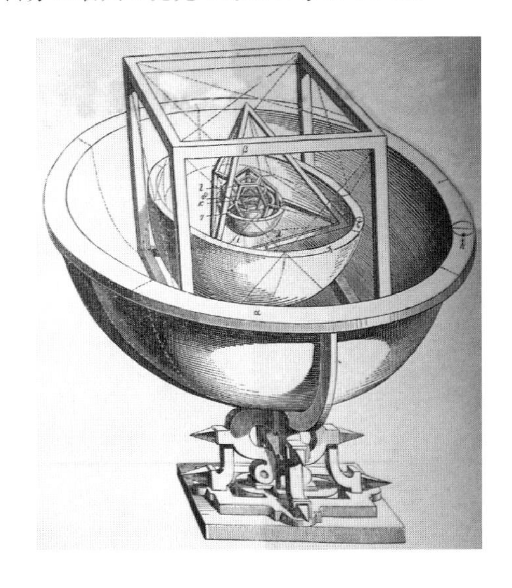

図 **5.18**　ケプラーの宇宙モデル

5.7 一般の三角形の球面三角法

任意の三角形の場合には2通りのやり方が可能である．1つは，球面三角形 ABC を2つの球面直角三角形に分割し，第5.3節でのように，直角三角形に上の公式を適用することである．これは章末の演習問題17で行う．しかしながら，オイラーのもとの証明は直接に，一般の余弦と正弦の法則，それに多くの付加的な結果に導いている．**射影された平面三角形**の分解を使うものである．ここではオイラーのこの証明の通りに行い，74歳の老人に称賛の念に満たされ，まったく目の見えない暗い闇の中で彼が「見た」ものに従うことにする．

アイデア．球面三角形 ABC を，中心 O から，頂点の1つ（それを C とする）における接平面の上に射影する．このようにして平面三角形 $A'B'C$ が得られ，その C での角はまた γ である（図5.19参照）．すると，第5.3節でのように，B' を平面 OAC へ直交射影した点を P とする．これにより平面直角三角形 CPB' ができる．最後に，Q を，P の直線 OA の上への直交射影とする．これにより平面直角三角形 OQB' と $B'PQ$ ができるが，OA が平面 $B'PQ$ に直交するので，**角 α は保たれる**．さらに，角 $A'PQ$ は（中心における角 b の直交角だから）b に等しい．今やわれわれは，図5.19の中で欲しい

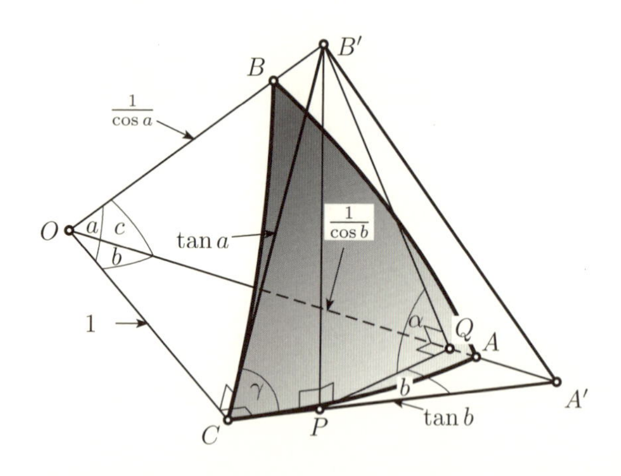

図5.19　一般の球面三角形に対するオイラーの証明

表 5.1　図 5.19 の三角形の辺の長さ

長さ	その理由
$OC = 1$	定義による
$OA' = \dfrac{1}{\cos b}$	$OC = OA' \cdot \cos b$
$CA' = \tan b$	$CA' = OC \cdot \tan b$
$OB' = \dfrac{1}{\cos a}$	$OC = OB' \cdot \cos a$
$CB' = \tan a$	$CB' = OC \cdot \tan a$
$CP = \tan a \cos\gamma$	$CP = CB' \cdot \cos\gamma$
$B'P = \tan a \sin\gamma$	$B'P = CB' \cdot \sin\gamma$
$B'Q = \dfrac{\sin c}{\cos a}$	$B'Q = OB' \cdot \sin c$
$OQ = \dfrac{\cos c}{\cos a}$	$OQ = OB' \cdot \cos c$
$PA' = \tan b - \tan a \cos\gamma$	$PA' = CA' - CP$
$PQ = \sin b - \tan a \cos b \cos\gamma$	$PQ = PA' \cdot \cos b$
$QA' = \dfrac{\sin^2 b}{\cos b} - \tan a \sin b \cos\gamma$	$QA' = PA' \cdot \sin b$

長さを計算できる場所にいる．計算の結果は表 5.1 にまとめられている．

余弦法則． 図 5.19 から $OA' - QA' = OQ$ がわかる．表 5.1 の値を代入して整理すると，最初の公式

$$\cos c = \cos b \cos a + \sin b \sin a \cos\gamma \quad \text{または} \quad \cos\gamma = \frac{\cos c - \cos b \cos a}{\sin b \sin a} \tag{5.35}$$

が得られる．これが**任意の球面三角形に対する余弦法則である．**別証については，章末の演習問題 17 を参照のこと．

注意． (5.24) でのように，もし a, b, c が小さくなれば，上の余弦法則は平面余弦法則 (5.10) に近づいていく．

正弦法則． 次に，直角三角形 $B'PQ$ から $\sin\alpha$ を計算すると，表 5.1 を使って

$$\sin\alpha = \frac{B'P}{B'Q} = \frac{\sin a \sin\gamma}{\sin c} \qquad \Rightarrow \qquad \frac{\sin\alpha}{\sin a} = \frac{\sin\beta}{\sin b} = \frac{\sin\gamma}{\sin c} \tag{5.36}$$

が得られる．これが**任意の球面三角形に対する正弦法則である**．これらの恒等式は既に10世紀に，アブル・ワファー・ブーズジャーニーよって発見されている．

余接定理． 最後に，表5.1の値を使って，$\cos\alpha = \frac{PQ}{B'Q}$ を計算すると

$$\cos\alpha = \frac{\cos a \sin b - \sin a \cos b \cos\gamma}{\sin c} \tag{5.37}$$

が得られる．これを $\sin\alpha = \frac{\sin\gamma \sin a}{\sin c}$（(5.36) 参照）で割ると，最初の興味深い公式

$$\cot\alpha = \frac{\cos a \sin b - \sin a \cos b \cos\gamma}{\sin a \sin\gamma} \tag{5.38}$$

が得られる．これはSASの場合に残りの角を計算するのに使う．

オイラーは絶え間なく，あらゆる可能な仕方で公式を変換し続けた．(5.37) を

$$\cos\alpha \sin c = \cos a \sin b - \sin a \cos b \cos\gamma$$

の形に書いて，3つの項 $\frac{\sin\gamma}{\sin c}$，$\frac{\sin\beta}{\sin b}$，$\frac{\sin\alpha}{\sin a}$ をそれぞれ掛けると「覚えやすい等式 (aequatio memorabilis)」になり，それを $\sin\beta$ で割ってから，$b \leftrightarrow c$，$\beta \leftrightarrow \gamma$ という交換をすると，

$$\cos a = \frac{\cos\alpha \sin\beta + \sin\alpha \cos\beta \cos c}{\sin\gamma} \tag{5.39}$$

という，妙に (5.37) に似た公式が得られる[17]．最後に，上と同じように，$\sin a = \frac{\sin\alpha \sin c}{\sin\gamma}$ で割れば，(5.38) に類似の公式

$$\cot a = \frac{\cos\alpha \sin\beta + \sin\alpha \cos\beta \cos c}{\sin\alpha \sin c} \tag{5.40}$$

が得られる．この公式はASAの場合に，(「与えられた2つの角α, βと間の辺cから (ex datis duobus angulis α, β cum latere intercepto c)」) 残りの辺を

[17] ［訳註］多くの公式が錯綜するのでわかりにくいという人のために，最短の経路を示しておく．(5.37) を書き直した式を $\sin b$ で割って，$b \leftrightarrow c$，$\beta \leftrightarrow \gamma$ という交換をする．その後，(5.36)を使って，$\sin a, \sin b, \sin c$ を $\sin\alpha, \sin\beta, \sin\gamma$ に書き直す．

計算するのに役に立つ.

双対性. もう半頁の計算をして，オイラーは最終的に，「与えられた3つの角 (datis tribus angulis)」から辺を計算するという「もう1つの難しい場合 (casus alias difficillimus)」を何とか征服できた．その結果は

$$\cos\gamma = -\cos\beta\cos\alpha + \sin\beta\sin\alpha\cos c \quad \text{または} \quad \cos c = \frac{\cos\gamma + \cos\beta\cos\alpha}{\sin\beta\sin\alpha} \tag{5.41}$$

である．(5.35) と (5.41) の間，(5.37) と (5.39) の間，(5.38) と (5.40) の間のこの美しい双対性すべては，エレガントな説明を求めているようである．その説明が次の**定理**である．「辺 a, b, c と角 α, β, γ を持つ球面三角形 ABC を，それぞれ辺 a, b, c を含む大円の極である A_p, B_p, C_p を頂点とする三角形に置き換えると[18]，角と辺の役割が交換され」，対角は

$$\alpha_p = 180° - a, \qquad \beta_p = 180° - b, \qquad \gamma_p = 180° - c,$$

$$a_p = 180° - \alpha, \qquad b_p = 180° - \beta, \qquad c_p = 180° - \gamma,$$

となる（図 5.20 参照）．角を対角に変えると，余弦の符号は変わるが，正弦の符号は変わらない．これで上の双対の公式で符号が変わることが説明される．

例 1. カルダンジョイント. 興味があるのは次の問題を解くことである．継ぎ手の角 γ が与えられたとき，カルダンジョイント[19]のシャフト（a と b と呼ぶ）の回転角の関係を求めよ（図 5.21 左図参照）．

解答. ジョイントの中心に球を置く．そのとき，クロスシャフトの端点，A と対点の A'，また，B と対点の B' は，角 γ で交わる2つの大円の上を回転する．クロスシャフトは常に AA' と BB' を直角に保つ．A と B における北

---

18 "... formari ex Polis trium laterum... (3つの辺の極から作られ)"; それから選べる極は常に2つあるが，向き付けを考慮して，三角形の**外側**にあるものを選ぶことにする．三角形 $A_pB_pC_p$ は ABC の極三角形と呼ばれる．

19 ［訳註］左上の写真のような形式の自在継ぎ手を，つまり，回転運動をさまざまな角度で伝達する機構を 1545 年に 3 次方程式で有名なカルダノが発表したが，実際に彼が作ったかどうかは定かでない．

実際に自動車などで使われる形の模式図を左下に描いてみた．シャフト a の回転をシャフト b の回転に伝えるもの（逆も可）である．軸のまわりの回転運動を別の角度の軸のまわりの回転運動に伝えるもので，回転軸の向きを AA' から BB' に変えることができる．直交する AA' と BB' を含むクロスシャフトは固定され，それぞれシャフト a, b に結合する際に，2つのシャフトの間の角が調整される．

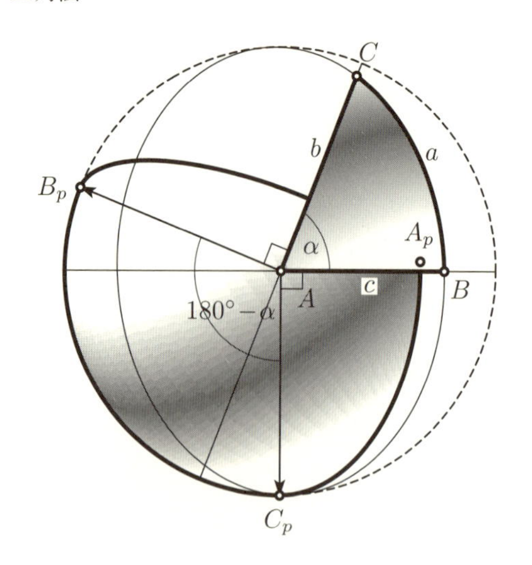

図 5.20　極三角形の形成．対角の値がより見やすくなるように，射影点を点 A の垂直上方に選んでおく

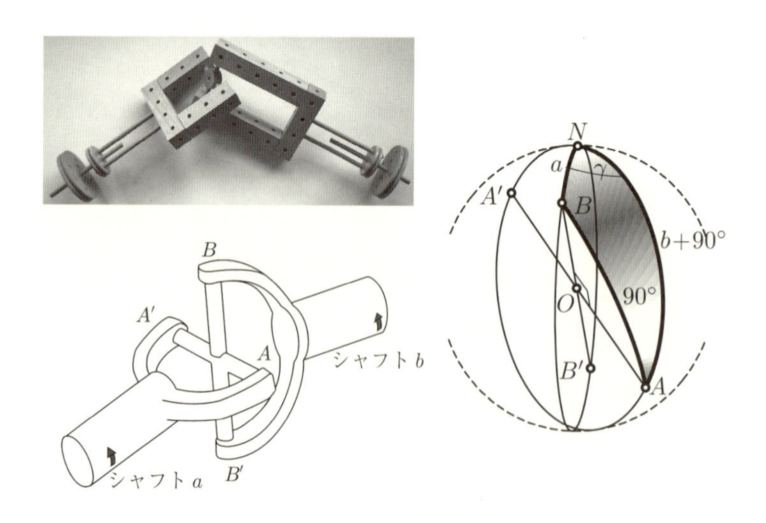

図 5.21　左上：ハイテクのカルダンジョイント，右：その球面三角形

極 N との角をそれぞれ a と $b+90°$ と指定することによって，要求される回転角を表す（図 5.21 右図参照）．これにより球面三角形 BNA が作られ，余

弦法則 (5.35) を適用し，$\cos c = \cos 90^\circ = 0$ を要求する．これから

$$0 = \cos(90^\circ + b)\cos a + \sin(90^\circ + b)\sin a \cos\gamma \text{ または } \tan b = \cos\gamma \cdot \tan a \tag{5.42}$$

が得られるが，これが求める関係である．継ぎ手の角 γ が 0 から大きくなっていくにつれ，$\cos\gamma$ は小さくなり，角 b は a からずれていき，ジョイントはよりガタガタ回転するようになる．

例 2．2 点の球面距離． ルネ・ゴシニのファンなら，「宇宙で最も名声の高い都市」であるローマ（『アストリックスと月桂冠』1 ページ）とルテシア（2 ページ）[20]はお馴染みだろう．プトレマイオスのファンなら彼の『ゲオグラフィア』の中に，経度と緯度を，前者に対しては $36\frac{2}{3}^\circ, 41\frac{2}{3}^\circ$ で，後者に対しては $23\frac{1}{2}^\circ, 48\frac{1}{2}^\circ$ であることを見つけられるだろう（図 5.12 参照）．彼が知っていた最も西の点であった**幸運諸島**（大まかには現在のカナリア諸島）に経度 0 を置いた（[ブラウン (1949)] p. 75 参照）．エラトステネスのファンなら，地球の半径がおよそ 6360 km であることを知っている．この 2 つの有名な都市の間の最短距離（対応する大円に沿って測ったもの）を計算したい．

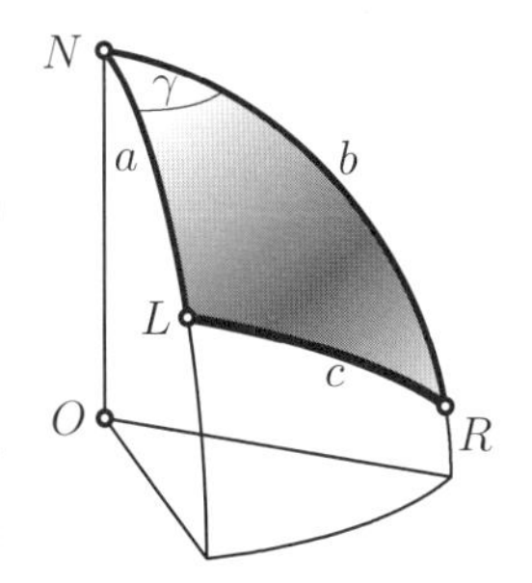

解答． アイデアは，大円 LR を球面三角形 LNR の辺とすることである．ここで，L はルテシア，R はローマ，N は北極である（図参照）．こうして，$a = 90 - 48\frac{1}{2} = 41.5^\circ$ と $b = 90 - 41\frac{2}{3} = 48.33^\circ$ であることがわかる．角 γ は経度の差であり，$\gamma = 36\frac{2}{3} - 23\frac{1}{2} = 13.17^\circ$ となる．それゆえ，第 3 の辺は余弦法則 (5.35)によって計算することができる．$\cos c = 0.979885$, $c = 11.5^\circ$ が得られ，最終的に $d = 1275.8$ km が得られる．しかしながら，緯度での 3 分の 1 度の誤差は子午線上では 37 km に対応することを注意する．したがって，得られた値の精度をあまり信用すべきではない．

例 3．日時計． ヴロツワフよ，さようなら．緯度 $\varphi = 46^\circ 12'$ のジュネーヴ

---

[20]　［訳註］ルネ・ゴシニ (1926–1977) はフランスの漫画原作者．代表作であるシリーズの主人公アストリックスはカエサルに抵抗したガリア人がモデルで，ローマとルテシアが活躍の舞台である．

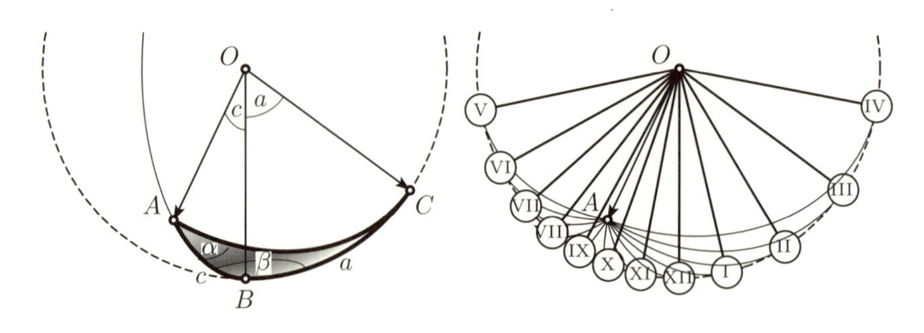

図 5.22　ジュネーヴの日時計

よ，こんにちは，である[21]．ある壁に日時計を作りたい．壁の法線は，南から東の方へ，$\sigma = 30°45'$ 傾いている．日時計は，現代生活で必要とされるどんな修正（一様でないケプラー運動に対する補正や，時間帯）もなしに，**見かけの太陽時**を測るべきものである．壁の点 O にグノモン OA を地軸に平行に立てる（図 5.22 左図参照）．太陽は，その影と一緒に，このグノモン OA のまわりを1時間に $15°$ の角速度で回転する．正午には，太陽は真南にあり，影は垂直の位置 OB にある．ほかのどんな時刻 h においても，影の位置，つまり角 a を定めたい．

解答．中心が O になるように，半径1の半球が壁に固定されていると考える．グノモンの点 A は，壁の上の B と $c = 90° - \varphi = 43°48'$ の弧をなしている．大円 AB は壁と，$\beta = 90° + \sigma = 120°45'$ の角をなす（もう一度，図 5.22 左図参照）．大円 AC はグノモンの影を表している．正午には角 $\alpha = 0$ であり，毎時 $15°$ ずつ増えるので，$\alpha = (h - 12) \cdot 15°$ となる．ABC は球面三角形で，1つの辺 c と2つの角 α と β がわかっている．明らかに ASA の場合で，すぐに (5.40) を適用できて，欲しい辺 a が得られる．上のデータを書き直せば，この公式は

$$\cot a = \frac{\cos\alpha\cos\sigma - \sin\alpha\sin\sigma\sin\varphi}{\sin\alpha\cos\varphi} \tag{5.43}$$

となる．この公式から，この日時計に対する値が次のように得られる．

[21]　［訳註］もちろん，ジュネーヴは著者たちの大学のある町である．

図 **5.23**　アルザス，ベルグハイムの日時計．J.P. Kauthen 撮影の写真

VII	VIII	IX	X	XI	XII	I	II	III	IV
$-49°7'$	$-38°40'$	$-29°24'$	$-20°26'$	$-10°57'$	$0°0'$	$13°42'$	$31°44'$	$54°41'$	$79°35'$

（図 5.22 右図参照）アルザスの画家は，もちろん，ずっと詩的に描いている（図 5.23 参照）．

5.8　球面三角形の面積

球面三角形の面積に対しては美しい結果（と美しい証明）がある．三角形がユークリッド I.32（(1.1) 式参照）を壊せば壊すほど，その面積は大きくなる．

定理 5.5（A. ジラール 1626，また [オイラー (1781)]，『全集』26 巻 p. 205 参照）（ラジアンで測った）角 α, β, γ を持つ球面三角形の面積は

$$\mathcal{T} = r^2 \cdot (\alpha + \beta + \gamma - \pi) \tag{5.44}$$

である．ここで，r は球面の半径である．

証明.　三角形 T の 3 辺を延長して得られる 3 つの大円は球面を 8 つの球面

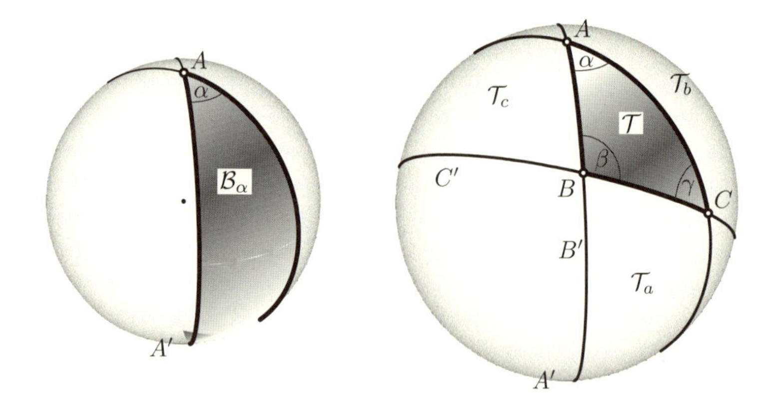

図 5.24　左：球面 2 角形の面積，右：球面三角形の面積（ジラール）

三角形に分割する．T, T_a, T_b, T_c と，それぞれ同じ面積を持つ対蹠三角形である（図 5.24 右図参照[22]）．だから，その 4 つの三角形の面積の和は球面の面積の半分

$$\mathcal{T} + \mathcal{T}_a + \mathcal{T}_b + \mathcal{T}_c = 2\pi \cdot r^2 \tag{5.45}$$

にならねばならない（101 ページの (3.26) 参照）．

しかし，$T \cup T_a, T \cup T_b, T \cup T_c$ は「2 角形」と呼んでもよいようなものである（図 5.24 左図参照）．そのような 2 角形の面積はちょうど，球面全体の面積の $\frac{\alpha}{2\pi}$ 倍であって，$\mathcal{B}_\alpha = 2\alpha \cdot r^2$ となる．それゆえ，

$$\mathcal{T} + \mathcal{T}_a = 2\alpha \cdot r^2, \qquad \mathcal{T} + \mathcal{T}_b = 2\beta \cdot r^2, \qquad \mathcal{T} + \mathcal{T}_c = 2\gamma \cdot r^2$$

となる．この 3 つの恒等式を足して，(5.45)を引くと，欲しい結果が得られる．　□

5.9　円錐曲線に対する三角公式

三角関数のおかげで円錐曲線に対する距離と面積の公式を導くことができ，

[22] または，オレンジに 3 本のゴムバンドを巻いてみるとよい．

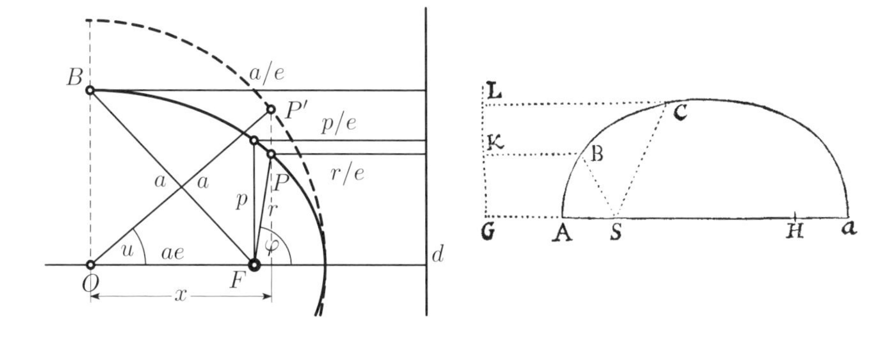

図 5.25 左：楕円上の点 P，F：焦点（太陽），φ：真近点角，u：離心近点角，a：半長軸，e：離心率，右：ニュートンの『プリンキピア』の図

それらはすぐに非常に重要なものになる．

焦点からの距離． 楕円上に点 P が与えられたとき（図 5.25 参照），焦点 F への距離 PF に対する公式を導きたい．この距離を r と書く．天文学者は角 φ を**真近点角**と呼び，楕円を半径 a の円に埋め込んだ後の角 u を**離心近点角**と呼ぶ[23]．そのとき，次の公式が得られる．

$$r = \frac{p}{1 + e\cos\varphi} \qquad \text{（真近点角に対する公式）}$$
$$r = a - ex = a - ae\cos u \qquad \text{（離心近点角に対する公式）} \qquad (5.46)$$

証明． 距離 BF は，(3.6) から，a に等しい．r/e, p/e, a/e の長さは楕円の最初の定義から定まっている（図 3.5 参照）．そのとき，図 5.25 を見ると，関係式 $r\cos\varphi + \frac{r}{e} = \frac{p}{e}$ と $a\cos u + \frac{r}{e} = \frac{a}{e}$ が見つかる．これらの等式を r について解けば，公式 (5.46)が得られる． □

面積に対する公式． F と P を結ぶ線分によって掃過される面積 $\mathcal{A}$ は（図 5.26 左図参照）が天文学において重要な役割を持つことはすぐに見ることになる．楕円を円に押し広げると，$\mathcal{B} = \frac{a}{b}\mathcal{A}$ が得られる（図 5.26 右図参照）．$\mathcal{B}$ は，扇形（面積は $\frac{a^2}{2}\cdot u$）と，三角形（その面積 $\mathcal{T}$ はユークリッド I.41 と OF

---

[23] 楕円の**中心**における角が「離心」と呼ばれているのに驚いている読者には，太陽系の本当の中心は太陽，つまり焦点であることを思い出してもらいたい．

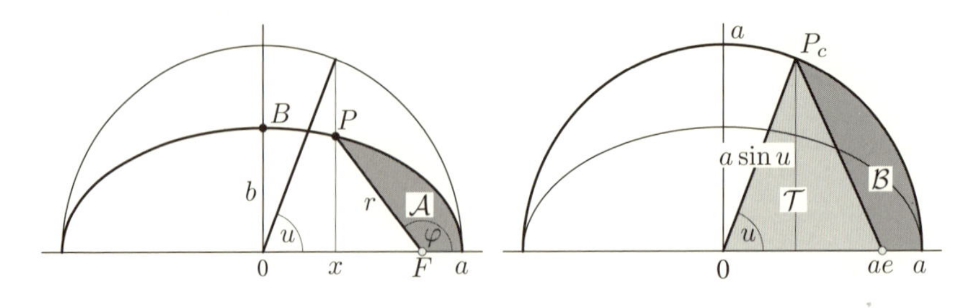

図 5.26　半径ベクトルによって掃過される面積 $\mathcal{A}$ の計算

が ae に等しいという事実から得られる）の差だから[24]，

$$\mathcal{B} = \frac{a^2}{2}(u - e\sin u) \qquad と \qquad \mathcal{A} = \frac{ab}{2}(u - e\sin u) \tag{5.47}$$

が得られる．

5.10　ケプラーとニュートンの大発見

> 「天文学は物理学よりも古い．実際，星と惑星の運動の美しい単純さを示すことによって物理学は生まれた．その理解こそが物理学の始まりであった．」
>
> （[ファインマン，レイトン，サンズ (1964)] 第 3.4 節）

> "... i libri di Apollonio, ... delle quali sole siamo bisogni nel presente trattato.（アポロニウスの著書...本書で必要となる唯一の書.）"
>
> （[ガリレイ (1638)] 4 日目）

3 冊の偉大な書籍が近代科学の幕開けを刻んだ（最初の引用参照）．[J. ケプラー (1609)]『新天文学 (*Astronomia Nova*)』，[ガリレイ (1638)]『新科学対話 (*Discorsi*)』，[ニュートン (1687)]『プリンキピア』である．この 3 つの著作の発見は主に初等幾何学に基づいているが（タレス，ユークリッド，ア

24　このことは，$a^2 - b^2 = a^2e^2$（(3.9) 参照）とピュタゴラスの定理からか，(5.46) の第 2 式で $u = 0$ としたものからわかる．

ポロニウス，2つ目の引用参照)，非常に独創的な方法で行っている．だから，それらは本書に似合いのものではあるが，寝る前のおとぎ話のような物を期待してはいけない．

ケプラーの法則.

> "... itaque futilum fuisse meum de Marte triumphum; forte fortuito incido in secantem anguli 5°.18′. quæ est mensura æquationis Opticæ maximæ. Quem cum viderem esse 100429, hic quasi e somno expergefactus, & novam lucem intuitus... (... だから火星に対する私の勝利がむなしいことのように思えるのだった．そのとき，ふと偶然に最大の視覚的量である角 5°18′ の正割[25]に気づいた．それが 1.00429 であることを見たとき，私は眠りから覚めたようになり，新しい光が私に降り注いだ．)"
>
> (ヨハネス・ケプラー 1609, 第 LVI 章 p. 267)

ケプラー以前の天文学の知識は，(バビロニアの聖職者，ギリシャの哲学者，プトレマイオス，コペルニクスの『天球の回転について』，ティコ・ブラーエによる) 数千年の観測と計算を経て，次のようになっていた．惑星は太陽の周りの**離心**円上を動く．つまり，太陽は厳密にはこれらの円の中心ではない．このモデルは当時知られていたすべての惑星に対して，比類のない精度で行われたティコ・ブラーエによる無数の測定と極めてよく合っていた．**ただし，火星を除いてである．**

何年か "pertinaci studio elaborata Pragæ (プラハで念入りに継続的な研究)" をした後，ケプラーは最終的に以下の法則を発見した (最初の2つの法則は [J. ケプラー (1609)] に，最後のものは [J. ケプラー (1619)] にある)．

ケプラーの第 1 法則. 惑星は，太陽を焦点の一つに持つ楕円軌道を動く．
ケプラーの第 2 法則. 太陽を周回する惑星は，同じ時間に同じ面積を掃く．
ケプラーの第 3 法則. 公転周期の 2 乗は半長軸の 3 乗に比例する．

---

[25] [訳注] 正割は sec と書かれ，余弦 cos の逆数であり，余割は cosec と書かれ，正弦 sin の逆数である．正弦，余弦，正接，余接，正割，余割の 6 種の三角比が使われる．

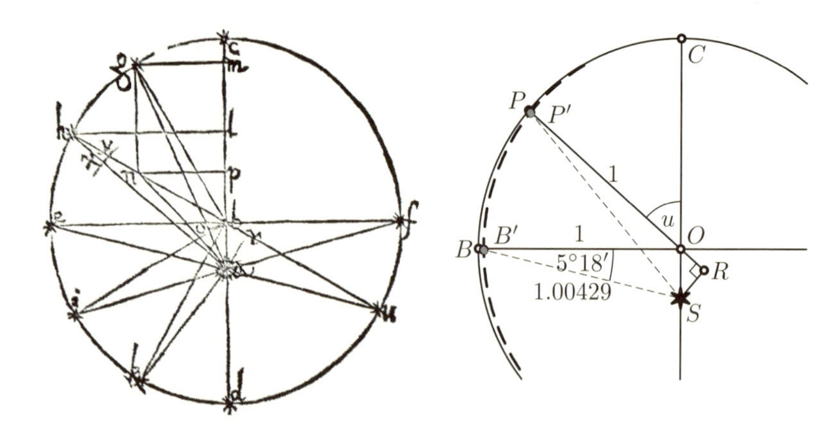

図 5.27　ケプラーの第1法則（『新天文学』第56章）．左：ケプラーの描いたもの，右：現代の描画

ケプラーの法則を導いた彼の計算と熟考は，[J. ケプラー (1609)]『新天文学』の中で数百ページが費やされている．決定的な突破は第56章で行われ[26]，図5.27にその説明がある．火星の軌道に対する最善の円は，半径を1とすると，角 SBO が $5°18'$ であるような離心距離 $e = OS$ を持つ．ここで，B は軸 SOC から最大距離にある点である．しかし，ブラーエが測定した火星に対する真の距離 $B'S$ は，その円上の点の距離 BS よりも小さく，1/1.00429 倍になっている．幸運なことに，ケプラーはこの値が $\cos 5°18'$ であることに気がつき，「新しい光が彼に降り注いだ」(引用参照)．$B'S$ の距離が BO の距離と同じである点 B' に点 B に動かすべきなのである．言い換えれば，**斜辺（これが $\boldsymbol{BS}$）を脚（$\boldsymbol{BO}$）に置き換えねばならない**．ケプラーはこのレシピをほかの点にも行ってみた．$P'S$ の長さが脚 PR の長さに等しくなるように，点 P を P' に位置に動かすのである．こうすると，

$$P'S = PR = 1 + e\cos u \tag{5.48}$$

となる．なぜなら，**離心近点角**と呼ばれる角 u は角 SOR として再現されるので，$OR = e\cos u$ であるからである．この距離 (5.48) は，非常に多くの回数，

[26] ケプラーの第2法則の発見で最高潮になるこの書物の最初の部分についてさらに詳細については，[ウィルソン (1968)]，[トルバルセン (2010)]，[ヴァンナー (2010)] を挙げておく．

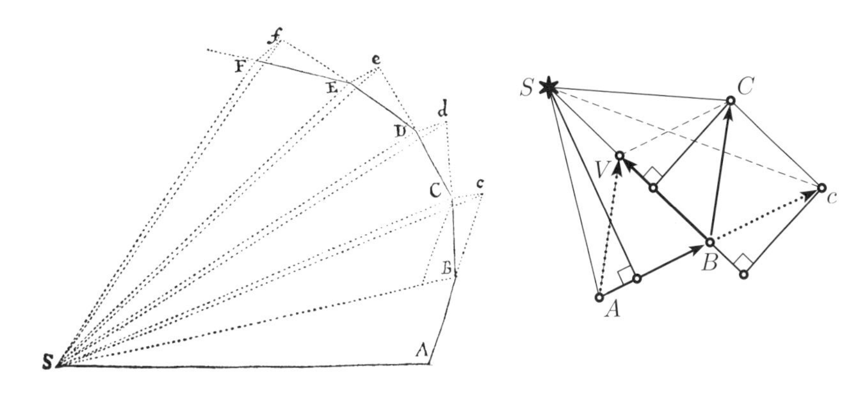

図 5.28　ケプラーの第 2 法則に対するニュートンの証明．左：ニュートンの『プリンキピア』から複製，右：三角形 ABS, BcS, BCS は同じ面積を持つ

非常に確かな計測によって確かめられ（第 56 章の終わりで），(5.46) の 2 つ目の式そのものであり，かくして，点は**楕円を描く**ことになる．

ケプラーの第 2 法則のニュートンの証明． 一旦ケプラーの法則が発見されたとなれば，力学の基礎の光の中でそれを理解したいと思うもので，ガリレイがその基礎を定め（[ガリレイ (1638)] 第 3 日），ニュートンが次の水晶のように明解な法則に変えた．

法則 1． 力が働かなければ，物体は直線上の一様な運動を続ける．

法則 2． 運動の変化は加えられた推進力に比例する．

定理 5.6（『プリンキピア』英訳 (1729) の定理 1）　回転する物体が不動の力の中心に引かれた半径によって描く面積は，同じ不動の平面の中にあり，それが描く時間に比例する．

証明． 太陽から働く力 f の影響下で，軌道 $ABCDE\ldots$ 上を動く天体を考える（図 5.28 参照）．決定的なアイデアは，ある時間 Δt の間，力を**受けずに**，(法則 1 により，直線上を一様に) A から B へ進ませて，その後，点 B において力

$$f \cdot \Delta t \tag{5.49}$$

で大きく蹴って失われた力を補正する．この蹴りがなければ，次の時間 Δt の間，一様な運動で点 c まで動き続けるだろう．2つの三角形 ABS と BcS は，同じ底辺と同じ高さを持つので，ユークリッド I.41 により，同じ面積を持つ．今度は B で太陽の方向に蹴られるので，速度ベクトル AB は，（法則2により）BVS が一直線上にくるように，速度ベクトル AV に変換される．結果として，2度目の時間での運動は B から C と，cC が BS と平行であるようになる．またしてもユークリッド I.41 により，三角形 BcS と BCS も同じ面積を持つ．

同じようにして続けていけば，等しい長さの時間間隔に対応する ABS, BCS, CDS などのすべての三角形は等しい面積を持つ．こうして，ケプラーの第2法則が，少なくとも離散的な力の衝撃に対しては証明された．「今度はそれらの三角形の数を増やして，幅を無限に小さくする」という場合のために，ニュートンは「系4補題3」を用意し，力が「連続的に」働く場合にも法則が正しいと結論づけた[27]．□

『プリンキピア』のこの「定理1」はケプラーの『新天文学』最初の40章を廃棄処分にし，その証明は，300年以上経っても，その美しさとエレガントさを失っていない．

ケプラーの第1，第2法則から重力の法則の発見

「そして，それらの少ない原理から，そのほかに持ってくることなく，そんなにも多くのことを生みだすことができることは，幾何学の栄光である」．

（I. ニュートン，『プリンキピア』(1729) の序文）

「... 本当のはじまりのもっとも劇的な瞬間は，ニュートンが突然にあまりにも少ないことから，あまりにも多くのことを

---

[27] 今日では，上の手続きは微分方程式に対する数値解法（より正確にはシンプレクティック・オイラー法）として説明され（たとえば，[ハイラー，リュービヒ，ヴァンナー (2006)] p. 3 参照），そのような方法に対する収束性の結果に頼ることになる．同じ手続きがこの章以降のすべての証明に適用される．

理解した時だったただろう...」

（R. ファインマン，1964 年 3 月 13 日の講義）

定理 5.7（ニュートンの『プリンキピア』の命題 11） ケプラーの第 1，第 2 法則[28]にしたがう軌道を動く物体 P は，

$$f = \frac{\text{定数}}{r^2} \qquad \text{（ここで，} r \text{ は距離 } SP\text{）} \tag{5.50}$$

という法則を満たす，中心 S に向かう中心力の影響下で運動する．

証明のために，まず，物理的な力と幾何学的な量との間の関係を確立しておく．このために，図 5.29 左図に複製した，ニュートンが 1684 年の原稿に描いた図を見る．AB の方向の初速度で動く物体が，AC 方向に離れた力の中心に引かれていると考える．この力は，ある時間間隔 Δt の間，物体を曲線軌道 AD に逸らす．もし初速度がなければ物体は C に向かって動くので，$ACDB$ は平行四辺形になるだろう．しかし，固定された時間間隔 Δt に対する距離 AC は，力に比例する（法則 2）．結論として，

働く力は接線上の点と軌道上の点との間の距離 BD に比例する． (5.51)

以下で RQ と書くこの距離に対して，ニュートンは素敵な性質を発見した：

ニュートンの補題． APQ を焦点 S を持つ楕円とし，P を Q に向かって動く惑星の位置とし，点 R が接線上を，S, Q, R が共線であるように動くとす

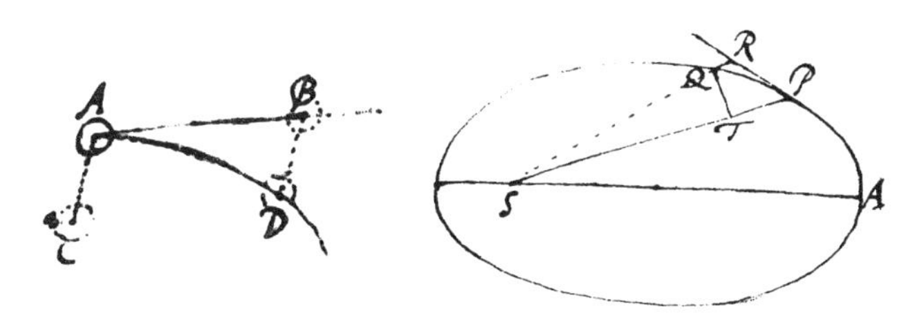

図 5.29 ニュートンの自筆原稿 (1684)，ケンブリッジ大学図書館，追加原稿 3965[6] から複製．左：動く物体に働く力，右：ニュートンの補題のための図．ケンブリッジ大学図書館長の親切な許可によって複製した．

[28] もとの言葉ではない．ニュートンは『プリンキピア』の中ではケプラーに言及していない．

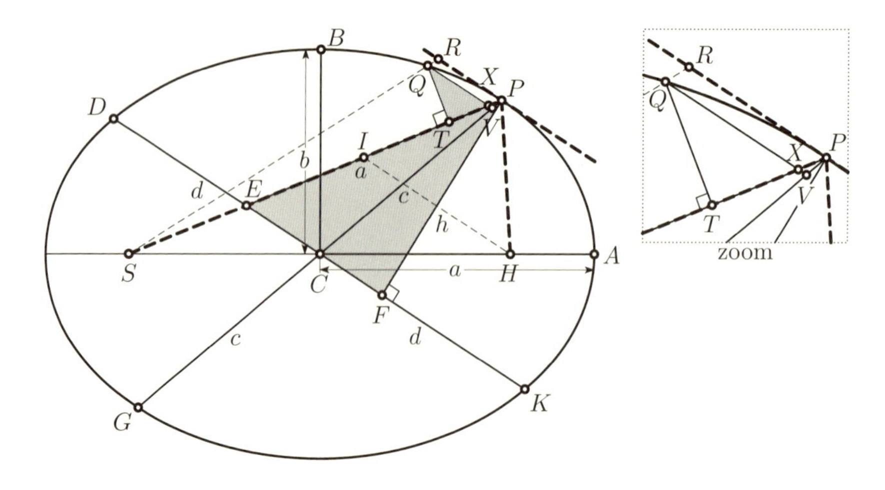

図 5.30　ニュートンの補題のニュートンの証明

る．T を，Q の PS 上への直交射影とする（図 5.29 右図参照）．そのとき，距離 PQ が 0 に近づけば

$$RQ \approx C \cdot QT^2 \tag{5.52}$$

となる．ここで，定数 C は楕円上の P の位置に依らない．

証明. 証明は図 5.30 に示されている．アポロニウスからわかること（第 3 章参照）をまとめることから始める．接線 PR は，GCP に共役な直径 DCK に平行である（アポロニウス II.6）．これらの直径の長さをそれぞれ $2d$ と $2c$ と書く．もう一つの焦点である H と，Q を通る，DK の平行線を引き，SP の上の点 I と X を，CP の上に V を取る[29]．われわれがさらに知っていることは，長さ h の法線 PF が角 SPH の二等分線であることである（アポロニウス III.48）．つまり，三角形 IPH は二等辺三角形であるので，$IP = PH$ である（ユークリッド I.6）．次に，$SC = CH$ であるから（アポロニウス III.45），タレスの定理により，$SE = EI$ である．したがって，$SE + EI +$

[29]　この証明の中の大文字はすべてニュートンのもとのものだが，小文字の a, b, c, d, h は式を簡単にするためにわれわれが使っているものである．

$IP+PH=2a$ であるから（アポロニウス III.52），最初の興味ある結果

$$EP = EI + IP = a \tag{5.53}$$

が得られる．証明の**鍵になるアイデア**は今や次のものとなる．もしこの楕円が円であったなら，ユークリッド III.35 により（またはユークリッド II.14 により），$GV \cdot VP = QV^2$ である．しかし楕円の場合には，これらの値は対応する共役直径の長さで割らねばならず，

$$\frac{GV \cdot VP}{c^2} = \frac{QV^2}{d^2} \qquad \text{つまり，} \qquad (3): \quad VP = \frac{c^2}{GV} \cdot \frac{QV^2}{d^2}$$

が得られる．証明を完成させるためには，VP を RQ で，QV を QT で表わさねばならない．三角形 XVP が ECP に相似で，三角形 QTX が PFE に相似である（直交角）ので，(5.53) により，

$$(2): \quad XP = VP \cdot \frac{a}{c}\,, \qquad (6): \quad QX = QT \cdot \frac{a}{h}$$

となる．さらに進むために，典型的なギリシャ的厳密さの道から離れ，PQ が非常に（無限に）小さいと仮定する，つまり

$$(1): \quad RQ \approx XP\,, \qquad (4): \quad GV \approx GP = 2c\,, \qquad (5): \quad QV \approx QX$$

という同一視をする．(1), (2), (3), (4), (5), (6) をこの順に使うことにより，簡単な計算で

$$RQ \approx \frac{a^3}{2h^2d^2} \cdot QT^2$$

が得られる．アポロニウス VII.31（110 ページの演習問題 2）から最終的に $hd = ab$（外接平行四辺形の面積の $\frac{1}{4}$）となり，これから上の式は

$$RQ \approx \frac{a}{2b^2} \cdot QT^2 \tag{5.54}$$

となる．ここで，上に述べた定数[30]は P の位置によっていない． □

定理 5.7 の証明． 最終的に，主定理は上の 3 つの事実を組み合わせることによって得られる．

---

[30] ニュートンはこの定数を通径の逆数であると注意している．

(a) 力 f は RQ に比例する（等式 (5.51)）.

(b) RQ は QT^2 に比例する（ニュートンの補題 (5.52)）.

(c) QT は SP に反比例する．なぜなら，$\frac{QT \cdot SP}{2}$（三角形 SPQ の面積）は（固定された Δt に対しては）定数（ケプラーの第2法則）であるから.

それゆえ，f は SP^2 に反比例する．□

W.R. ハミルトンと R. ファインマンと逆問題

"Pour voir présentement que cette courbe $ABC\ldots$ est toûjours une Section Conique, ainsi que Mr. Newton l'a supposé, *pag. 55. Coroll. I.* sans le démontrer; il y faut bien plus d'adresse.（ニュートン氏が系 **I**，**55** ページにおいて証明なく仮定しているように，この曲線 $ABC\ldots$ が常に円錐曲線になるであることを，今理解するには，かなりの能力が必要とされる.）"

（ヨハン・ベルヌーイ，(1710)）

「... 解析学を要求されず，微分方程式も，保存則も，力学も，角運動量も，積分定数も要求しない．これが最高のファインマンである．見たところ大きく，複雑で，難しい何かを，小さく，単純で易しい何かに帰着すること.」

[ベックマン (2006)]

逆2乗の法則にしたがう中心力の影響下で軌道を回る物体が，常に楕円か放物線か双曲線の弧をたどるという逆向きの結果はずっと証明が難しい．微分解析を使って，1710年に問題の証明を与えたヨハン・ベルヌーイは，この問題に答えるには「さらにかなりの能力が要求される」と誇らしげに述べた（引用参照）．上の証明と同じようにエレガントな**幾何学的**説明はやっと [ハミルトン (1846)] によって発見されたが，タイトルも，図も公式もなかったこともあって，1846年12月14日付けのダブリンの紀要に埋もれてしまった．そしてずっと簡明なものが，R. ファインマンの1964年3月13日のカルテクでの講義で与えられた（[ファインマン，グッドスティーン，グッドスティーン (1996)]

や [ベックマン (2006)] 参照)[31].

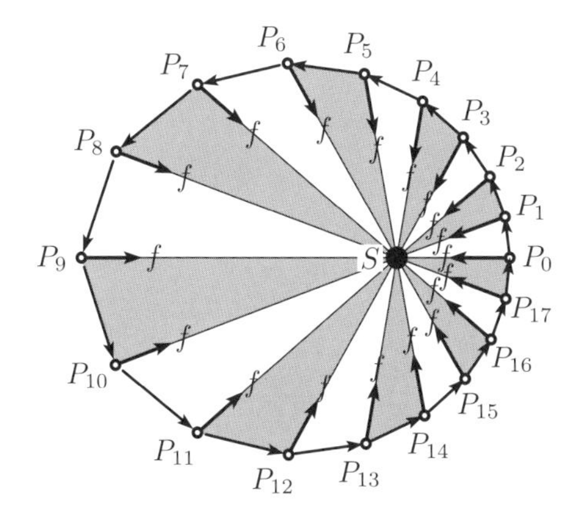

$\Delta\varphi$ 定数
⇒　三角形の面積が r^2 に比例
　(ユークリット I. 41);
⇒　Δt は r^2 に比例（ケプラー第 2）
　$\frac{1}{r^2}$ に比例する求心力
　（仮定）
⇒　力は一定の長さの衝撃
　((5.49) 参照)
力の衝撃の方向は定数 $\Delta\varphi$
だけ規則的に変化する
⇒　ホドグラフ　正 n 角形

図 5.31　等しい時間間隔の代わりに等しい角でのファインマンの変形

等しい時間間隔の代わりに等しい角． 逆 2 乗の法則にしたがう力が働いていると仮定する．(5.49) と (5.50) で見たように，力の衝撃は，一定の時間間隔では，r が大きくなると $\frac{1}{r^2}$ のように小さくなる．今度は，太陽に対して**同じ角を選ぶ**．ユークリッド VI.19 により，三角形 SP_iP_{i+1} の面積は r^2 に比例する．したがって，ケプラーの第 2 法則により，（力に掛ける）時間間隔 Δt も r^2 に比例し，

力の衝撃はすべて同じ長さを持ち，
さらに，**それらの方向は規則的な星状領域をなす．**　(5.55)

この状況を図 5.31 にまとめた．

ホドグラフ． 今度は，原点 O を持つ空間における点としての，**速度**からなる**ホドグラフ**（[ハミルトン (1846)]，2 つのギリシャ語ὁδός（オドス，**道**）とγράφω（グラフォー，**書く**，または**記述する**）の合成語）を描く（図 5.32 左図参照）．近日点 P_0 における速度 $\dot{P}_0$ は最速で，上向きである．それから，衝撃 f が速度 $\dot{P}_1$，$\dot{P}_2, \ldots$ を最初は左に，それから下に，遠日点（ここでは P_9）

[31]　著者たちは文献的に貴重な言及をしてくれた，ジュネーヴのクリスティアン・エービとベルナール・ギシンに感謝する．

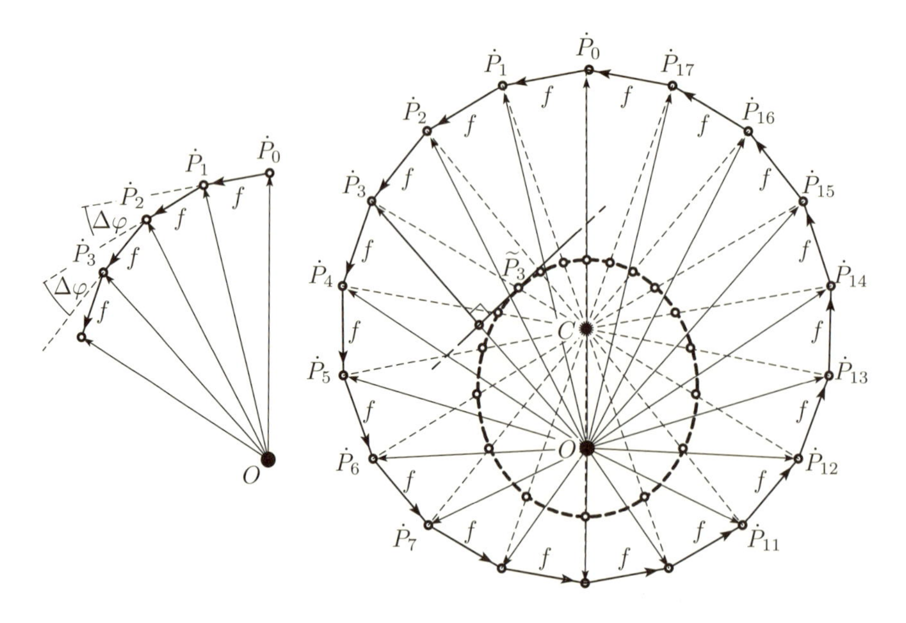

図 5.32　左：円を作る，ケプラー運動のホドグラフ，右：2 つの図の合成

で，速度がもっと遅く，ちょうど下向きになるまで押していく．(5.55) により，すべての衝撃は同じ長さを持ち，方向は同じ量 $\Delta\varphi$ だけ規則的に増えていく．したがって，正 n 角形が得られ，$\Delta\varphi \to 0$ とすると，**円形ホドグラフの法則**と呼んだ，

r^2 に反比例する中心力の影響下で軌道を回る
惑星の速度 $\dot{P}$ は円をなす　(5.56)

が得られる．円 C の中心は，定速の円運動以外では，原点 O でない．原点 O が円上か円の外にあるならば，放物軌道か双曲軌道が得られる．

そのようなエレガントな結果がオイラーやラグランジュやラプラスの関心を免れたことは興味深い．

なぜ円錐曲線なのか？　さて，最後の段階までやってきた（ファインマン：「それがわかるまで長い時間が掛かった」）．図 5.31 の軌道と，図 5.32 のホドグラフの間の関係を見つけなければならない．少し考える時間をおいて，2

番目の図で，O からと円からと同じ距離を持つ点 P の曲線を描くと，図 5.32 右図が得られる．第 3 章で，この曲線が，O と C に焦点を持つ楕円であることがわかっている（とくに図 A.8 (b) 参照）．半直線 $C\dot{P}_i$ 上にあるこの楕円の点を $\widetilde{P}_i$ と書く．これらの点は，図 5.31 で対応する点 P_i たちが S に関するのと，C に関して同じ角にある位置にある．

次に，図 3.5 右図を考える．P における接線は FB に直交する（記号はその図のもの）．図 5.32 に適用すると，これは，$\widetilde{P}_i$ における楕円の接線が $O\dot{P}_i$ に直交することを意味する．一方，図 5.31 左図の，点 P_i における軌道への接線は $O\dot{P}_i$ に平行である．**2 つの卵形は 90° 回転しただけの同じものであるが，おそらく大きさは異なっている．**図 5.31 の中の「卵形」も，C を焦点とする楕円であることがわかっているので，図 5.31 の軌道もまた S を焦点とする楕円であることがわかる． □

これが「ファインマンの唯一の最高点」である（引用参照）．ハミルトンは「... 実際にはニュートンのときから知られていたのだが，おそらく，原理からそんなにも初等的に証明されたことはなかった」と結論づけている．

> 「ものごとを発見するのに**幾何的**方法を使うのは易しくはなく，非常に難しいが，発見された後の証明のエレガントさは本当に非常に大きなものがある．**解析的**方法のパワーは，ものごとを発見するのも証明するのもずっと容易なのだが，エレガントさのかけらもない．x や y を使い，キャンセルで消しあったりなどの汚い論文がたくさんあって...（笑い）」
>
> （R. ファインマン，1964 年 3 月 13 日の 35 分の講義）

この「x や y を使う汚い論文」がわれわれを次の章に導いていく．

5.11 演習問題

1. プトレマイオスの補題 5.1 と図 5.4 の，辺 a, b, c, d を持つ円に内接する四辺形に対して，公式

$$\delta_1 : \delta_2 = (ab+cd) : (ad+bc), \quad \delta_1^2 = (ac+bd)(ab+cd)/(ad+bc) \quad (5.57)$$

であることを証明せよ．これは [フェルステマン (1835)] で見つけることができる．

2. $\alpha = 0, \frac{\pi}{6}, \frac{2\pi}{6}, \frac{3\pi}{6}, \frac{4\pi}{6}, \frac{5\pi}{6}, \frac{6\pi}{6}$ に対する $\cos\alpha$ の値を 6 倍して，高潮から低潮へ，約 6 時間の間に，海面が下がるように，潮の高さを見つけるための，フランスの漁師のための簡単な規則を設計せよ．
3. （[P. ヘンリー (2009)] で示唆された問題）加法公式 (5.6) のヴィエートの証明を再構成せよ．ヴィエートはこれを「公式」としてではなく，半ページのラテン語のテキストで表わしている．$BC = \sin\alpha$, $AC = \cos\alpha$, $BD = \sin\beta$, $AD = \cos\beta$ が知られているとし（図 5.33 参照），タレスの定理とピュタゴラスの定理とユークリッド III.20 を使って，$BE = \sin(\alpha+\beta)$ と $AE = \cos(\alpha+\beta)$ を計算せよ．

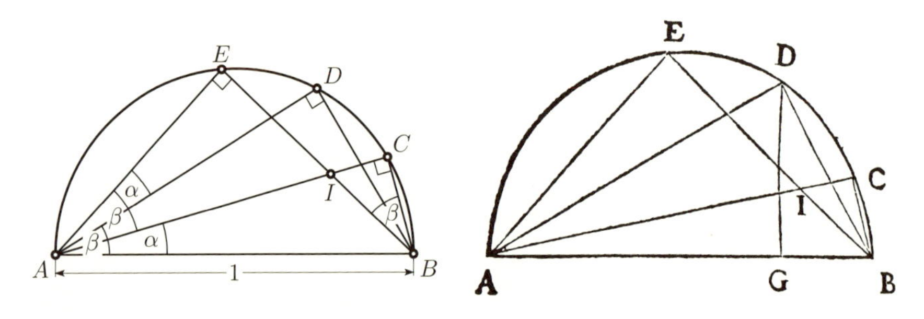

図 5.33　ヴィエートの証明．右：ファン・スホーテン版 (1646) のイラスト

4. 表 5.2 で与えられた正弦，余弦，正接の値を確かめよ．
5. 辺 a, b, c を持つ任意の三角形を考える．半角に対する次の美しい表示を証明せよ．

$$\sin\frac{\alpha}{2} = \sqrt{\frac{(s-c)(s-b)}{bc}}, \quad \cos\frac{\alpha}{2} = \sqrt{\frac{(s-a)s}{bc}}, \quad \tan\frac{\alpha}{2} = \sqrt{\frac{(s-c)(s-b)}{(s-a)s}} \quad (5.58)$$

ここで，$s = \frac{a+b+c}{2}$ は三角形の半周長である．

6. 演習問題 5 を使って，三角形の角 α, β, γ に対する恒等式

表 5.2 正多角形から得られる正弦，余弦，正接の値

α	ラジアン	$\sin\alpha$	$\cos\alpha$	$\tan\alpha$
$0°$	0	0	1	0
$15°$	$\frac{\pi}{12}$	$\frac{\sqrt{2}}{4}(\sqrt{3}-1)$	$\frac{\sqrt{2}}{4}(\sqrt{3}+1)$	$2-\sqrt{3}$
$18°$	$\frac{\pi}{10}$	$\frac{\sqrt{5}-1}{4}$	$\frac{1}{2}\sqrt{\frac{5+\sqrt{5}}{2}}$	$\sqrt{1-\frac{2}{5}\sqrt{5}}$
$30°$	$\frac{\pi}{6}$	$\frac{1}{2}$	$\frac{\sqrt{3}}{2}$	$\frac{\sqrt{3}}{3}$
$36°$	$\frac{\pi}{5}$	$\frac{1}{2}\sqrt{\frac{5-\sqrt{5}}{2}}$	$\frac{\sqrt{5}+1}{4}$	$\sqrt{5-2\sqrt{5}}$
$45°$	$\frac{\pi}{4}$	$\frac{\sqrt{2}}{2}$	$\frac{\sqrt{2}}{2}$	1
$60°$	$\frac{\pi}{3}$	$\frac{\sqrt{3}}{2}$	$\frac{1}{2}$	$\sqrt{3}$
$75°$	$\frac{5\pi}{12}$	$\frac{\sqrt{2}}{4}(\sqrt{3}+1)$	$\frac{\sqrt{2}}{4}(\sqrt{3}-1)$	$2+\sqrt{3}$
$90°$	$\frac{\pi}{2}$	1	0	∞

$$\sin^2\frac{\alpha}{2}+\sin^2\frac{\beta}{2}+\sin^2\frac{\gamma}{2}+2\sin\frac{\alpha}{2}\sin\frac{\beta}{2}\sin\frac{\gamma}{2}=1 \tag{5.59}$$

を導け．また，内接円と外接円の半径の間の公式

$$\rho=4R\sin\frac{\alpha}{2}\sin\frac{\beta}{2}\sin\frac{\gamma}{2} \tag{5.60}$$

も示せ．

7. 次の積の公式を導け．

$$\begin{aligned}
2\cdot\sin\frac{u+v}{2}\cdot\cos\frac{u-v}{2}&=\sin u+\sin v\,,\\
2\cdot\cos\frac{u+v}{2}\cdot\cos\frac{u-v}{2}&=\cos u+\cos v\,,\\
2\cdot\sin\frac{u+v}{2}\cdot\sin\frac{u-v}{2}&=\cos v-\cos u\,.
\end{aligned} \tag{5.61}$$

8. 上の演習問題の拡張として，すべての α, β, γ に対して[32]

$$-\sin(\alpha+\beta+\gamma)+\sin(-\alpha+\beta+\gamma)+\sin(\alpha-\beta+\gamma) \\ +\sin(\alpha+\beta-\gamma)=4\sin\alpha\sin\beta\sin\gamma\,,$$

$$\cos(\alpha+\beta+\gamma)+\cos(-\alpha+\beta+\gamma)+\cos(\alpha-\beta+\gamma) \\ +\cos(\alpha+\beta-\gamma)=4\cos\alpha\cos\beta\cos\gamma$$

を示せ．それから，**三角形の**角 α, β, γ に対して以下が成り立つことを示せ．

$$\sin 2\alpha+\sin 2\beta+\sin 2\gamma=4\sin\alpha\sin\beta\sin\gamma\,, \tag{5.62a}$$

$$\cos 2\alpha+\cos 2\beta+\cos 2\gamma=-1-4\cos\alpha\cos\beta\cos\gamma\,, \tag{5.62b}$$

$$\cos\alpha+\cos\beta+\cos\gamma=1+4\sin\frac{\alpha}{2}\sin\frac{\beta}{2}\sin\frac{\gamma}{2}\,, \tag{5.62c}$$

$$\sin\alpha+\sin\beta+\sin\gamma=4\cos\frac{\alpha}{2}\cos\frac{\beta}{2}\cos\frac{\gamma}{2}\,, \tag{5.62d}$$

$$\sin^2\alpha+\sin^2\beta+\sin^2\gamma=2+2\cos\alpha\cos\beta\cos\gamma\,, \tag{5.62e}$$

$$\cos^2\alpha+\cos^2\beta+\cos^2\gamma=1-2\cos\alpha\cos\beta\cos\gamma\,, \tag{5.62f}$$

$$\tan\alpha+\tan\beta+\tan\gamma=\tan\alpha\tan\beta\tan\gamma\,. \tag{5.62g}$$

(5.62a) 式は (5.17) 式と同じである．(5.62d) 式は，(5.19) と (5.8) とを合わせると，(5.60) の別証になる．

9. 三角形の 2 つの角 α, β とその対辺 a, b に対する [ヴィエート (1593b)] の**正接の法則**

$$\frac{a-b}{a+b}=\frac{\tan\frac{\alpha-\beta}{2}}{\tan\frac{\alpha+\beta}{2}} \tag{5.63}$$

を，一回は解析的な計算で，一回は幾何学的議論で導け．

10. 正弦関数に対する積公式 ([オイラー (1783)] E562, §8)

[32] この演習問題は D. ポーニックの示唆による．

$$\begin{aligned}
\sin 1\alpha &= 1\cdot\sin\alpha\,,\\
\sin 2\alpha &= 2\cdot\sin\alpha\cdot\sin\bigl(\tfrac{\pi}{2}+\alpha\bigr),\\
\sin 3\alpha &= 4\cdot\sin\alpha\cdot\sin\bigl(\tfrac{\pi}{3}+\alpha\bigr)\cdot\sin\bigl(\tfrac{2\pi}{3}+\alpha\bigr),\\
\sin 4\alpha &= 8\cdot\sin\alpha\cdot\sin\bigl(\tfrac{\pi}{4}+\alpha\bigr)\cdot\sin\bigl(\tfrac{2\pi}{4}+\alpha\bigr)\cdot\sin\bigl(\tfrac{3\pi}{4}+\alpha\bigr)
\end{aligned}\tag{5.64}$$

と余弦関数に関する積公式 ([オイラー (1783)] E562, §5)

$$\begin{aligned}
\cos 1\alpha &= 1\cdot\sin\bigl(\tfrac{\pi}{2}+\alpha\bigr),\\
\cos 2\alpha &= 2\cdot\sin\bigl(\tfrac{\pi}{4}+\alpha\bigr)\cdot\sin\bigl(\tfrac{3\pi}{4}+\alpha\bigr),\\
\cos 3\alpha &= 4\cdot\sin\bigl(\tfrac{\pi}{6}+\alpha\bigr)\cdot\sin\bigl(\tfrac{3\pi}{6}+\alpha\bigr)\cdot\sin\bigl(\tfrac{5\pi}{6}+\alpha\bigr),\\
\cos 4\alpha &= 8\cdot\sin\bigl(\tfrac{\pi}{8}+\alpha\bigr)\cdot\sin\bigl(\tfrac{3\pi}{8}+\alpha\bigr)\cdot\sin\bigl(\tfrac{5\pi}{8}+\alpha\bigr)\cdot\sin\bigl(\tfrac{7\pi}{8}+\alpha\bigr)
\end{aligned}\tag{5.65}$$

を証明して，(5.8)式を拡張せよ

11. (5.8)式と (5.9)式を繰り返すことによって，半径 1 の円に内接する正方形，正八角形，正 16 角形，正 32 角形などの周長に対する，[ヴィエート (1593b)] の美しい解析的表現を発見せよ．これらから有名な積公式

$$\frac{2}{\pi}=\sqrt{\frac{1}{2}}\cdot\sqrt{\frac{1}{2}+\frac{1}{2}\sqrt{\frac{1}{2}}}\cdot\sqrt{\frac{1}{2}+\frac{1}{2}\sqrt{\frac{1}{2}+\frac{1}{2}\sqrt{\frac{1}{2}}}}\cdot\ldots\tag{5.66}$$

が導かれる．

12. 角 $38°20'$ と $51°40'$ に対する [ファン・スホーテン (1683)] の正弦の値（図 5.34 左図参照）を確かめ，それらが本当に “accuratissimo（とても精確)” であることを確かめよ．

13. （practical geodesy[33]からの演習問題．）第 1 章の初めにあるようにして，タレスの定理を使って樫の木の高さを測るには，木の根元に行かないといけない．しかし，たとえば山の高さを測りたいとして（図 5.34 右図参照)，いつでも可能なわけではない．この場合，距離 a だけ離れた 2 点 A と B からの **2** つの角 α と β を測る．これらのデータから，高さ h を計算せよ．

---

[33] ［訳註］Maarten Hooijberg 著『コンピュータを使う実地測地学 (Practical Geodesy using Conputer)』が Springer(1997) から出版されている．

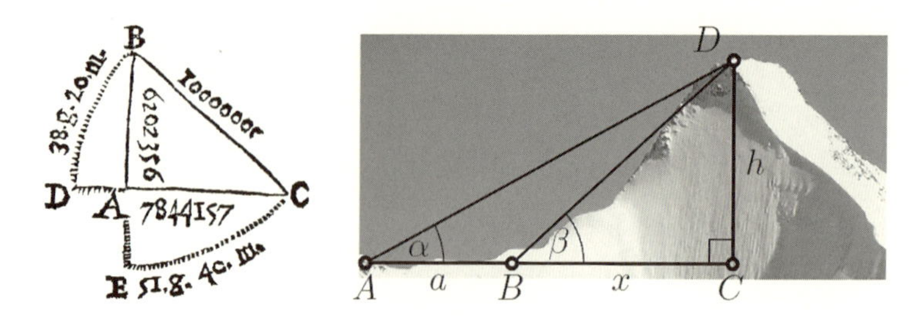

図 **5.34** 左：ファン・スホーテンの正弦の値，右：有名な山の高さを測る（ミラノ，マルコ・ボレロ撮影）

14. 三角形のオイラー線が辺，たとえば AB に平行であれば，$\tan\alpha\cdot\tan\beta = 3$ であることを証明せよ．

15. 128 ページの図 4.5 (b) の垂足三角形の辺の長さが

$$EF = a\cos\alpha\,, \qquad FD = b\cos\beta\,, \qquad DE = c\cos\gamma \tag{5.67}$$

であることを確かめ，ユークリッド VI.19 と (5.62f) とから，**垂足三角形の面積**に対する公式

$$\mathcal{A}' = \mathcal{A}\cdot(1-\cos^2\alpha-\cos^2\beta-\cos^2\gamma) = 2\mathcal{A}\cos\alpha\cos\beta\cos\gamma \tag{5.68}$$

を導け．

16. 第 4.9 節のモーレーの定理の三角法的証明を与えよ．つまり，外接円の半径 r が与えられ，図 4.24 の記号の角 α, β, γ が与えられたとする．そのとき，距離 AB，AR を求め，最後に QR を計算し，それが対称な式になることを示せ．

17. 第 5.3 節のアイデアを採用して，任意の球面三角形に対する余弦法則と正弦法則を証明せよ．つまり，図 5.8 右図の三角形が球面三角形であるとし，平面三角形に対して第 5.3 節で行ったのとまったく同じようにして，第 5.6 節の公式を適用せよ．特に，ピュタゴラスの定理を余弦法則 (5.23) に置き換え，(5.5) の公式を (5.26) で置き換えよ（正弦法則の場合は (5.25) で）．

18. A と B を単位球面上の点で，緯度 φ の同じ円上にあり，経度の違いは γ であるとする．N を北極とする．

(a) 大円 NA, NB と緯線の円周 AB によって囲まれる三角形 ABN の面積を求めよ．

(b) **3 つの**大円によって囲まれる球面 ABN の面積を求めよ．

(c) 特に，A が B に近づく場合の結果を比較せよ．

19. 1932 年に**国際天文学連合**はさまざまな星座に属する天空の領域を定義した．簡単なものの中にカラス座[34]があり，それは次の境界によって定義される．

    $-11°$ の緯線で，$12^{\mathrm{h}}\,50^{\mathrm{m}}$ から $11^{\mathrm{h}}\,50^{\mathrm{m}}$ まで，
    $11^{\mathrm{h}}\,50^{\mathrm{m}}$ の経線で，$-11°$ から $-24°\,30'$ まで，
    $-24°\,30'$ の緯線で，$11^{\mathrm{h}}\,50^{\mathrm{m}}$ から $12^{\mathrm{h}}\,35^{\mathrm{m}}$ まで，
    $12^{\mathrm{h}}\,35^{\mathrm{m}}$ の経線で，$-24°\,30'$ から $-22°$ まで，
    $-22°$ の緯線で，$12^{\mathrm{h}}\,35^{\mathrm{m}}$ から $12^{\mathrm{h}}\,50^{\mathrm{m}}$ まで，
    $12^{\mathrm{h}}\,50^{\mathrm{m}}$ の経線で，$-22°$ から $-11°$ まで．

    半径 1 の球面に対して，この領域の面積を求めよ．つまり，**ステラジアン** (sr) を単位として求めよ．

20. 球面上の 2 点を結ぶ最短路は大円に沿うことである．（北緯 49°，東経 3° の）パリから，（北緯 49°，西経 123° の）バンクーバーへ飛ぶ飛行機に対して，この大円と出発点の東西方向との間の角 β を決定せよ．

21. ノルウェーの漁船が，北海の未知の位置から SOS の遭難信号を送っている．信号は，(北緯 $63°\,26'$，東経 $10°\,24'$) のトロンハイムでは N $74°\,13'$ W の方向から，つまり，北から西へ $74°\,13'$ の方向から受信され，(北緯 $69°\,39'$，東経 $18°\,59'$) のトロムソでは N $107°\,17'$ W の方向から受信された．救助チームをどこに派遣するべきだろうか？

22. スイス，チロル州シュタムスのシトー会修道院に日時計を作れ．修道院の座標は北緯 $47°\,17'$，東経 $10°\,59'$ であり，壁はほぼ西を向いている（その法線は西から南へ 11° である）．東西方向から大きくずれているので，ひどく歪むことになり，最終的に日時計は図 5.35 にあるようになってしまう．

23. 演習問題 5 の公式を，辺が a, b, c の**球面**三角形にうまく拡張した，以下

---

[34] ［訳註］南半球の，おとめ座とうみへび座の間にある，四辺形の小さい星座．

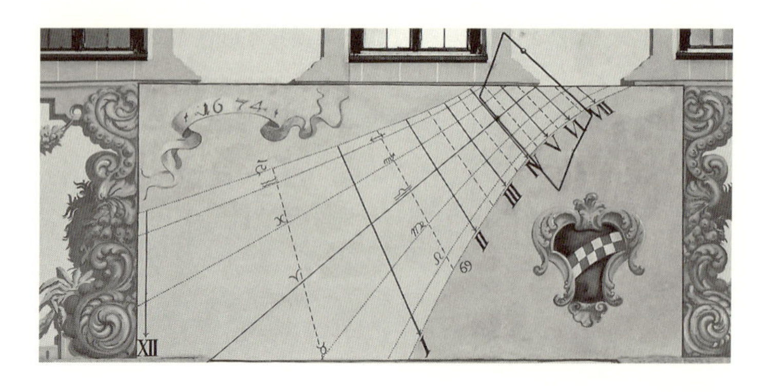

図 5.35　シトー会修道院シュタムスの日時計，K. Galehr-Nadler による撮影

の半角の公式を証明せよ．

$$
\begin{aligned}
\sin\frac{\alpha}{2} &= \sqrt{\frac{\sin(s-b)\sin(s-c)}{\sin b \sin c}}, \\
\cos\frac{\alpha}{2} &= \sqrt{\frac{\sin(s-a)\sin s}{\sin b \sin c}}, \\
\tan\frac{\alpha}{2} &= \sqrt{\frac{\sin(s-b)\sin(s-c)}{\sin(s-a)\sin s}}.
\end{aligned}
\tag{5.69}
$$

ここで $s = \frac{a+b+c}{2}$ は三角形の半周長（弧長）である．
また，辺の長さに対する双対の公式（半辺の公式）を示せ．

$$
\begin{aligned}
\sin\frac{a}{2} &= \sqrt{-\frac{\cos(\sigma-\alpha)\cos\sigma}{\sin\beta\sin\gamma}}, \\
\cos\frac{a}{2} &= \sqrt{\frac{\cos(\sigma-\beta)\cos(\sigma-\gamma)}{\sin\beta\sin\gamma}}, \\
\tan\frac{a}{2} &= \sqrt{-\frac{\cos(\sigma-\alpha)\cos\sigma}{\cos(\sigma-\beta)\cos(\sigma-\gamma)}},
\end{aligned}
\tag{5.70}
$$

ここで $\sigma = \dfrac{\alpha+\beta+\gamma}{2}$.

ヒント． 演習問題5の完全な類似として，球面の余弦法則の (5.35) を

(5.9) に代入せよ．また，(5.61) の最後の式も必要になる．

24. 球面三角形の 3 つの角の二等分線（つまり，角を二等分する大円）が一点，つまり内心 I で交わることを示せ．さらに，内接円の半径 ρ が

$$\tan\rho = \sqrt{\frac{\sin(s-a)\sin(s-b)\sin(s-c)}{\sin s}}$$

で与えられることを示せ．ここで，$s = \frac{a+b+c}{2}$ である．

25. **球面線分の垂直二等分線**は，線分を二等分し，それに直交する大円である．球面三角形の 3 辺の垂直二等分線が一点，つまり外心 O で交わることを示せ．さらに，外接円の半径 r が

$$\cot r = \sqrt{-\frac{\cos(\sigma-\alpha)\cos(\sigma-\beta)\cos(\sigma-\gamma)}{\cos\sigma}}$$

で与えられることを示せ．ここで，$\sigma = \frac{\alpha+\beta+\gamma}{2}$ である．

26. 球面直角三角形に対する**高さ定理**（ユークリッド II.14）

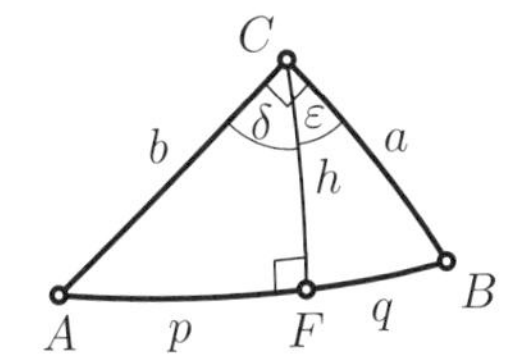

$$\sin^2 h = \tan p \cdot \tan q\,. \tag{5.71}$$

を証明せよ．

27. 平面円運動に対して，ケプラーの第 3 法則，つまり，$T^2 = Const\cdot a^3$ から重力の逆 2 乗の法則を導け．ここで，T は公転周期である．惑星が P から Q へ動く間の時間間隔 Δt を選んで固定する（図参照）．(5.51) と同じように，質量 1 に対して

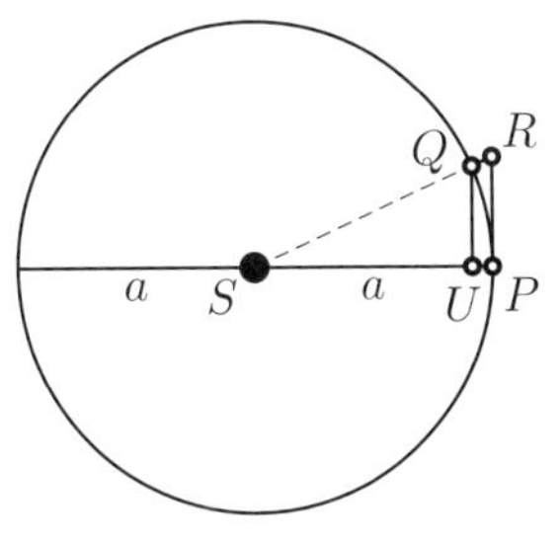

$$f \approx \frac{RQ}{\Delta t^2} \tag{5.72}$$

となることを使え．

演習問題の解答

13, 4 歳の L. オイラーは難しい数学の問題を一人で考えていたものである．毎土曜日の午後に彼は，解けなかった問題や質問を携えて，当時世界的な指導的数学者だったヨハン・ベルヌーイの家を訪れることを許されていた．後年，オイラーが何度も述べていることだが[1]，一週間の間頑張ってできるだけ多くの問題を解き，ヨハン・ベルヌーイにできるだけ少ない問題を訊くだけで良いようにしたということである．オイラーにとって，これが数学で長足の進歩を遂げるための最良の方法であった．

300 年後の現在もまた，解答を見ることなく演習問題を解く努力をすることは極めて重要である．しかし，困ったときに，身近にヨハン・ベルヌーイがいない読者のために，以下に演習問題のわれわれの解答を示しておく．そうすれば，読者は自分の解答と見比べて，よりよいアイデアをあれこれ思いつくことができるだろう．読者がより短いか，よりエレガントな解答を見つけた場合には，著者たちは喜んで本書のこれから出す版に掲載したいと思っている．

A.1　第 1 章の解答

1. 彼は精確だった．現代のコンピュータが与える値は 1, 43 55 22 58 27 57 56 ... である．

$$
\begin{array}{ll}
 & \sqrt{3} = 1.7320508075688 \\
\text{余り} = 0.7320508075688 & \times 60 = 43.92304845413 \\
\text{余り} = 0.92304845413 & \times 60 = 55.382907248 \\
\text{余り} = 0.382907248 & \times 60 = 22.9744349 \\
\text{余り} = 0.9744349 & \times 60 = 58.46609 \\
\text{余り} = 0.46609 & \times 60 = 27.9656 \\
\text{余り} = 0.9656 & \times 60 = 57.936 \\
\text{余り} = 0.936 & \times 60 = 56.16 \text{ など}
\end{array}
$$

2. $\angle DAB$ を β とすると，$\angle DOB = 2\beta$ となる．さらに，$\angle DAC$ を γ とすると，$\angle DOC = 2\gamma$ となる．これからそれぞれ β と 2β を引けば結果が得られる．
3. 両方の円周角は同じ中心角に対応しているから．

---

[1] オイラー全集第 1 巻 p.LII にある，『レオンハルト・オイラー氏を讃えて』の中でニコラス・フスが報告している．

4. それぞれがそのすぐ前の 2 項の和である，**フィボナッチ数** $1, 1, 2, 3, 5, 8, 13, 21, 34, \ldots$ が得られる．分数 r_k は黄金比に近づく[2]．これらを約分したりしないで**連分数**として表せば，次のような形になることがわかる．

$$1+\cfrac{1}{1+1},\quad 1+\cfrac{1}{1+\cfrac{1}{1+1}},\quad 1+\cfrac{1}{1+\cfrac{1}{1+\cfrac{1}{1+1}}},\quad \ldots$$

5. $\Phi = 1 + \frac{1}{\Phi}$ なので，長方形は相似である．
6. これらの断片のすべての辺の長さはフィボナッチ数になっていることを見よ．傾きは Φ に近いが，等しくはない．したがって，左図の対角線は直線ではない[3]．
7. 右図で 2 つの影のついた長方形の面積は $2 \cdot (1, 25) \cdot \delta$ であり，右上隅の小さい正方形を無視すればこれは $0, 00\ 25$ になる．それゆえ，$1, 25$ から

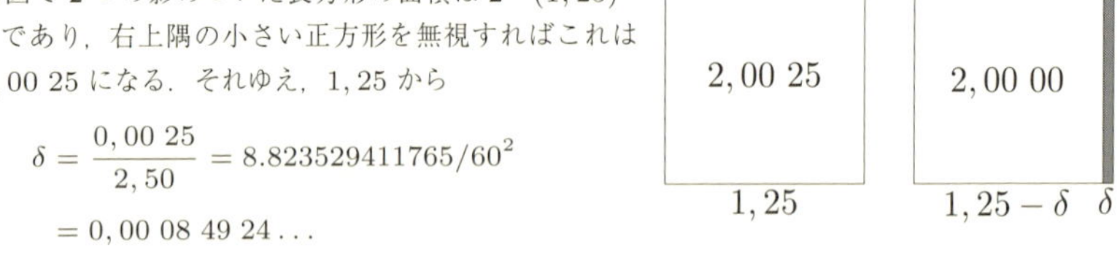

$$\delta = \frac{0, 00\ 25}{2, 50} = 8.823529411765/60^2$$
$$= 0, 00\ 08\ 49\ 24 \ldots$$

の値を引けば，$1, 24\ 51\ 10\ 35\ \ldots$ となる．

8. 少年時代のガウスのアイデアのように，2 つ目の三角形を上下反転してくっつけると，次のようになる．

$$\Rightarrow \quad \Rightarrow \quad 2t_n = n(n+1) \text{ つまり } t_n = \frac{n(n+1)}{2}$$

9. 公式 $1^3 + 2^3 + 3^3 + \cdots + n^3 = (1 + 2 + 3 + \cdots + n)^2$
10. 5 角形を 3 つの三角形に切り分け，n 点からなる 1 列で補正すると次のようになる．

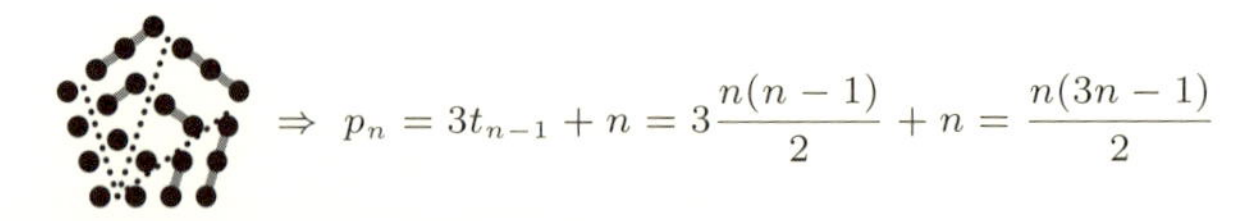

$$\Rightarrow \quad p_n = 3t_{n-1} + n = 3\frac{n(n-1)}{2} + n = \frac{n(3n-1)}{2}$$

同じ証明が高次の「多角数」に対しても適用される（[T.L. ヒース (1921)]79 ページ）．

11. 3 つの方向のそれぞれのジグザグ線に沿って点を足し上げていくと $1 + 3 + 5 + \ldots$ となって，結果は (1.7) 式と同じになる．
12. ピュタゴラスの定理．ほかの何かのはずがない．
13. 平行四辺形の面積に対する公式を使うだけ．
14. エレガントな仕方でこれがしたければ，三角形 $B\Gamma\Pi$ に対して第 4 章の定理 4.2 を適用せよ．またタレスの定理を使うこともできる，ユークリッド第 1 巻の原理だけを使うヘロンの原証明についてはヒース（[T.L. ヒース (1926)] 第 I 巻 366 ページ）を参照のこと．

---

[2] ［訳註］数列 r_k が極限 r を持つとすれば（もちろん持つのだが），漸化式から $r = 1 + \frac{1}{r}$ が得られ，両辺に r を掛ければ (1.3) 式が得られる．r が正であることは明らかなので，$r = \Phi$ となる．収束性の証明は難しくはないが，ここでの議論の枠外にある．

[3] ［訳註］対角線に見えるものは折れ線であり，ほんの少しずつ隙間があって，その合計が 1 つの正方形分になるということ．

15. OP を直径とする円を描き，図を回転させて，OC と PD が延長方向に来るようにせよ．そして，見よ．
16. これを見るために，$\mathcal{L}'_a$，$\mathcal{L}'_b$，$\mathcal{L}'_c$ を直径が a，b，c の半円の面積とする．すると，図形から $\mathcal{L}'_a + \mathcal{L}'_b + \mathcal{A} = \mathcal{L}_a + \mathcal{L}_b + \mathcal{L}'_c$ がわかる．半円の面積が直径の 2 乗に比例すること（これは定理 1.6 の拡張であり，後にユークリッド XII.2 と呼ばれる）を知らないといけない．すると，ピュタゴラスの定理により，$\mathcal{L}'_a + \mathcal{L}'_b$ と $\mathcal{L}'_c$ が打ち消しあう．
17. これは $(p+q)^2 - p^2 - q^2 = 2pq = 2h^2$ という等式（高さ定理 (1.10) 式と図 1.20 の記号を使っている）に $\frac{\pi}{8}$ を掛けたものである．
18. テントの高さを h，EB の底面への射影の長さを ℓ と書く．すると，辺の長さがそれぞれ，$h, \ell, 1$ と $\frac{\Phi}{2}, \frac{\Phi-1}{2}, \ell$ である 2 つの直角三角形が得られる．双方にピュタゴラスの定理を適用し，ℓ^2 を消せば，$\Phi^2 - \Phi = 1$ を使うと，$h = \frac{1}{2}$ が得られる．三角形の傾きは $\frac{2h}{\Phi-1}$ で，四辺形の傾きは $\frac{2h}{\Phi}$ である．この傾きの積は 1 になるので，互いに逆数になっている．
19. （ピュタゴラス 3 つ組）そのような多くの 3 つ組みがバビロニアの粘土板「プリントン 322[4]」上にあり，これを解読したのは O. ノイゲバウアーと A. ザックスである（素晴らしい説明が [R.C. バック (1980)] にある）．しかし，これらの 3 つ組みが実際にどのように発見されたのかを説明してくれる粘土板は知られていない．子供時代に代数の恒等式を学んで過ごした学生なら，任意の整数 $u > v > 0$ に対して

$$a = u^2 - v^2, \quad b = 2uv, \quad c = u^2 + v^2 \tag{A.1}$$

がピュタゴラス 3 つ組になることはすぐにわかるだろう．次の演習問題で，実際に**すべての**ピュタゴラス 3 つ組みがこの形をしていることがわかる．しかし，若い頃にビー玉で遊んだ方の人なら，ビー玉を正方形の形に並べることで平方数を表したくなるだろう（図 A.1 左図参照）．そうすると，2 つの平方数の差 $(n+1)^2 - (n-1)^2$ が $4n$ であることがわかるだろう．4 はそれ自身平方数なので，第 3 の数を平方数にするには単に $n = u^2$ と置けば良い．これが $v = 1$ に対する (12.1) を与えている．（この最後の解はプラトンのものとされ，一般の手続きはユークリッド X.28 で与えられている．[T.L. ヒース (1926)] 第 I 巻 356 ページと第 III 巻 63 ページ参照．）

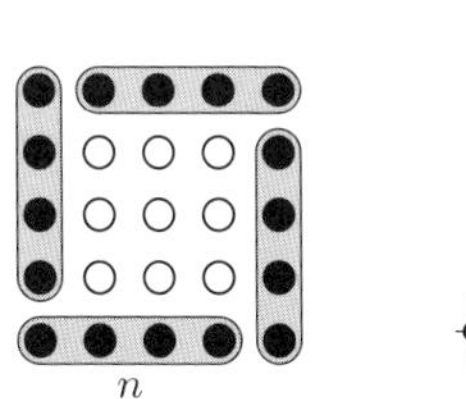

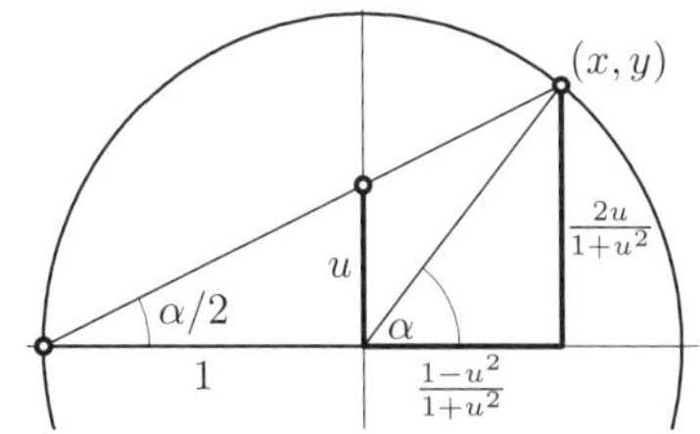

図 A.1　ピュタゴラス 3 つ組と単位円周上の有理点

20. 図 A.1 右図には，辺の長さが $1, u$ と $1+x, y$ の 2 つの相似な三角形がある．こうして，（λ を相似比とすると）$y = \lambda u$ と $x = \lambda - 1$ となる．$x^2 + y^2 = 1$ から $\lambda = \frac{2}{1+u^2}$ が得られる．

[4] ［訳註］ジョージ・A. プリンプトンが考古学商エドガー・J. バンクスから 1922 年頃に購入し，コロンビア大学に遺贈した粘土板のコレクションの 322 番目のものという意味．

これから，図 A.1 に書かれている x と y の値が得られる．u が有理数なら，これらの値は有理数となる．これらの値は明らかにピュタゴラス 3 つ組みに関係している．逆に，x と y が有理数なら，λ と u も有理数である．

21. 円群の中心と，それぞれの円と P を通る半直線との交点を結ぶと，相似な三角形の列が得られる．ミシェル・マイヨール教授[5]は，最初の太陽系外惑星の彼の発見を説明するときに，この効果を「ドップラーのトンボ」と呼んだ．
22. この集合の 4 分の 1 はそれぞれ，同じ頂点を持つ三角の形として，同じ面積である．このことはヒポクラテスの月形の求積 (1.11) の時と同じようにしてわかる．こうして，全体の面積 $\mathcal{A}$ は，辺の長さが $\sqrt{2}$ の正方形の面積となり，$\mathcal{A} = 2$ である．
23. 2 つの灰色の四角形は同じ角と同じ長さなので，面積も同じである．一方は $\frac{1}{2}(a^2 + b^2)$ に三角形の面積を足したもので，もう一方は $\frac{1}{2}c^2$ に三角形の面積を足したものである．（後者の三角形を 2 つずらして合わせると，前者の三角形と同じになる．）
24. 恒等式 $(r + a)(r - a) = r^2 - a^2$（次の章のユークリッド II.5）と $r^2 - a^2 = b^2$（ピュタゴラスの定理）による[6]．
25.（直線 DE に関して）正方形 $ABCD$ を左に回転し，正方形 $EFGH$ を右に回転する角を φ とする（図 A.2 (a) 参照[7]）．$\angle EKC$（α と書く）は $\angle DKE$ の外角であり，(1.2) により $\alpha = 2\varphi$ となる．図 A.2 (b) のように三角形 DEC を単位円の中に置くと，$u = \frac{1}{2}$ に対する図 A.1 右図と同じである．ユークリッド III.20 により，また $\alpha = 2\varphi$ が得られ，図 A.2 (a) のすべての 6 つの三角形は，2 つずつ同じ大きさで，すべて辺の長さが $3, 4, 5$ の三角形に相似であることが結論づけられる．それゆえ，辺の長さがこの図に指定されているような 3 つの定数 λ, μ, ν がある．条件 $FD = \frac{1}{2}$ から $\lambda = \frac{1}{8}$ が，条件 $DG = \frac{1}{2}$ から $\mu = \frac{1}{6}$ が，条件 $DA = 1$ から $5\mu + 4\nu = 1$ が得られ，$\nu = \frac{1}{24}$ が得られる．こうして，3 つの面積は $6\lambda^2 = \frac{3}{32}, 6\mu^2 = \frac{1}{6}, 6\nu^2 = \frac{1}{144}$ となる．角 $\alpha = \arctan\frac{4}{3}$ の値自身は特に重要ではないが，数値計算をすれば $\alpha = 53^\circ 7' 48'' 22''' 6'''' 31'''''$ となる．
26. [R.B. ネルセン (2004)] は美しい図（図 A.3）で，彼が言うように，「言葉によらない」アルキメデスの証明を与えた．言葉を使うのであれば，ピュタゴラスの定理とユークリッド III.20 を繰り返し使い，ユークリッド I.32 から $\alpha + \beta =$ ∟ を示し，だから $2\alpha + 2\beta = 2$∟ であると言うことになる．
27. 直径が $10d$ の正方形の面積は $50d^2$ で，それが直径 $8d$ の円で置き換えられている．円の面積は $16d^2\pi$ である．もし両方の面積が同じであったのなら，$\pi = \frac{25}{8} = 3.125$ となり，エジプト時代の値 $\pi = 3.1605$ よりもわずかに良い．

5　［訳註］ジュネーヴ大学の天文学教授で，1995 年に太陽系外の恒星のまわりを公転する惑星ベレロフォンを発見した．

6　20 歳のガウスがこの証明をピュタゴラスの定理の新証明と 1797 年 10 月 16 日の日記に書いている（ガウス全集第 10 巻 524 ページ参照）．

7　［訳註］この図は，四角形 $ABCD$ を左に回転させながら，A を E に，E を D に重ねるようにずらすと得られる．このことが可能であることをきちんと示すには，次章以降の知識が必要となるが，DE を直径とする円と，D を中心とする半径が 1/2 の円との交点を F とすれば，FD を 2 倍して G を求めれば，長方形 $EFGH$ が決まる．あとは，$FD = CE = 1/2$ と F, C が DE 直径とする円周上にあることを使えば，$EF = 1 = FG$ がわかり，$EFGH$ が正方形であることがわかる．

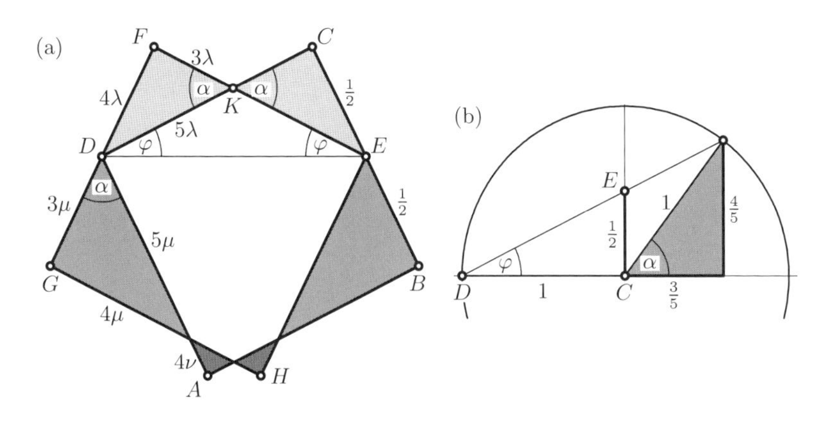

図 **A.2**　「マックス・ビルの問題」の解答

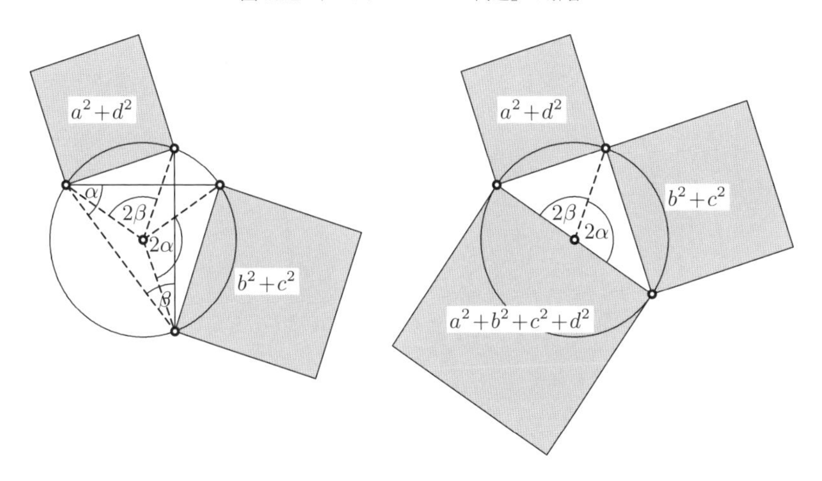

図 **A.3**　4 つの正方形の問題の「言葉によらない証明」

A.2　第 2 章の解答

1. 多角形を，たとえば直線 NB と NC などによって，$n-2$ 個の三角形に切り分けて，それぞれにユークリッド I.32 を適用せよ．もし多角形が凸である，つまり，すべての角が 2∟ より小さければ，この分割にはどんな用心もする必要がない．しかし，問題の図のような場合には，直線 DA に沿って切り分けることはできない．
2. X の形のところの角（図 1.7 右図参照）は，ユークリッド I.15 により等しいが，それを γ と書く．すると，ユークリッド I.32 により，$\alpha+\gamma+$ ∟ $=\beta+\gamma+$ ∟ であり，これから

$\gamma +$ ∟ を引けば結果が得られる．

3. $AB = 1$ とすると，AF は $1/\Phi$ となり，$MF = \frac{1}{\Phi} - \frac{1}{2} = \Phi - \frac{3}{2}$ となることになる．$ME = 1 = BE$ で $GE = \frac{1}{4}$ だから，$MG = \frac{\sqrt{15}}{4}$ となる．こうして，相似な三角形 FMD と EGD にタレスの定理を適用すると，$MF = \frac{1}{4+2\sqrt{5}} = \frac{2\sqrt{5}-4}{4} = \Phi - \frac{3}{2}$ となって一致する．

4. そうではなく，C が円周上にない，たとえば，円外にあると仮定せよ（図参照）．そのとき，D を直線 AC と円との交点とすると，ユークリッド III.20 によって $\angle ADB$ は直角になり，また仮定により $\angle ACB$ も直角である．これはユークリッド I.16 に矛盾する．

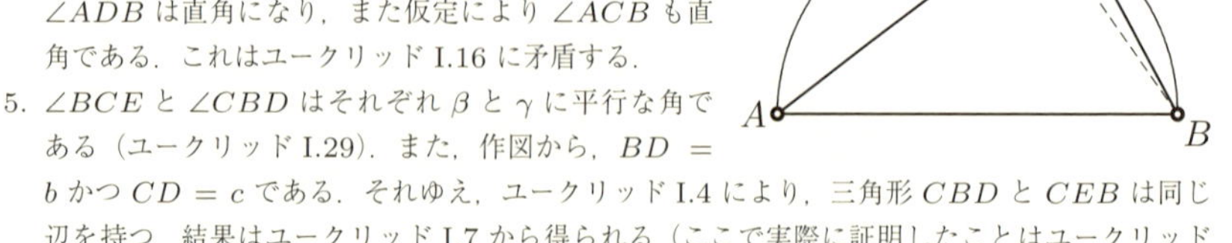

5. $\angle BCE$ と $\angle CBD$ はそれぞれ β と γ に平行な角である（ユークリッド I.29）．また，作図から，$BD = b$ かつ $CD = c$ である．それゆえ，ユークリッド I.4 により，三角形 CBD と CEB は同じ辺を持つ．結果はユークリッド I.7 から得られる（ここで実際に証明したことはユークリッド I.33 の逆命題である）．

6. さらにもっと賢い学生は，E からの垂線の足の一方が三角形の**内部**にあり，もう一方が**外部**にあることを見つけるだろう[8]．

7. 三角形 BDA と CDA は同じ辺を持ち，だからユークリッド I.22 によって $\angle BDA = \angle CDA$ である．公準 4 により，それらは直角である．

8. 三角形 PC_1Q と PC_2Q は二等辺三角形である．こうして，結果は演習問題 7 から導かれる．

9. ユークリッド III.36 により $t = \sqrt{3(d+3)}$ であり，タレスの定理により $\frac{d+3}{9} = \frac{t}{r}$ である．最初の等式から t を代入して，$d = 2r$ を使えば

$$(d+3) \cdot d^2 = 12 \cdot 92 = (9+3) \cdot 9^2$$

が得られる．最初と最後の表示を比べると，$d = 9$ 里がわかる．

10. ユークリッド I.29 により，図の角 α と β はそれぞれ同じである．辺 a も同じだから，ユークリッド I.26 により $AE = CE$ かつ $BE = DE$ となる．そのとき，菱形に対する結果は演習問題 7 から導かれる．

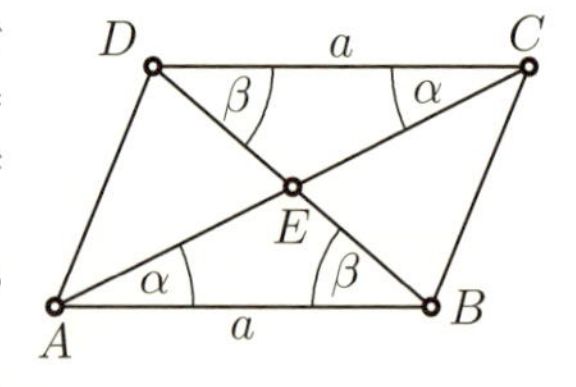

11. ユークリッド I.16 により $\gamma < \delta$ であり，ユークリッド I.15 により $\delta = \varepsilon < \beta$ である（図 A.4 (a) 参照）．こうして，ユークリッドが言うように，β は γ「よりずっと大きい」のである．

12. ユークリッド I.5 により $\delta = \varepsilon$ であり（図 A.4 (b) 参照），それ自身 η より小さい．それゆえ，ユークリッド I.19（これは前問のユークリッド I.18 の逆であり，背理法で証明することができる）により，BD（これは $BA + AC$ である）は BC より大きい．

13. ユークリッド I.5 により正三角形のすべての角は同じであり，ユークリッド I.32 により，それはすべて 2∟/3 である．したがって，$\alpha + \beta + \gamma = 2$∟ であり（図 A.4 (c) 参照），結果はユークリッド I.14 から導かれる．

---

[8] ［訳註］この問題自身，もとの三角形が二等辺三角形でないときは証明に穴があるということを示すという問題であることを承知していれば良いわけである．二等辺三角形のときは，AD が $\angle A$ の二等分線であり BC の垂直二等分線でもあるので，E が定まらない．

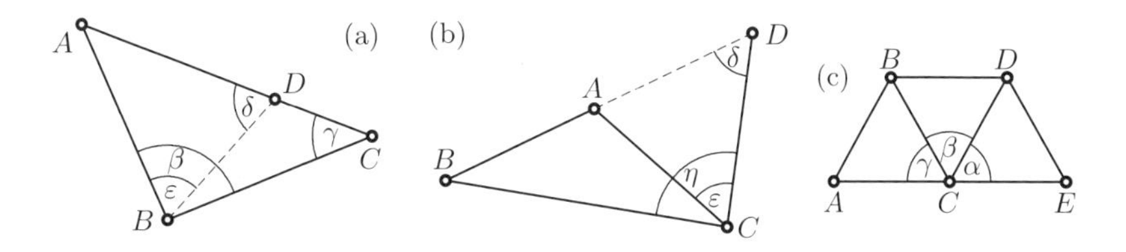

図 **A.4**　ユークリッド I.18，ユークリッド I.20，ユークリッド IV.15 の証明

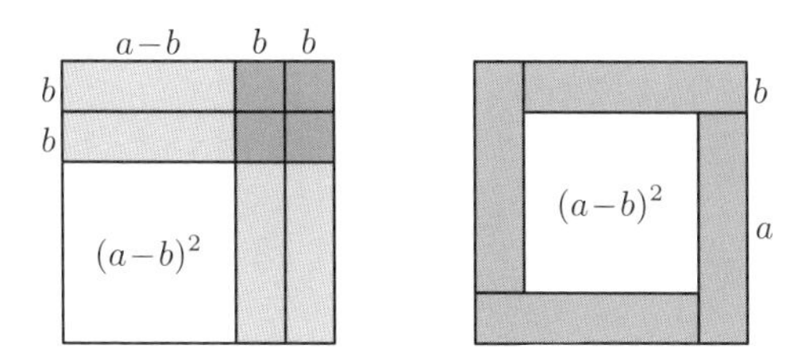

図 **A.5**　ユークリッド II.8 の証明．左：ユークリッドの証明，右：クラヴィウスの証明

14. ユークリッドの元の証明（図 A.5 左図）は，辺が $a+b$ と $a-b$ の 2 つの正方形の差を，4 つの長方形 $b\times(a-b)$ と 4 つの正方形 $b\times b$ で表わし，それらをあわせると 4 つの長方形 $b\times a$ になることを表している．右の図は，ヒースによって「クラヴィウスとほかの人」のものとされている，計算せずに直ちに結果がわかるものになっている．
15. 作図とピュタゴラスの定理により $(s+\frac{1}{2})^2=1+\frac{1}{4}$ が得られ，これからユークリッド II.4 により，述べられた結果である $s^2=1-s$ が得られ，そこで平方根を取れば $s+\frac{1}{2}=\frac{\sqrt{5}}{2}$ が得られる．
16. 演習問題 15 の注意とまったく同じ議論．
17. 三角形 DAC にユークリッド II.12（負の u での公式 (2.2)）から，$-s=s^2-1$ が得られるが，これは (1.4) である．
18. C が F のこの直線への正射影（ユークリッド I.12）でなかったなら，別の点 G をこの射影点とし，$\angle FCG$ を α と書く．G における内角も外角も直角になる．ユークリッド I.16 により，$\alpha<$ ∟ である．すると，ユークリッド I.18（演習問題 11 参照）により，FG は FC よりも短い．一方，G は円の外にあるので，FG は FC よりも長い．これは矛盾である．
19. ユークリッドの元の証明は，ユークリッド III.18（演習問題 18 参照）に基づいた非常に長いものである．今日では極限移行についてはためらいが少なくなっているので，単に C を B に向かって動かし，ずっと同じ角 α になっていることから，極限では直線 CB が接線になると言って良いだろう．[9]
20. 三角形 ABC の 3 辺に 3 つの正方形 a^2, b^2, c^2 をくっつける（図 A.6 左図参照）．この三角形

[9]　［訳註］ユークリッドの証明はそれほど長くない．図 2.41(b) を使えば，B から EF への垂線を立て，円との交点を A とすると，AH は直径である．$\angle ACB=$ ∟ $=\angle ABE$ であり，弧 AD に関する円周角として，$\angle ACD=\angle ABD$ である．差を取れば $\alpha=\angle BCD=\angle EBD$ が得られる．

の 3 つの高さの線を引いて，これらの正方形を 2 つずつの長方形に切り分ける．ユークリッドの証明とまったく同じ理由で，これらの長方形は 2 つずつ同じ面積になる．c^2 は $\mathcal{A}_1 + \mathcal{A}_2$ であり，これは $a^2 + b^2$ から面積 $\mathcal{A}_3 = av$ の 2 つの長方形を引いたものと同じである．

1647 年に聖ヴァンサンのグレゴリーによって発見されたこのエレガントな証明は，それ以来何度も再発見されてきた（[T.L. ヒース (1926)] 第 1 巻 404 ページと [A. シュタイナー，G. アリゴ (2010)] 109 ページ参照）．

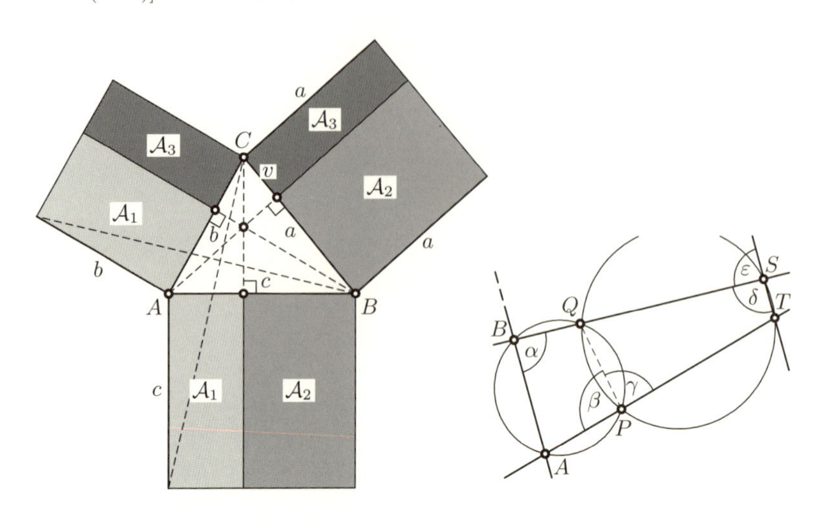

図 **A.6**　左：ユークリッド II.13 の直接証明，右：2 円問題の証明

21. ユークリッド III.36 のクラヴィウスの系と同じように，より一般な結果「図 2.42(b) の 2 つの直線 TS と AB は平行である」が容易に証明できる．この結果は，2 つの円にユークリッド III.22 を適用すればよい．証明の残りは図 A.6 右図に図示されている．引いて，足して，引けばよい．つまり，$\alpha + \beta = 2\llcorner, \beta + \gamma = 2\llcorner, \gamma + \delta = 2\llcorner, \delta + \varepsilon = 2\llcorner$ から $\alpha = \varepsilon$ 得られる．
22. 著者たちはこの定理に対する J. シュタイナーの仕事の正確な引用を見つけることができなかった．しかし，[ミケル (1838b)] に以下のような明晰な証明が与えられている．（図 2.15 (c) に描かれているような）ユークリッド III.22 を 4 つの円に内接する 4 つの四辺形に適用すると，図 2.43 右図の $\alpha, \beta, \gamma, \delta$ で表されている角がそれぞれ等しいことがわかる．それからまたユークリッド III.22（とその逆命題）によって，点 A, B, C, D と A', B', C', D' が共円であるのは，$\alpha + \beta + \gamma + \delta = 2\llcorner$ であるとき，かつそのときに限る．
23. ユークリッド III.36 を使って計算すると，$BE^2 = AE \cdot CE = \frac{9b}{5}\frac{4b}{5}$ となって，$BE = \frac{6b}{5}$ となる．ユークリッド III.32（演習問題 19 参照）により，α と印をつけた 2 つの角は同じである．共通の角 β と合わせると，三角形 BCE と ABE は相似となり，タレスの定理によって $\frac{BC}{BE} = \frac{AB}{AE}$ となって，$BC = \frac{2a}{3}$ が得られる．$BD = BA$ であるように BC を D まで延ばせば，つまり ADB が正三角形になるようにすれば，$\frac{BC}{CD} = 2 = \frac{FC}{CA}$ となる．それゆえ，三角形 FCB と ACD は相似であり，相似比は 2 である．その結果，$BF = 2 \cdot AD = 2a$ で

あり，$\angle CBF$ は $\angle CDA = 60^\circ$ であり，これが求めることであった．
(b) 前と同じように C を取り，CF 上にもう1つの 60° 円を描いて，B を2つの円の交点とする（図 2.44 (c)）．すると，BC は三角形 ABF の $\angle B$ の二等分線であり，ユークリッド VI.3 から $BF = 2 \cdot BA$ となる．

24. すべての多面体に対して関係式

$$s_0 - s_1 + s_2 = 2 \quad \text{（オイラーの記号では } E + F = K + 2\text{）}$$

が成り立つことがわかる．この関係は簡明なものであるが，一般の場合の証明が欲しいのであれば，オイラーが難しい証明 (*demonstrationis difficultatem*) を語ってくれるだろう．しかし，実際，ほんの1世紀後には単純な証明が与えられたのである（コーシー，[シュタイナー (1826d)]，[フォン・シュタウト (1847)]．詳細は [ポント (1974)] を参照）．

A.3　第3章の解答

1. 点 B, Q と P, A の横座標をそれぞれ x_1 と x_2 と書き，B, P と Q, A の横座標を y_1 と y_2 と書く（図 3.9 左図参照）．すると，ピュタゴラスの定理により，

$$OP^2 + OP'^2 = OP^2 + OQ^2 = x_2^2 + y_1^2 + x_1^2 + y_2^2 = x_2^2 + y_2^2 + x_1^2 + y_1^2 = a^2 + b^2$$

となる．これはもちろん “summa quadratorum binarum diametrorum coniugatorum semper est constans（2つの共役直径の2乗の和は常に一定である）” ということである．

2. さて，図 A.7 (a) の楕円を円に引き延ばせば（図 A.7 (b)），共役直径は直交するようになり，平行四辺形はこの円の周りを回転する正方形になる．こうして定理は本当に「ほとんど直感だけで証明さえなく」了解される．ニュートン自身はこの結果を単に “Constat ex Conicis”（円錐曲線だから成り立つ）と言っている．実際にはこれはアポロニウスの証明（アポロニウス VII.31）であるが，彼は4ページ以上も掛けている．

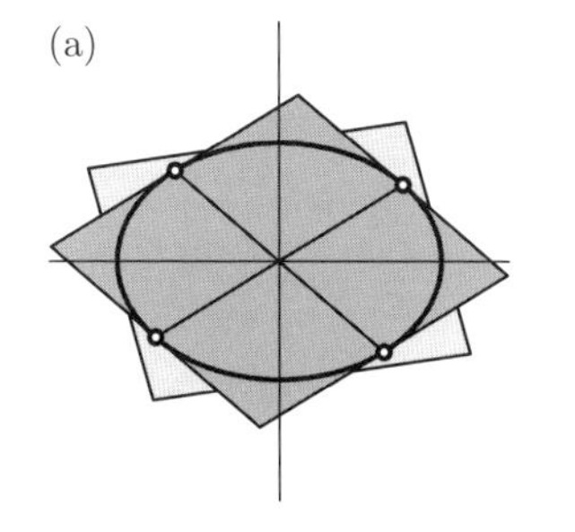

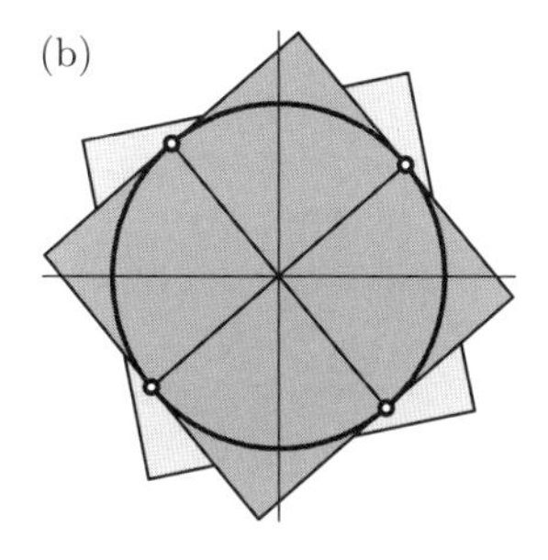

図 A.7　楕円の共役直径の周りの平行四辺形

3. これは放物線のパッポスの定義と同値である（図 3.2 の最初の図と次の演習問題4参照）．$VU = OQ$（円の半径）という条件の下で，ちょうど $PU = PQ$ であるに $PS = PV$ と

なる．もし直線が円と交わっていれば，放物線はその交点を通る．なぜならここでは両方の距離が 0 になる．

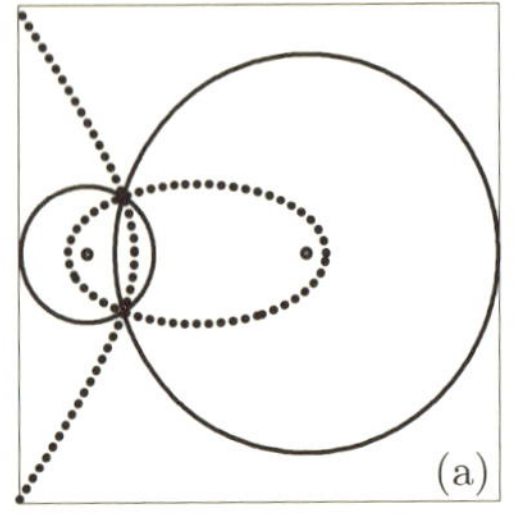

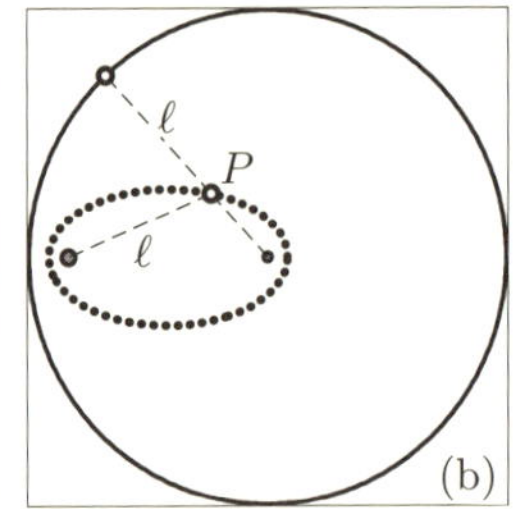

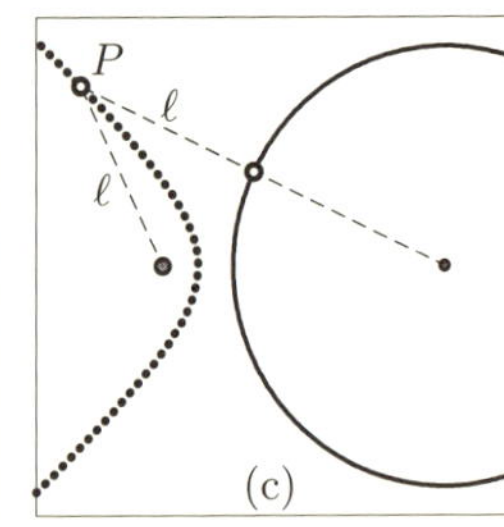

図 **A.8**　2 つの円から同じ距離にある点

4. 2 円が交われば答えは極めて手の込んだものになる（図 A.8 (a) 参照）．2 円が交わっていなければ，一方が他方の内側にあるか，両方とも外側にあるかだが，問題は易しくなる．そのときは，双方の半径から定数を引く（か，足す）ことによって，2 円のうち小さい方を 1 点に縮めることができる．こうして問題は，「円と 1 点が与えられたとき，円と点から同じ距離にある点の集合を求めよ」となる．答は (3.6) か (3.13) の易しい帰結であり，円錐曲線の**第 3** の特徴づけとなる（図 A.8 (b) と (c) 参照）．円の中心は焦点にあり，残りの円の半径は $2a$ である．
5. それらは直交する．証明のために，図 3.5 の α と書かれた角を考え，図 3.12 の対応する角を β と書く．すると，$2\alpha + 2\beta = 2$ ∟ であること，そして 2 つの接線の間の角が $\alpha + \beta$ であり，したがって ∟ にならねばならないことがわかる．この結果を見るもう 1 つの方法が図 A.8 (a) であるのは，2 つの共焦円錐曲線上の点が 2 つの円から等距離にあり，それゆえ円錐曲線への接線が円の接線の角の二等分線であるからである．
6. AB を直径とする円を描く．その中点を M，半径を r とする．C を通る直径を引く．動いている間，3 つすべての対象が三角形に固定されていると考える（図 3.31(b) 参照）．O を中心とし，半径 $2r$ の円 ED を描く．$\angle AMD$ は $\angle EOD$ の 2 倍であるのに，半径は半比例しているので，弧 AD と ED の長さは同じである．**それゆえ，円 $PAQB$ は円 DE の内側を転がり，一方直径 AB は直交する軸の上を動くというようにイメージできる．**（90 ページの）図 3.9 のプロクロスの作図により，この直径上のどんな点もある楕円の上を動く．しかし，点 C を乗せている PQ は，まさに，ほかのどこかで外側の円に接する別の直径である．したがって，同じ結果によって，C は $\angle AMQ$ の半分だけ回転した楕円の上を動く．

   注意．$2r$ を $3r$ に置き換えると，点 A はずっと興味深い曲線であるシュタイナーのデルトイドの上を動く（7.5 節の図 7.17 参照）．
7. 点 E は平行四辺形 $OIPG$ の対角線上にあるので，$IE = EG$ である．点 G は H を中心とするある円上を動き，それゆえ，E はこの円と H から同じ距離にある，つまり，演習問題 4 で述べた 3 番目の特徴づけによって，ある楕円の上を動く．
8. 直線 $F'P$ を引き，図 3.5 の右の図のように，点 B まで延長する．すると，点 R は点 B と F の中点になる（三角形 BPF は二等辺三角形）．O は F' と F の中点だから，三角形 FOR と $FF'B$ は相似で，相似比は $1:2$ である．(3.6) により $F'B = 2a$ なので，$OR = a$ である．

9. 頂点における接線は F と準線 d との間の中間にあるので，前問と同じ議論によって（図 3.2 参照），結果はタレスの定理から得られる．
10. それらは中央の点 F を焦点とする放物線である．このことを見るために，A と B の中点 M は，F の AB 上への直交射影だが，45° の直線上を動くことに注意する[10]．こうして，結果は上の演習問題から得られる（図 3.33 右図参照）．
11. ヒントのように，楕円を円に引き延ばす（図 A.9 (a) 参照）．すると，三角形 $\Gamma H'B$ と ΓHA は二等辺三角形である．理由は辺 g' と g が同じ点から円への接線で，同じ長さだからである．だから，タレスの定理によって，「水平な」g, g' に対しては $\frac{g'}{g} = \frac{u'}{u}$ となり（図 3.35 (a) 参照），「垂直な」g, g' に対しては $\frac{g'}{g} = \frac{h'}{h}$ となる．これでアポロニウス I.34 が示された．

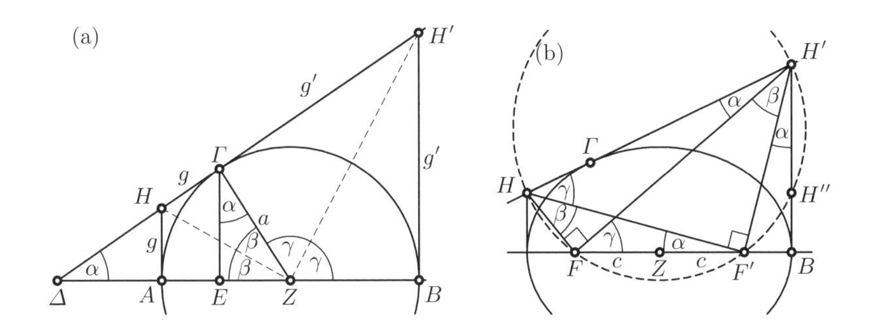

図 A.9　(a) アポロニウス I.34 と I.36，アポロニウス III.42 の証明，(b) アポロニウス III.46 の証明

$\angle Z\Gamma\Delta$ は直角である[11]．タレスの定理により，$ZE/Z\Gamma = Z\Gamma/Z\Delta$ となり，アポロニウス I.36 が証明される．$2\beta + 2\gamma = 2\llcorner$ であるから，角 $\angle H'ZH$ は直角であり，$gg' = a^2$ は高さ定理（ユークリッド II.14）である．$g = \frac{a}{b}h$ かつ $g' = \frac{a}{b}h'$ であるから，これでアポロニウス III.42 は証明される．
ここで，アポロニウス I.36 に対して彼が描いたものと同じ点の名前を使っているが，彼の証明はずっと長いものである．

12. 演習問題 13 参照．
13. HH' を直径とするタレスの円を描く（図 A.9 (b) 参照）．その中心は Z の真上にあるから，この円が軸 AB と交わる点 F と F' は Z から同じ距離 c にある．点 B にユークリッド III.36 のクラヴィウスの系（(2.6) 参照）を適用すると，$hh' = (a - c)(a + c)$ が得られるので，アポロニウス III.42 とユークリッド II.5 により $a^2 - c^2 = b^2$，つまり $c^2 = a^2 - b^2$ が得られる．（恐らく，このタレスの円が AB に交わらないかもしれないことが問題になるかもしれない．そのときは，AB を接線になるまで上にあげていくと，ユークリッド III.36 から $a^2 < b^2$ という矛盾が導かれる．）弧 HF は弧 $F'H''$ と等しいので，ユークリッド III.21 により，α と書かれた 3 つの角はすべて等しい（ほかのものについても同様である）．

[10]　［訳註］図 3.34 左図で，AF を直径とするタレスの円を描き，固定された正方形の下辺との交点を L とすれば，L は下辺の中点であり，$\angle FLM = \angle FAM = 45^\circ$ である．
[11]　［訳註］したがって，三角形 $Z\Gamma\Delta$ と $\Gamma\Delta E$ は相似である．

14. $\Theta\Gamma$ が垂直であったなら，三角形 $\Theta\Gamma H$ と $\Theta\Gamma H'$ から，$\tan\alpha/\tan\gamma = u/u'$ となるだろう（第 5 章の記号を先取りして，図 3.35 (a) 参照）．一方，三角形 $F'BH'$ と FAH から，$F'B = AF$ より，$\tan\alpha/\tan\gamma = h/h'$ となる．これはアポロニウス I.34 と一致している．この「逆向き」の議論はユークリッドが確立した厳密さを満たさないので，アポロニウスはこれを，反対の仮定が矛盾に導くことを示す長い証明に変えている．

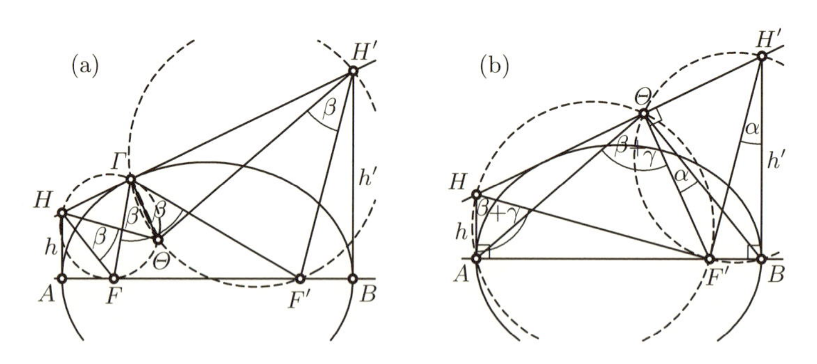

図 A.10　(a) アポロニウス III.48 の証明，(b) アポロニウス III.49 の証明

15. 図 3.36 (b) の四辺形 $\Gamma H'F'\Theta$ には直角である 2 つの対角がある．それゆえ，$\Theta H'$ を直径に持つタレスの円は Γ と F' を通る．ユークリッド III.21 により，$\angle F'\Gamma\Theta$ と $F'H'\Theta$ は β に等しい（図 A.10 (a) 参照）．同じように，$\angle\Theta\Gamma F$ が β であることが証明される．
16. 前の演習問題と同じように，$F'H'$ と $F'H$ を直径とする 2 つの円を描く．ユークリッド III.21 を 2 度適用すると（図 A.10 (b) 参照），$\angle A\Theta B$ が $\alpha+\beta+\gamma$ であることが示される．しかし，図 3.36 (a) とユークリッドの公準 5 から，$2\alpha+2\beta+2\gamma = 2$ ∟ であることがわかる．
17. 証明は図 3.37 左図に含まれる．三角形 SFS' にユークリッド I.3 を適用すれば，$\gamma = \beta - \alpha$ がわかる．それから，F を 3 本の接線に直交射影したものを N', n, N とすると，それらは楕円の外接円上にある（これがアポロニウス III.50 であり，ポンスレはマクローリンによるものとしている）．また，この円上の点 M と M' を，F に関して N と N' に対する点とする．直角であることから，点 S', N', n, F は共円である．ユークリッド III.21 をこの円に適用して α を N' に移し，それからユークリッド III.20 を外接円に適用すれば $\angle nOM'$ が 2α であることがわかる．同じように，$\angle nOM$ は 2β である．こうして，2γ は $\angle M'OM$ になって，第 3 の接線の位置にはよらない．S か S' を P に動かしていけば，易しい系として第 2 の結果が得られる．
18. アポロニウス I.36（演習問題 11 参照）により，図 A.11 (a) の記号では $xw = a^2$ となる．引き延ばすことにより（演習問題 11 に対する「ヒント」参照），類似の結果 $yv = b^2$ も得られ，タレスの定理により，$\frac{z}{y} = \frac{v}{w}$ となり，$zw = yv = b^2$ となる．それゆえ，$PO \cdot QO = (x-z)w = xw - zw = a^2 - b^2$ である．
19. 楕円を円に引き延ばすと（図 A.11 (b) 参照），三角形 ZAE と EAH は相似で，それゆえ，$\frac{u}{w} = \frac{w}{v}$，つまり $uv = w^2$ となる．ΔE と ZH は平行なので，引き延ばしてもこれらの線分の長さの比は保たれる．

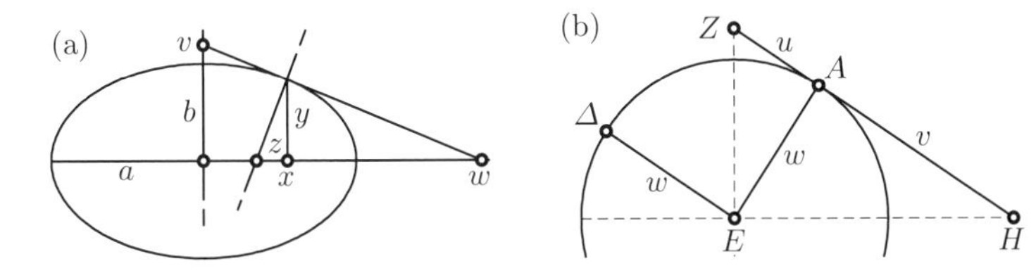

図 **A.11**　(a) 演習問題 18 の証明，(b) 演習問題 19 の証明

20. アポロニウス III.50 により，点 R と R' は，AB を直径とするタレスの円上にある．三角形 $H'BD$, $F'R'D$, FRD, HAD はすべて相似である．それゆえ，タレスの定理により，ある定数 k（これは $\angle ADH$ の正接である）があって，

$$d \cdot d' = k^2 \cdot RD \cdot R'D = k^2 \cdot AD \cdot BD = h \cdot h' = b^2$$

を満たす．2 つ目の等号はユークリッド III.36 のクラヴィウスの系で，最後の等号はアポロニウス III.42 である．

21. 実際，$\frac{2}{3} = \frac{\pi}{6} : \frac{\pi}{4}$ となる．これは単位立方体に内接する球の体積と，単位正方形に内接する円の面積の比である．2 重円柱の水平面での切り口は正方形で，球の水平面での切り口はこの球に内接する円となる．

22. 図 3.40 (b) の記号を使うと，

$$z = \frac{v}{y} = \frac{vw}{x^2} = \frac{vwv^2}{w^4} = \frac{v^3}{w^3} = u^3$$

となる．ここで，最初と最後の等号はタレスの定理から得られる．2 つ目と 3 つ目の等号は，直角三角形 $\Gamma\Lambda A$ と ΛAH に対して，ユークリッド II.14 を適用すると，それぞれ $yw = x^2$ と $xv = w^2$ となることから得られる．

23. 放物線を細片ごとに量って，その重さを三角形の重さと比較する．長さ $1 - x$ の応力中心距離に置かれた長さ x の細片は，長さ 1 の応力中心距離に置かれた長さ $x(1 - x)$ の放物線の細片と釣り合う．すべての面積を足し上げ，三角形全体（面積は $4\mathcal{T}$）をその重心に集中させる[12]．（定理 $4\mathcal{T}$ により）その距離は $\frac{1}{3}$ だから，長さ 1 の応力中心距離に置かれた放物線の全体と釣り合うのは，$\mathcal{P} = \frac{4}{3}\mathcal{T}$ のときである．

A.4　第 4 章の解答

1. 示さなければならないのは，ミケル点 M が 3 つの高さすべての上に乗っていることである．対称性により，1 つの高さ，たとえば AD に対してこれを示せば十分である．149 ページの図 4.20 の $\angle EBA$ と $\angle ACF$ は直交しているので，等しい．こうして，$\frac{AE}{AF} = \frac{AB}{AC}$，つまり $AF \cdot AB = AE \cdot AC$ となり，これは点 A が両方の円 FDB と EDC に関して等冪の点で

[12]　［訳註］図 3.41 左図で，$\mathcal{P}$ は放物線と水平線で囲まれた部分の面積で，$\mathcal{T}$ はその放物線の両端における接線を引くことで得られる三角形の面積である．

あることを意味している．結局，A はこの 2 円の根軸上にあり，点 A, M, D は一直線上にある．

2. 図 4.26 (a) で δ と書かれている $\angle\delta$ は直交しているので，等しい．したがって，三角形 CFB と AFH は相似である．それゆえ，$\frac{b}{c} = \frac{y}{a}$，つまり $y = \frac{ab}{c}$ となる．2 つ目の計算では $a \leftrightarrow b$ という交換をすると，まったく同じ結果が得られる．
3. 演習問題 2 の解から $y = \frac{ab}{c}$ であるなら，$c = \frac{ab}{y}$ でもある．もし C と H が交換されれば，辺 AC, BC と高さ BE, AD が役割を交換するが，互いに直交するということを残っている．また下巻第 10 章の解答の図 12.25 も参照．
4. 三角形 APF と BVF は相似で，三角形 APU と BVP も相似である．こうして $\frac{PU}{PV} = \frac{PA}{BV} = \frac{c_1}{c_2}$ となる．今度は，これに $\frac{PU}{PC} = \frac{b_2}{b_1}$ を代入し，ユークリッド VI.2 そのものである $\frac{PV}{PC} = \frac{a_1}{a_2}$ で割ると，結論が得られる．
5. これらの三角形の面積を $\mathcal{C}_1, \mathcal{C}_2, \mathcal{A}_1, \mathcal{A}_2, \mathcal{B}_1, \mathcal{B}_2$ と書き，h_1 と h_2 をそれぞれ A と B の直線 CP からの距離とする．これらはそれぞれ三角形 APC と BPC の高さであるので，
$$\frac{c_2}{c_1} = \frac{h_2}{h_1} = \frac{\mathcal{A}_1 + \mathcal{A}_2}{\mathcal{B}_1 + \mathcal{B}_2}$$
となる．対応する 3 つすべての因数を掛けると，$\frac{a_2}{a_1} \cdot \frac{b_2}{b_1} \cdot \frac{c_2}{c_1}$ は明らかに 1 となる．
6. タレスの定理により，$\frac{a_1}{a_2} = \frac{a_1'}{a_2'}$，$\frac{b_1}{b_2} = \frac{b_1'}{b_2'}$，$\frac{c_1}{c_2} = \frac{c_1'}{c_2'}$ となる．灰色の 3 つの三角形はすべて ABC に相似なので，またタレスの定理により $\frac{a_1'}{b_2'} = \frac{a_1+a_2}{b_1+b_2}$，$\frac{b_1'}{c_2'} = \frac{b_1+b_2}{c_1+c_2}$，$\frac{c_1'}{a_2'} = \frac{c_1+c_2}{a_1+a_2}$ となる．これらの 3 つの分数をすべて掛けると 1 になる．
7. タレスの定理により $EG : EC = AF : AC$ になり，それゆえ $EG = \frac{c}{(1+w)(1+v)}$ となる．
   ユークリッド I.41 とタレスの定理により $\mathcal{C} : \mathcal{B} = EH : HB = EG : FB = \frac{1}{(1+v)w}$ となる．
   ユークリッド I.41 から $(\mathcal{C} + \mathcal{B}) : \mathcal{A} = \frac{1}{1+v}$ となるので，$\mathcal{C}$ を消去すると $\mathcal{B} = \frac{w}{1+w+wv} \cdot \mathcal{A}$ となる．
   巡回置換をしてから引けば，最終的に
$$\mathcal{T} = \left(1 - \frac{u}{1+u+uw} - \frac{v}{1+v+vu} - \frac{w}{1+w+wv}\right) \cdot \mathcal{A}$$
となり，整理すれば (4.25) となる．
8. P を円の，たとえば BCD と ACE の交点で，三角形の内側にあるものとする．すると，ユークリッド III.22 により，$\angle BPC = \angle CPA = 120^\circ$ である．なぜなら，これらは中心角 240° に対応する円周角であるからである[13]．それゆえ，$\angle APB$ も 120° であり，またユークリッド III.22 により，P が第 3 の円上になければいけないことになり，(b) が証明される．主張 (c) はユークリッド III.21 から導かれる．なぜなら，たとえば，$\angle DBC$ と $\angle DPC$ が同じ弧に対する円周角だからである．その結果，A, P, D は同一直線上にあり，B, P, E と C, P, F も同一直線上にあって，(a) が証明される．(d) については，2 円の根軸の性質を使う（第 2 章の演習問題 8 参照）[14]．(e) については，B と F の間の弧の上に点 H を，弧 AP と弧 BH が等しくなるように取る．AP, AH, PF, HF を結ぶと，2 つの正三角形が得られる．これから求める結論が得られる．
9. (a) O と H は九点円の中心 N に関して対称的な位置にあり，$A'O$ と HA が平行だから，

---

[13] ［訳註］四辺形 $CPBD$ が円に内接し，$\angle BPC$ の対角 $\angle BDC$ が正三角形の内角であることを使う方がわかりやすいかもしれない．

[14] ［訳註］図 4.29(a) から，PA, PB, PC が 120° で交わり，(b) から，それらが根軸であり，外接円の中心を結ぶ線が根軸と直交していることから，互いに 120° で，だから 60° で交わる．

$LO = HK$ となる（図 4.30 参照）．九点円の 3 番目の性質から，K が H と A の中点であることがわかっている．A' の定義により，L は O と A' の中点である．したがって，$A'OAH$ は平行四辺形であり，N がその中点で，ANA' が対角線となる．

(b) 構成により，$A'COB$ も平行四辺形で，さらに言えば菱形であって（ユークリッドの定義 22），その辺の長さ R は外接円の半径である．(a) の部分ですでに，OA と $A'H$ が同じ長さであることがわかっている．出てきた外接円の半径はすべて同じ R である．

(c) 直線 $A'B$, $A'C$, $A'H$ はそれぞれ CO, BO, OA に平行である．こうして，結果は定理 4.3 の主張 (c) と同じになる．

10. ユークリッド II.5 とピュタゴラスの定理とパッポス IV.16（図 4.31 右図参照）により，

$$AO \cdot PC = (R - r - a)(R - r + a) = (R - r)^2 - a^2 = a^2 + h^2 - a^2 = h^2 = 4r^2$$

となるが，これは OP^2 である．

11. エレガントな解法（図 4.32 右図参照）が，この円の半径を d だけ大きくすると，軸 CO と O で接する点線の円となることで，得られる．そのとき，

ユークリッド III.36 から	ユークリッド II.14 から
$a^2 = (R + d)(R - e)$	作図

12. **動機.** R は $\angle BAW$ の二等分線上にも，WBA の二等分線上にもないといけないから，三角形 ABW の内心となり，$\angle AWB$ の，つまり QWP の二等分線上にもあることになる．**逆向きに進むとき**，QPR が正三角形であると仮定すれば，QWP は二等辺三角形でなければならない．

だから，最初に 3 つの角 δ, ε, ζ を任意に選び，底角が δ, ε, ζ である 3 つの二等辺三角形を PQR にくっつける（図 A.12 右図参照）．それから，それらの辺を延長して，（図の外側で）交わる 3 つの点 A, B, C を得る．

ψ と η を図 A.12 にあるようにとる．それぞれユークリッド I.32 と I.15 により，

$$\psi = 90^\circ - \delta \qquad \text{and} \qquad \eta = \varepsilon + \zeta + 60^\circ \tag{A.2}$$

となる．作図から，R は三角形 ABW の角の二等分線上にある．**もう一つ条件があれば**，R は三角形 ABW の内心になる．ユークリッド I.32 を図 A.12, 左図の三角形 ARB と AWB に適用すると，この条件は

$$\eta + \alpha + \beta = 180^\circ \text{ と } 2\psi + 2\alpha + 2\beta = 180^\circ, \quad \text{つまり } \eta - \psi = 90^\circ \tag{A.3}$$

となる．(A.2) の ψ と η を代入すると，これは

$$\delta + \varepsilon + \zeta = 120^\circ \tag{A.4}$$

となる．この条件の下で，点 A と B での 2 つの**下側の**角 α と β はそれぞれ等しい．

この条件の完全な対称性から，周りの三角形に同じ議論をすることができ，最終的に 3 点 A, B, C における **3 つすべての**角 α, β, γ はそれぞれ等しくなる．

さらに (A.3) から，

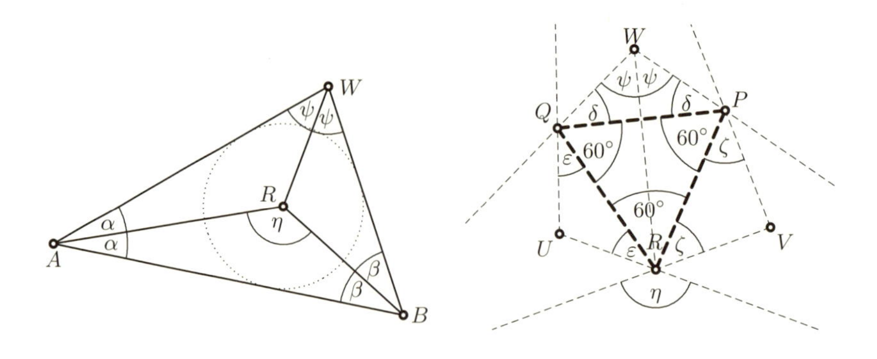

図 **A.12**　モーレーの定理の，ロジャー・ペンローズの逆向きの証明

$$\alpha+\beta=\delta \quad \text{となり，同様に} \quad \beta+\gamma=\varepsilon, \qquad \gamma+\alpha=\zeta \tag{A.5}$$

となって，α, β, γ が与えられ，(4.23) を満たすように，(A.4) を満たす δ, ε, ζ を決めることができる．

13. 三角形 CLQ と CKP は相似である．それゆえ（ユークリッド I.15 と I.5 により）三角形 QPO は 2 等辺三角形である（$OP = OQ$）．ここで，O は外接円の中心である．それゆえ，P と Q はこの円に関して同じ冪を持ち，ユークリッド III.35 により $RQ \cdot QC = RP \cdot PC$ となる．これから，タレスの定理とユークリッド I.41 により結果が得られる．なぜなら，QC と PC の比は QL と PK の比に等しく，それゆえ，三角形 LQR と KPR の高さの比に等しいからである．

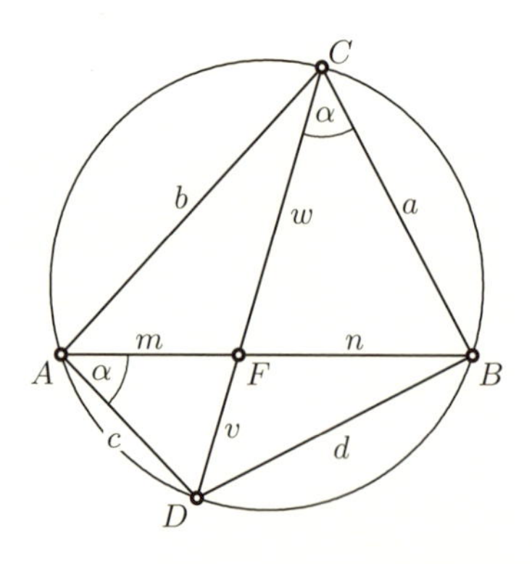

図 **A.13**　スチュアートの定理の別証

14. 図 A.13 の記号を使うと，補題 5.1 から

$$(w+v)(m+n)=ac+bd$$

となる．$v = \frac{mn}{w}$（ユークリッド III.35）と $c = \frac{am}{w}$（ユークリッド III.21 とタレスの定理）と $d = \frac{bn}{w}$ を代入して，w を掛けて $m + n$ で割ると，求める結果が得られる．

A.5 第 5 章の解答

1.

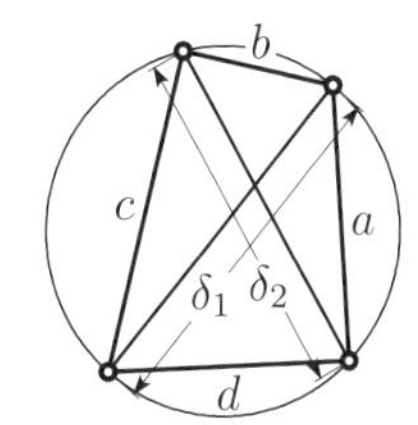

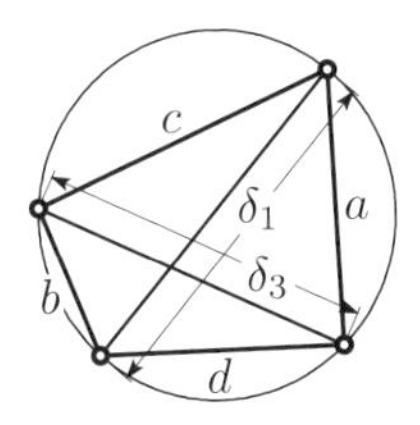

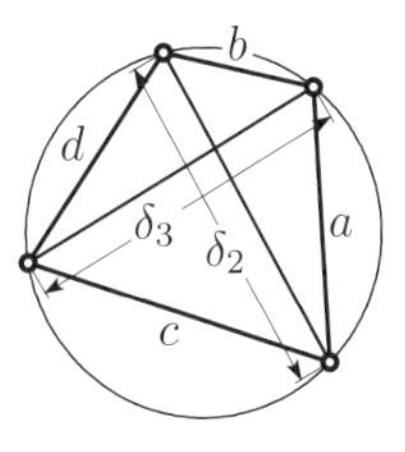

辺を交換し，プトレマイオスの補題を 3 回使い，割って，征服せよ[15]．

2. $6\cos\frac{\pi}{6} = 3\sqrt{3} = \sqrt{27}$ を $\sqrt{25} = 5$ と簡単にすると，$6, 5, 3, 0$，-3，-5，-6 という数が得られ，「1 時間当たり，差全体の $\frac{1}{12}$，$\frac{2}{12}$，$\frac{3}{12}$，$\frac{3}{12}$，$\frac{2}{12}$，$\frac{1}{12}$ だけ海面が下がる」という *la règle des douzièmes*（12 分の 1 則）が得られる．
3. ユークリッド III.20 から，ICB は BDA に相似だから，$IC = \sin\alpha\tan\beta$，$IB = \frac{\sin\alpha}{\cos\beta}$ となる．だから，$AI = \cos\alpha - \sin\alpha\tan\beta$ である．また，IEA は BDA に相似なので，$AE = AI\cdot\cos\beta$ となり，これから直接に求める 2 つ目の公式が導かれる．1 つ目はより少し技巧的である．タレスの定理により，$EI = AI\cdot\sin\beta = \cos\alpha\sin\beta - \sin\alpha\,\frac{\sin^2\beta}{\cos\beta}$ と計算され，EB を $EI + IB = \sin\alpha(\frac{1}{\cos\beta} - \frac{\sin^2\beta}{\cos\beta}) + \cos\alpha\sin\beta$ となって，ピュタゴラスの定理 $1 - \sin^2\beta = \cos^2\beta$ を使えば求める結果が得られる．
4. $\sin 18^\circ = \frac{1}{2\Phi}$ の値は図 1.10 から，二等辺三角形 ADC の高さを引くことによってわかる．図 1.22 右図から $\cos 36^\circ = \frac{\Phi}{2}$ がわかる．$30^\circ, 45^\circ, 60^\circ$ に対する値は（図 1.22 左図の）正三角形と正方形とからわかる．残りの値は加法公式 (5.6), (5.7) とピュタゴラスの定理 (5.2) から得られる．
5. これは，(5.10)を (5.9)に代入すると直ちに得られる．この演習問題でさらに必要となるのは，$u^2 - v^2$ のような表示を $(u+v)(u-v)$ に置き換えることだけである．
6. a) 演習問題 5 の $\sin\frac{\alpha}{2}$ に対する公式と，$\sin\frac{\beta}{2}$，$\sin\frac{\gamma}{2}$ に対する類似の公式を代入して $s = \frac{a+b+c}{2}$ を使え．平方根はすべて消え，代数計算で簡単にすればすぐに恒等式が得られる．
   b) 同じように，演習問題 5 からの 3 つの式を掛けて，(5.16) と (5.18) を使えば，
   $$\sin\frac{\alpha}{2}\sin\frac{\beta}{2}\sin\frac{\gamma}{2} = \frac{(s-c)(s-a)(s-b)}{abc}\cdot\frac{s}{s} = \frac{\mathcal{A}}{abc}\cdot\frac{\mathcal{A}}{s} = \frac{1}{4R}\cdot\rho$$
   が得られる[16]．
7. 公式 (5.6)と (5.7)を互いに足したり引いたりすることによって結果が得られる．
8. (5.6) 式を $\sin((\alpha+\beta)+\gamma)$ と $\cos((\alpha+\beta)+\gamma)$ に 2 回使うことによって，次の表の最初の行が得られる．

---

15 ［訳註］divide and conquer（分割し統治せよ）というのは大英帝国の政策のスローガンで，divide を「分割する」と「割る」という 2 つの意味に賭けた洒落... ですが．

16 ［訳註］もちろん 2 つ目の等式はヘロンの公式 (6.26) を使っている．

	$\sin\alpha$ $\cos\beta$ $\cos\gamma$	$\cos\alpha$ $\sin\beta$ $\cos\gamma$	$\cos\alpha$ $\cos\beta$ $\sin\gamma$	$\sin\alpha$ $\sin\beta$ $\sin\gamma$
$\sin(+\alpha+\beta+\gamma)=$	$+$	$+$	$+$	$-$
$\sin(-\alpha+\beta+\gamma)=$	$-$	$+$	$+$	$+$
$\sin(+\alpha-\beta+\gamma)=$	$+$	$-$	$+$	$+$
$\sin(+\alpha+\beta-\gamma)=$	$+$	$+$	$-$	$+$

	$\cos\alpha$ $\cos\beta$ $\cos\gamma$	$\sin\alpha$ $\sin\beta$ $\cos\gamma$	$\sin\alpha$ $\cos\beta$ $\sin\gamma$	$\cos\alpha$ $\sin\beta$ $\sin\gamma$
$\cos(+\alpha+\beta+\gamma)=$	$+$	$-$	$-$	$-$
$\cos(-\alpha+\beta+\gamma)=$	$+$	$+$	$+$	$-$
$\cos(+\alpha-\beta+\gamma)=$	$+$	$+$	$-$	$+$
$\cos(+\alpha+\beta-\gamma)=$	$+$	$-$	$+$	$+$

角 α,β,γ のうちの 1 つの符号を変えると，対応する sin の符号は変わるが，cos の符号は変わらない．これによってほかの行がわかる．これから演習問題の最初の 2 つの式は見ただけでわかる．

それから，$\alpha+\beta+\gamma=\pi$ であれば $\sin(\alpha+\beta+\gamma)=0, \cos(\alpha+\beta+\gamma)=-1$ となり，$-\alpha+\beta+\gamma=\pi-2\alpha$ だから $\sin(-\alpha+\beta+\gamma)=\sin 2\alpha, \cos(-\alpha+\beta+\gamma)=-\cos 2\alpha$ が得られ，β と γ に対しても同様の式が得られる．これから，(5.62a) と (5.62b) の 2 式が得られる．

次に，最初の式で，α,β,γ を $\frac{\alpha}{2},\frac{\beta}{2},\frac{\gamma}{2}$ で置き換え，$\frac{\alpha}{2}+\frac{\beta}{2}+\frac{\gamma}{2}=\frac{\pi}{2}$ を使う．すると，$\sin(\frac{\alpha}{2}+\frac{\beta}{2}+\frac{\gamma}{2})=1, \cos(\frac{\alpha}{2}+\frac{\beta}{2}+\frac{\gamma}{2})=0$ となり，$-\frac{\alpha}{2}+\frac{\beta}{2}+\frac{\gamma}{2}=\frac{\pi}{2}-\alpha$ であるから，$\sin(-\frac{\alpha}{2}+\frac{\beta}{2}+\frac{\gamma}{2})=\cos\alpha, \cos(-\frac{\alpha}{2}+\frac{\beta}{2}+\frac{\gamma}{2})=\sin\alpha$ が得られる．これから，(5.62c) と (5.62d) の 2 式が得られる．

(5.62e) 式と (5.62f) 式は (5.8) 式と (5.62b) 式から得られる．(5.62g) 式に対しては，(5.6) の 3 つ目の式を 2 回使って $0=\tan\pi=\tan((\alpha+\beta)+\gamma)$ を展開し，整理せよ．そのとき，分子が求める式を与える．

9. 解析な証明については，単に左辺の a と b をそれぞれ $2R\sin\alpha$ と $2R\sin\beta$ で置き換えて（正弦法則 (5.12)），それから加法法則 (5.61) を使って整理せよ．すると結果が出てくる．
ヴィエート自身はこの恒等式を幾何学的議論によって導いた（図 A.14 参照）．C を中心，b を半径とする円を描き，直線 BC との交点 D と E を，$BE=a+b$ と $BD=a-b$ であるように取る．それから，角 $\alpha+\beta$, $\frac{\alpha+\beta}{2}$, $\frac{\alpha-\beta}{2}$ を，この順に，ユークリッド I.32，ユークリッド I.20，ユークリッド I.32 を使って印をつけておく．タレスの円により，DAE は直角である．DA に直交する FD を引くと，$FD=AD\cdot\tan\frac{\alpha-\beta}{2}$ と $AE=AD\cdot\tan\frac{\alpha+\beta}{2}$ が得られる．しかし，タレスの定理により，$\frac{FD}{AE}=\frac{a-b}{a+b}$ となり，これが求める結果を与える．

10. 疲れを知らないオイラーは，その著作の中で（とくに [オイラー (1748)] 第 XIV 章 §237 と [オイラー (1783)] 参照）これらの公式に到達している．もちろん，単に (5.6)式と (5.61)式を繰り返し使うことによって証明することもできる．オイラー自身は複素解析を使った（彼の公式は下巻第 8 章の (8.19) 式）．数値解析の専門家なら，(5.65)式を見ると，チェビシェフ多項

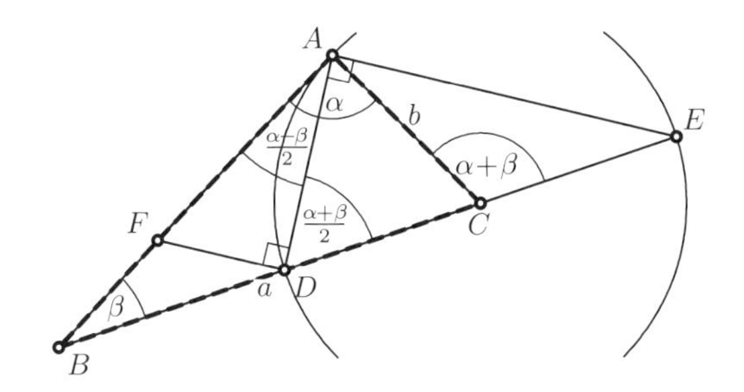

図 **A.14**　正接の法則のヴィエートの証明

式のその根に基づいた分解に気がつくだろう．

11. (5.8)の最初の式を

$$2\sin\alpha = \frac{\sin 2\alpha}{\cos\alpha}$$

の形で3回使うと，$\sin\frac{\pi}{2}=1$ なので，正16角形の周長の4分の1に対して，

$$8\sin\frac{\pi}{16} = \frac{4\sin\frac{\pi}{8}}{\cos\frac{\pi}{16}} = \frac{2\sin\frac{\pi}{4}}{\cos\frac{\pi}{16}\cos\frac{\pi}{8}} = \frac{1}{\cos\frac{\pi}{16}\cos\frac{\pi}{8}\cos\frac{\pi}{4}}$$

が得られる．(5.9)の第2式を繰り返すと，順々に

$$\cos\frac{\pi}{4} = \sqrt{\frac{1}{2}},\ \cos\frac{\pi}{8} = \sqrt{\frac{1}{2}+\frac{1}{2}\sqrt{\frac{1}{2}}},\ \cos\frac{\pi}{16} = \sqrt{\frac{1}{2}+\frac{1}{2}\sqrt{\frac{1}{2}+\frac{1}{2}\sqrt{\frac{1}{2}}}}$$

などが得られる．

12. その通りである．正しい値は $\sin 38°20' = 0.620235491268260$ と $\sin 51°40' = 0.784415664919576$ である．

13. 未知の距離 BC を x と書くと，$x = \frac{h}{\tan\beta}$ と $a+x = \frac{h}{\tan\alpha}$ となる．これから

$$h = \frac{a}{\cot\alpha - \cot\beta}$$

という，実地測地学で有名な公式が得られる．

14. 重心 G が中線を $2:1$ に分割することがわかっている．もし HG を含むオイラー線が AB に平行であれば，タレスの定理により，垂心 H は高さを同じ比に分割する．$\angle BAD = 90° - \beta$ であるから，このことは $\tan\alpha = 3\cdot\tan(90°-\beta)$ であることを意味する．$\tan(90°-\beta) = 1/\tan\beta$ であることから結論が得られる．

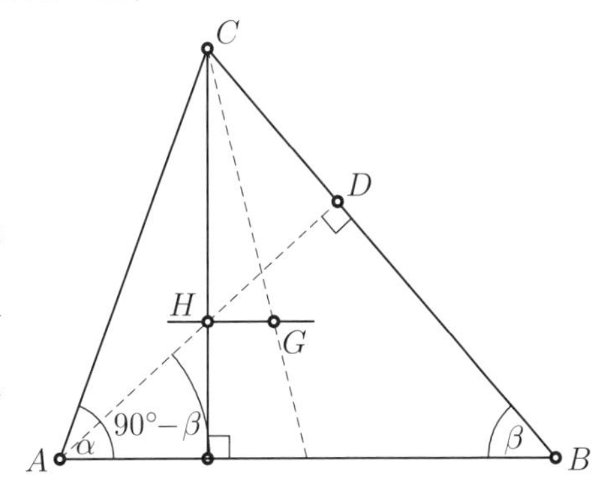

15. 相似な三角形 AEF と ABC の相似比が $\frac{AF}{AC} = \cos\alpha$ であり，ほかの三角形に対しても類似のことが成り立つ．
16. 図 4.24 の三角形 ABC に正弦法則（(5.12)式）を適用すると，$AB = 2r\sin 3\gamma$ が得られ，それから，ユークリッド I.32 により $\angle ARB = 180° - \alpha - \beta = 120° + \gamma$ となる事実と，$\sin 3\gamma$ に対するオイラーの公式 (5.64) を使うことによって，三角形 ABR に正弦法則を適用すると，

$$AR = 8r\sin(60° + \gamma)\sin\beta\sin\gamma \qquad \text{となり，同様に}$$
$$AQ = 8r\sin(60° + \beta)\sin\beta\sin\gamma$$

となる．今や，三角形 ARQ は，ユークリッド I.4(SAS) により定まり，余弦定理により，QR を計算することができる．しかし，もっとエレガントに，$(60° + \gamma) + (60° + \beta) + \alpha = 180°$ がわかっているので，$\angle QAR = \alpha$ だから，この三角形に対する正弦法則の 3 つの等式すべてを満たそうとすれば，可能性は，$\angle AQR = 60° + \gamma$, $\angle ARQ = 60° + \beta$ であるしかなく[17]，辺の長さは

$$QR = 8r\sin\alpha\sin\beta\sin\gamma$$

となる（この公式は最初 [テイラー，マール (1913)] によって与えられた）．この式の α, β, γ に関する対称性から，三角形 PQR が正三角形であることがわかる．
17. 図 5.8 右図の三角形の辺が少し丸まっていると想像せよ．

余弦法則. 図の 2 つの直角三角形に (5.23) を適用すると，

$$\cos b = \cos v \cdot \cosh h\,, \qquad \cos c = \cosh h \cdot \cos(a - v) = \frac{\cos b}{\cos v} \cdot \cos(a - v)$$

となる．それから，$\cos(a-v)$ に対する加法法則 (5.6)と，$\tan v = \cos\gamma \cdot \tan b$ の形の (5.26) を使うと，直ちに等式 (5.35) が得られる．

正弦法則. 図 5.8 の 2 つの直角三角形に (5.25)を適用すると，$\sin\gamma = \frac{\sin h}{\sin b}$ と $\sin\beta = \frac{\sin h}{\sin c}$ が得られる．一方を他方で割ると，正弦法則が得られる．
18. (a) 三角形を水平に，緯度をその正弦の値に置き換えた，外接円柱に射影し，(3.28) 式を適用する．これにより，高さが $1 - \sin\varphi$ で幅が γ であり，面積

$$\mathcal{A}_1 = \gamma(1 - \sin\varphi)$$

の長方形ができる．

(b) 球面三角形を，斜辺（直角の対辺）が $90° - \varphi$ で，N における角が $\frac{\gamma}{2}$ である，2 つの直角三角形にすることによって，A における角 α を計算する．そのとき，A における角 α は (5.29) によって定まって，

---

[17] ［訳註］この議論で納得できればそれでよいが，そうでなければ，余弦法則で QR^2 を求めればよい．$\beta' = 60° + \beta, \gamma' = 60° + \gamma$ と置けば，

$$\begin{aligned} QR^2 &= AR^2 + AQ^2 - 2AR \cdot AQ\cos\alpha \\ &= 64r^2\{\sin^2\beta' + \sin^2\gamma' - 2\sin^2\beta'\sin^2\gamma'\cos\alpha\}\sin^2\beta\ \sin^2\gamma \\ &= 64r^2\sin^2\alpha\ \sin^2\beta\ \sin^2\gamma \end{aligned}$$

となる．最後の等式は，角が α, β', γ' の三角形に正弦法則と余弦法則を使えば得られる．

$$\tan\alpha = \frac{1}{\tan\frac{\gamma}{2}\cdot\cos(90^\circ-\varphi)} \text{ または } \tan(90^\circ-\alpha) = \tan\frac{\gamma}{2}\cdot\sin\varphi$$

となる．ジラールの公式 (5.44)により，

$$\mathcal{A}_2 = \gamma + 2\alpha - \pi$$

となる．

(c) $\beta = 90^\circ - \alpha$ と置くと，差に対して

$$\mathcal{A}_1 - \mathcal{A}_2 = 2\beta - \gamma\sin\varphi \quad \text{ここで} \quad \beta = \arctan\left(\tan\tfrac{\gamma}{2}\cdot\sin\varphi\right) \tag{A.6}$$

が得られる．γ の値が小さいときには級数展開が使えて（たとえば [ハイラー，ヴァンナー (1997)] 上巻第 I.4.2 節と第 I.4.3 節参照[18]），

$$\mathcal{A}_1 - \mathcal{A}_2 \approx \frac{\gamma^3}{12}(\sin\varphi - \sin^3\varphi)$$

が得られる．

19. すぐ前の演習問題でのように，(3.28) 式を適用し，緯度をその正弦の値に置き換える．これによって，領域は 2 つの長方形の和になり，その面積は $ab+cd$ となる．ここで，$a = (12\frac{50}{60} - 11\frac{50}{60})\cdot\frac{\pi}{12} = \frac{\pi}{12}$, $c = (12\frac{35}{60} - 11\frac{50}{60})\cdot\frac{\pi}{12} = \frac{\pi}{16}$, $b = \sin 22^\circ - \sin 11^\circ$, $d = \sin 24^\circ 30' - \sin 22^\circ$ である．結果は 0.1782π ステラジアンであり，全天の面積の大体 0.45 % となる．
20. 求める角 β は (A.6)によって与えられる．ここで，γ は経度の差であり，φ は緯度である．問題の例では，$\beta = 55^\circ 58' 32''$ となる．だから，たくさんの氷を見ても驚かないように．
21. トロンハイムを A，トロムソを B，船の未知の位置を C，北極を N と書く．それから球面三角形 ABN, ABC, CAN を考える．三角形 ABC の辺と角に対して標準的な記号をつける．三角形 ABN の辺と角に対しては，それとは逆に，a', b', c と α', β', ν' という記号で表わす．データから，角 $a' = 90^\circ - 69^\circ 39'$, $b' = 90^\circ - 63^\circ 26'$, $\nu' = 18^\circ 59' - 10^\circ 24' = 8^\circ 35'$ と，$\angle NBC = \varphi = 107^\circ 17'$, $\angle NAC = \psi = 74^\circ 13'$ がわかっている．船を見つけるには，d と ε を計算しなければならない．その計算のアルゴリズムは図 A.15 に示されている．
この公式の列によって得られる数値は

$$\begin{array}{lll} c = 0.12354876086763 & \alpha' = 0.434723616997564 & \beta' = 2.5692006160581 \\ \alpha = 1.7300488101860 & \beta = 0.69675321687682 & b = 0.11993261707074 \\ d = 0.44515373520827 & \varepsilon = 0.27067640710951 & \end{array}$$

となる．唯一の「危険な曲がり角」は β' に対する値で，これは 90° より大きくなり，arcsin を不注意に使うと間違った値を与えることになる．最後の行の結果を度に変えて，90° から最初の値を引き，トロンハイムの経度から第 2 の値を引けば，船の位置

$$64^\circ 29' 40'' 27''' 4'''' \text{N}, \quad 5^\circ 6' 31'' 1''' 0'''' \text{W}$$

がわかる．もとのデータが分までしか精確でないので，これらの 60 進の数値全体はまったく役には立たないのだが，あなたの（そしてわれわれの）計算機のチェックの役には立つ．
22. 193 ページの例 3 でのように，日時計の角は

[18]　[訳註] tan と arctan のマクローリン展開を使うということ．結論は，γ に関して 1 次の項が消し合って，3 次の項から始まることが重要．

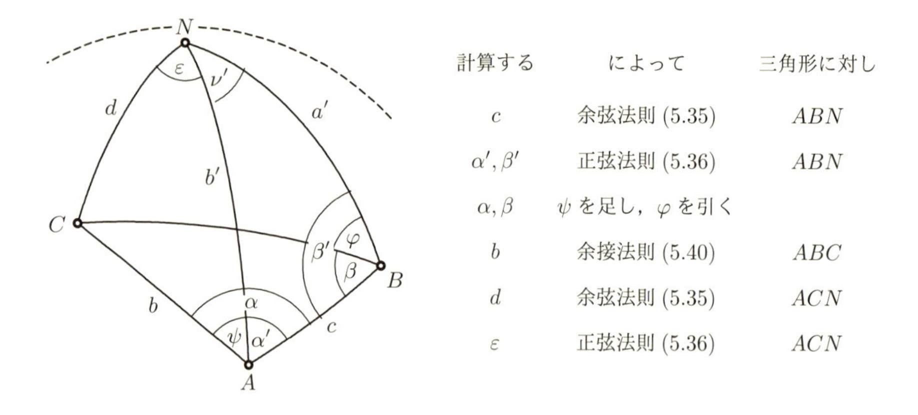

計算する	によって	三角形に対し
c	余弦法則 (5.35)	ABN
α', β'	正弦法則 (5.36)	ABN
α, β	ψ を足し，φ を引く	
b	余接法則 (5.40)	ABC
d	余弦法則 (5.35)	ACN
ε	正弦法則 (5.36)	ACN

図 A.15　ノルウェー船救助問題の解（注意：図は実際のデータに対応していない）

$$\cot z = \frac{\cos\sigma\cot\alpha - \sin\sigma\sin\varphi}{\cos\varphi}$$

によって計算される．ここで，φ は緯度，σ は東西方向からの壁のずれの角，α は（正午に $\alpha = 0$ となるように）引いた時間である．$\varphi = 47°\ 17'$ と $\sigma = -79°$ という値から，次の結果が得られる．

XII	I	II	III	IV	V
$0°0'$	$25°20'$	$32°49'$	$36°39'$	$39°13'$	$41°18'$

23. ヒントに従って，$\sin\frac{\alpha}{2}$ と $\cos\frac{\alpha}{2}$ を計算することは本当にすぐにできるのだが，$\frac{b-c+a}{2} = s - c$ や $\frac{a-b+c}{2} = s - b$ のような等式を使わないといけないことだけがある．$\tan\frac{\alpha}{2}$ に対する結果は，sin に対する式を cos に対する式で割れば得られる．2 つ目の公式群は，(5.35) 式の代わりに (5.41) を代入すれば得られる．
24. 最初の主張は 125 ページのユークリッド IV.4 の証明と同じようにしてわかる．F を，I を通り垂直な大円と，辺 a との交点とする．第 2 の主張を証明するために，辺 AF（長さは $s - a$），FI（長さは ρ）を持ち，IA を斜辺で作られる直角三角形に (5.27) を適用する．これから，

$$\tan\rho = \tan\frac{\alpha}{2}\cdot\sin(s-a)$$

が得られ，$\tan\frac{\alpha}{2}$ に (5.69)式を代入すると，求める結果が得られる．
25. 最初の主張はユークリッド IV.5 の証明と同じようにしてわかる．r の計算に対しては，大円 AO, BO, CO（長さはすべて r）と三角形の辺 a, b, c となす角が，（125 ページの注意における計算と同じようにして）$\sigma - \alpha$, $\sigma - \beta$, $\sigma - \gamma$ で与えられることがわかる．辺 BC の最初の半分と，垂直二等分線と，斜辺としての BO で作られる直角三角形に (5.26) を適用すると，

$$\cos(\sigma - \alpha) = \frac{\tan\frac{a}{2}}{\tan r} \qquad または \qquad \cot r = \frac{\cos(\sigma-\alpha)}{\tan\frac{a}{2}}$$

が得られる．$\tan\frac{a}{2}$ に (5.70) 式を代入すると，述べられている結果が得られる．

26. 直角三角形 ACF と BCF に (5.27)を適用すると,

$$\tan p = \sin h \, \tan \delta \,, \qquad \tan q = \sin h \, \tan \varepsilon$$

が得られ，これから直ちに得られる．$\delta + \varepsilon = \frac{\pi}{2}$ であるので，積 $\tan \delta \tan \varepsilon$ は 1 である．

27. 回転運動は一様なので，比から

$$\frac{QP}{2a\pi} = \frac{\Delta t}{T} \qquad \Rightarrow \qquad QU \approx \frac{2a\pi\Delta t}{T}$$

となる．ニュートンの証明と同じように，ユークリッド II.14 を使うと，

$$RQ \approx UP \approx \frac{QU^2}{2a}$$

である．この最後の 2 つの関係を (5.72) に代入すると，

$$f = \frac{2a\pi^2}{T^2} = \frac{Const}{a^2}$$

となる（最後の等式はケプラーの第 3 法則による）．ニュートンにとって残念なことに，逆 2 乗の法則に対するこの単純な近づき方は彼の大敵であるロバート・フックによっても独立に発見されていたのである．『プリンキピア』に出版に資金を出したエドモンド・ハリーは心からの謝辞を載せるように訴えたが，成功しなかった．手稿 [ニュートン (1684)] において，「円周 (circumferentiis circulorum)」に関するこの結果は「定理 2」と呼ばれ，まったく同じ証明がついている．

参考文献

[訳者注意 1] 史的な文献も多いし，日本語に訳されていない文献がほとんどで，読者が実際に探そうとするときのために，雑誌名や出版社名などは原文のままにした．配列は著者名のカナ表記のアイウエオ順に直した．内容の理解に役立つことはすべて日本語に訳すが，文献を手に入れようとする読者に必要なデータは残すこととした．末尾の訳者注意 2 を参照のこと．

書名の日本語訳は，日本で出版されているのものはそのタイトルで，そうでないものは意味をとって訳すか，すでに日本語の数学史の本の中で訳されているものはそれに従うことを原則とした．しかし，諸本の中で訳語が同じでないこともある．ボイヤー『数学の歴史』(加賀美鐵雄・浦野由有訳，朝倉書店) の訳語はおおむね適正で，それに従ったことが多いが，最終的には，予備知識のない読者に最もわかりやすいと思われる訳語を与えるようにした．

雑誌名は，頻出して訳語でもわかるものを日本語に訳し (原タイトルは文献表の後尾を参照)，他は原著に挙げられているままにした．書籍のデータで，出版地と出版社がともに記載されている場合は，「出版社，出版地」ないし「出版社名 (出版地)」のように書く．

古い出版物に関しては出版組織がはっきりしていないことも多く，出版地のみが記載されていることがある．記述上の統一のため，社名と地名は訳さないことにした．地名が古名だったりラテン語名だったりすることもあるが，再版されていなければ手に入れることは不可能に近いので，あえてそのままにした．

[A. アイゼンローア (1877)] A. Eisenlohr,『古代エジプトの数学ハンドブック，翻訳と説明付き (*Ein mathematisches Handbuch der alten Ägypter, übersetzt und erklärt*)』, Leipzig 1877; second ed. (without plates) 1891.

[アイトケン (1964)] A.C. Aitken,『行列式と行列 (*Determinants and Matrices*)』, Oliver and Boyd, Edinburgh and London 1964.

[アブダル，ヴァンナー (2002)] A. Abdulle and G. Wanner,『最小二乗法の 200 年 (*200 years of least squares method*)』,『数学基礎』57 (2002) 45–60.

[アポロニウス (230 B.C.)] Apollonius of Perga,『円錐曲線 (*Conics*)』(~230 B.C.). [ヒース (1896)] とヴェル・エック (1923) 参照.

[アポロニウス (230 B.C.)b] ——,『平面図形 (*De locis planis*)』(~230 B.C.). [シムソン

(1749)] 参照.

[アルガン (1806)] J.-R. Argand,『幾何学的構成によって虚量を表わす方法についての試論 (*Essai sur une manière de représenter les quantités imaginairesdans les constructions géométriques*)』, chez Mme Vve Blanc, Paris 1806.

[アルキメデス (250 B.C.)] Archimedes (∼250 B.C.),『球面と円柱について (*On the sphere and cylinder*)』, 2 巻本. [ヒース (1897)] p. 1 と [ヴェル・エック (1921)] I, pp. 1–124 参照.

[アルキメデス (250 B.C.)a] ——,『円の計測 (*Measurement of a circle*)』(∼250 B.C.). [ヒース (1897)] p. 91 と [ヴェル・エック (1921)] I, pp. 127–134 参照.

[アルキメデス (250 B.C.)b] ——,『円錐と球体について (*On conoids and spheroids*)』(∼250 B.C.), [ヒース (1897)] p. 99 と [ヴェル・エック (1921)] I, pp. 137–236 参照.

[アルキメデス (250 B.C.)c] ——,『らせんについて (*On spirals*)』(∼250 B.C.). [ヒース (1897)] p. 151 と [ヴェル・エック (1921)] I, pp. 237–299 参照.

[アルキメデス (250 B.C.)d] ——,『平面の釣り合いについて (*On the equilibrium of planes*)』, 2 巻本 (∼250 B.C.). [ヒース (1897)] p. 189 と [ヴェル・エック (1921)] I, pp. 303–350 参照.

[アルキメデス (250 B.C.)e] ——,『放物線の求積 (*Quadrature of the parabola*)』(∼250 B.C.). [ヒース (1897)] p. 233 と [ヴェル・エック (1921)]II, pp. 377–404 参照.

[アルキメデス (250 B.C.)f] ——,『補題の書 (*Book of Lemmas*)』(∼250 B.C.). [ヒース (1897)]p. 301 参照.

[アルシナ, ネルセン (2007)] C. Alsina and R.B. Nelsen,「エルデシュ・モーデルの不等式の視覚的証明 (*A visual proof of the Erdős-Mordell inequality*),『幾何フォーラム』7 (2007), 99–102.

[イルミンガー (1970)] H. Irminger,「空間的な 5 角形についての定理 (*Zu einem Satz über räumliche Fünfecke*)」,『数学基礎』25 (1970) 135–136.

[ウィルソン (1968)] C. Wilson,「楕円軌道のケプラーの導出 (*Kepler's derivation of the elliptic path*)」, Isis 59 (1968) 4–25.

[ヴァーベルク (1985)] D.E. Varberg,「ピックの定理再論 (*Pick's theorem revisited*)」,『アメリカ数学月報』92 (1985) 584–587.

[ヴァンナー (2004)] G. Wanner,「モーレーの定理の初等的証明 (*Elementare Beweise des Satzes von Morley*)」,『数学基礎』59 (2004) 144–150.

[ヴァンナー (2006)] ——,「クラメール・カスティリョンの問題とアーカートの「もっとも初等的

な」定理 (*The Cramer–Castillon problem and Urquhart's 'most elementary' theorem*)」,『数学基礎』61 (2006) 58–64.

[ヴァンナー (2010)] ——,「ケプラー, ニュートンと数値解析 (*Kepler, Newton and numerical analysis*)」, Acta Numerica 19 (2010) 561–598.

[ヴィエート (1593a)] F. Viète,『幾何学補遺 (*Supplementum Geometriæ*)』, Tours 1593; ファン・スホーテン (1646)『数学著作集 (*Opera Mathematica*)』pp. 240–257 参照.

[ヴィエート (1593b)] ——,「さまざまな数学的なものごとの意見 (*Variorum de rebus Mathematicis Responsorum Liber VIII*)」, Tours 1593; ファン・スホーテン (1646)『数学著作集 (*Opera Mathematica*)』pp. 347–436 参照.

[ヴィエート (1595)] ——,「世界中の数学者にアドリアヌス・ロマヌスが提案した問題の解答 (*Responsum ad Problema, quod omnibus Mathematicis totius Orbis construendum proposuit Adrianus Romanus*)」, Paris 1595; ファン・スホーテン (1646)『数学著作集 (*Opera Mathematica*)』pp. 305–324.

[ヴィエート (1600)] ——,「アポロニウスのガルス (*Apollonius Gallus*)」, Paris 1600; ファン・スホーテン (1646)『数学著作集 (*Opera Mathematica*)』pp. 325–346.

[ヴィエート (1600b)] ——,「解の多くの精確さについて (*De numerosa potestatum purum resolutione*)」, publ. by M. Ghetaldi, Paris 1600; ファン・スホーテン (1646)『数学著作集 (*Opera Mathematica*)』pp. 163–228.

[ヴィエート (1615)] ——,「解析的に角を分割する定理 κατολικωτερα [カトリコーテラ] について (*Ad Angularium Sectionum Analyticen Theoremata κατολικωτερα*)」, 死後の 1615 年にパリで A. Anderson によって出版. ファン・スホーテン (1646)『数学著作集 (*Opera Mathematica*)』pp. 287–304 における「(*Ad Angulares Sectiones*)」参照.

[ウィルソン (1968)] C. Wilson,「楕円軌道のケプラーの導出 (*Kepler's derivation of the elliptic path*)」, Isis 59 (1968) 4–25.

[ヴェッセル (1799)] C. Wessel,「方向の解析的表示と, 主に平面と球面の多角形分解に用いられた試みについて (*Om Directionens analytiske Betegning, et Forsøg, anvendt fornemmelig til plane og sphæriske Polygoners Opløsning*)」, Nye Samling af det Kongelige Danske Videnskabernes Selskabs Skrifter 5 (1799) 469–518.

[ヴェル・エック (1921)] P. Ver Eecke,『アルキメデス全集 (*Les Œuvres complètes d'Archimède*)』, 2 vols., first ed. 1921, second ed. Vaillant-Carmanne 1960.

[ヴェル・エック (1923)] ——,『ペルガのアポロニウスの円錐曲線 (*Les Coniques d'Appolonius de Perge*)』, first ed. 1923, reprinted by Albert Blanchard, Paris 1963.

[ヴェル・エック (1933)] ——,『アレキサンドリアのパッポス, 数学選集 (*Pappus d'Alexandrie, La collection mathématique*)』, 2 vols., Paris-Bruges 1933.

[ウォリス (1685)] J. Wallis,『代数論．歴史的かつ実用的．オリジナルと，進展とその高度化を時とともに示し，どのようなステップで今日あるような高みに至ったかを示す (*A Treatise of Algebra, both Historical and Practical. Shewing, The Original, Progress, and Advancement thereof, from time to time; and by what Steps it hath attained to the Heighth at which now it is*)』, London: Printed by John Playford, for Richard Davis, Bookseller, in the University of Oxford, M.DC.LXXXV.

[エープリ (1960)] A. Aeppli,「デカルトの公式の一般化 (*Eine Verallgemeinerung einer Formel von Descartes*)」,『数学基礎』15 (1960) 9–13.

[エーム (2003)] J.-L. Ayme,「沢山(さわやま)とテボーの定理 (*Sawayama and Thébault's theorem*)」,『幾何フォーラム』3 (2003) 225–229.

[エリオット (1968)] D. Elliott,「M.L. アーカート (*M.L. Urquhart*)」, J. Austr. Math. Soc. 8 (1968) 129–133.

[エルデシュ，モーデル，バロー (1937)] P. Erdős, L.J. Mordell, D.F. Barrow,「問題 3740 とその解答 (*Problem 3740 and solution*)」,『アメリカ数学月報』44 (1937) 252–254.

[エールマン (2004)] J.-P. Ehrmann,「完全四辺形に関するシュタイナーの定理 (*Steiner's theorems on the complete quadrilateral*)」,『幾何フォーラム』4 (2004) 35–52.

[オイラー (1735)] L. Euler,「天文学の問題の解．3 つの固定された星に対する高さと時間差が与えられたとき，星の極と赤緯の上昇を見つけること (*Solutio problematis astronomici ex datis tribus stellae fixae altitudinibus et temporum differentiis invenire elevationem poli et declinationem stellae*)」[E14], Commentarii Academiae Scientiarum Imperialis Petropolitanae 4, ad annum 1729 (1735) 98–101.『全集』第 2 シリーズ，第 30 巻，1–4 ページ, Orell Füssli, Zürich(1964) に再録.

[オイラー (1748)] ——,『無限解析入門 (*Introductio in Analysin Infinitorum*)』[E101, E102], Lausannae 1748.『全集』第 1 シリーズ，第 8 巻, Teubner, Leipzig and Berlin(1922)，第 9 巻, Orell Füssli, Zürich and Leipzig, Teubner, Leipzig and Berlin(1945) に再録．高瀬正仁による日本語訳が『オイラーの無限解析』海潮社 (2001),『オイラーの解析幾何』(2005) として出版されている.

[オイラー (1750)] ——,「さまざまな幾何の証明 (*Variae demonstrationes geometriae*)」[E135],『新ペテルブルグ・アカデミー紀要』1, 1747/8 (1750) 49–66.『全集』第 1 シリーズ，第 26 巻, 15–32 ページ, Orell Füssli, Zürich(1953) に再録.

[オイラー (1751)] ——,「方程式の虚根の研究 (*Recherches sur les racines imaginaires des équations*)」[E170], Histoire de l'Académie Royale des Sciences et Belles-Lettres 5, Berlin 1749 (1751) 222–288;『全集』第 1 シリーズ，第 6 巻, 78–147 ページ, Teubner, Leipzig and Berlin(1921) に再録.

[オイラー (1753)] ——,「ある幾何の問題の解 (*Solutio problematis geometrici*)」[E192],

『新ペテルブルグ・アカデミー紀要』3, 1750/1 (1753) 224–234;『全集』第1シリーズ, 第26巻, 60–70 ページ, Orell Füssli, Zürich(1953) に再録.

[オイラー (1755)] ——,「最大最小法から取られた球面三角法の原理 (*Principes de la trigonométrie sphérique tirés de la méthode des plus grands et plus petits*)」, [E214], Histoire de l'Académie Royale des Sciences et Belles-Lettres 9, Berlin 1753 (1755) 233–257;『全集』第1シリーズ, 第27巻, 277–308 ページ, Orell Füssli, Zürich(1954) に再録.

[オイラー (1758)] ——,「立体の原理の基礎 (*Elementa doctrinae solidorum*)」, [E230],『新ペテルブルグ・アカデミー紀要』4, 1752/3 (1758) 109–140;『全集』第1シリーズ, 第26巻, 71–93 ページ, Orell Füssli, Zürich(1953) に再録.

[オイラー (1760)] ——,「整数か分数のすべての数が4個以下の平方数の和になるというフェルマーの定理の証明 (*Demonstratio theorematis Fermatiani omnem numerum sive integrum sive fractum esse summam quatuor pauciorumve quadratorum*)」, [E242], Novi Commentarii Academiae Scientiarum Petropolitanae 5, 1754/55 (1760) 13–58;『全集』第1シリーズ, 第2巻, 338–372 ページ, Teubner, Leipzig and Berlin(1915) に再録.

[オイラー (1761)] ——,「ベキによる割り算の余りについての定理 (*Theoremata circa residua ex divisione potestatum relicta*)」, [E262],『新ペテルブルグ・アカデミー紀要』7, 1758/1759 (1761) 49–82;『全集』第1シリーズ, 第2巻, 493–518 ページ, Teubner, Leipzig and Berlin(1915) に再録.

[オイラー (1765)] ——,「変動する軸のまわりの物体の回転運動について (*Du mouvement de rotation des corps solides autour d'un axe variable*)」, [E292], Histoire de l'Académie Royale des Sciences et Belles-Lettres 14, Berlin 1758 (1765) 154–193.『全集』第2シリーズ, 第8巻, 200–235 ページ, Orell Füssli, Zürich(1965) に再録.

[オイラー (1767a)] ——,「幾つかの難しい幾何の問題の易しい解答 (*Solutio facilis problematum quorundam geometricorum difficillimorum*)」, [E325],『新ペテルブルグ・アカデミー紀要』11, 1765 (1767) 103–123.『全集』第2シリーズ, 第26巻, 139–157 ページ, Orell Füssli, Zürich(1953) に再録.

[オイラー (1767b)] ——,「曲面の曲率に関する研究 (*Recherche sur la courbure des surfaces*)」, [E333], Histoire de l'Académie Royale des Sciences et Belles-Lettres 16, Berlin 1760 (1767) 119–143.『全集』第1シリーズ, 第28巻, 1–22 ページ, Orell Füssli, Zürich(1955) に再録.

[オイラー (1774)] ——,「ベキの素数による割り算から得られる余りについての説明 (*Demonstrationes circa residua ex divisione potestatum per numeros primos resultantia*)」, [E449],『新ペテルブルグ・アカデミー紀要』18, 1773 (1774) 85–135.『全集』第1シリーズ, 第3巻, 240–281 ページ, Teubner, Leipzig and Berlin(1917) に再録.

[オイラー (1781)] ——,「立体角の測度について (*De mesura angulorum solidorum*)」[E514].『ペテルブルグ王立科学アカデミー会報』1778, pars posterior (1781) 31–54.『全集』第1シリーズ, 第26巻, 204–223ページ, Orell Füssli, Zürich(1953) に再録.

[オイラー (1782)] ——,「第1原理から簡潔かつ明確に導かれた, 普遍的な球面三角法 (*Trigonometria sphaerica universa, ex primis principiis breviter et dilucide derivata*)」[E524].『ペテルブルグ王立科学アカデミー会報』1779, pars prior (1782) 72–86.『全集』第1シリーズ, 第26巻, 224–236ページ, Orell Füssli, Zürich(1953) に再録.

[オイラー (1783)] ——,「多重角の正弦と余弦をどのように積で表わすことができるか (*Quomodo sinus et cosinus angulorum multiplorum per producta exprimi queant*)」[E562], Opuscula Analytica 1 (1783) 353–363.『全集』第1シリーズ, 第15巻, 509–521ページ, Teubner, Leipzig and Berlin(1927) に再録.

[オイラー (1786)] ——,「同一平面上にある4点の状況 (*De symptomatibus quatuor punctorum, in eodem plano sitorum*)」, [E601],『新ペテルブルグ王立科学アカデミー会報』1782, pars prior (1786) 3–18.『全集』第1シリーズ, 第26巻, 258–269ページ, Orell Füssli, Zürich(1953) に再録.

[オイラー (1790)] ——,「与えられた3円に接する円を求める問題の易しい解 (*Solutio facilis problematis, quo quaeritur circulus, qui datos tres circulos tangat*)」, [E648],『新ペテルブルグ王立科学アカデミー会報』6, 1788 (1790) 95–101.『全集』第1シリーズ, 第26巻, 270–275ページ, Orell Füssli, Zürich(1953) に再録.

[オイラー (1815)] ——,「幾何学と球面 (*Geometrica et sphaerica quaedam*)」, [E749], Mémoires de l'Académie Impériale des Sciences de St.-Pétersbourg 5, 1812 (1815) 96–114.『全集』第1シリーズ, 第26巻, 344–358ページ, Orell Füssli, Zürich(1953) に再録.

[オイラー『全集』] ——,『レオポルド・オイラー全集 (*Leonhardi Euleri Opera Omnia*)』, I–IVシリーズ, 76巻が出版されていて, 現在数巻準備中.

[オークリー, ベイカー (1978)] C.O. Oakley, J.C. Baker,「モーレーの三等分定理 (*The Morley trisector theorem*」,『アメリカ数学月報』85 (1978) 737–745.

[オスターマン, ヴァンナー (2010)] A. Ostermann, G. Wanner,「テボーの定理の力学的証明 (*A dynamic proof of Thébault's theorem*)」,『数学基礎』65 (2010) 12–16.

[オッペンハイム (1961)] A. Oppenheim,「エルデシュの不等式と三角形に対するほかの不等式 (*The Erdős inequality and other inequalities for a triangle*)」,『アメリカ数学月報』68 (1961) 226–230 and 349.

[オデーナル (2006)] B. Odehnal,「三角形の内心と傍心に関係した3つの点 (*Three points related to the incenter and excenters of a triangle*)」,『数学基礎』 61 (2006) 74–80.

[カヴァリエーリ (1647)] F.B. Cavalieri,『6つの幾何学の演習問題 (*Exercitationes geometricæ sex*)』, Bononiæ 1647.

[ガウス (1799)] C.F. Gauss,「あらゆる1変数の有理整の代数関数（多項式のこと）が1次か2次かの実因子に分解される定理の新しい証明 (*Demonstratio nova theorematis omnem functionem algebraicam rationalem integram unius variabilis in factores reales primi vel secundi gradus resolvi posse*)」, PhD thesis, C.G Fleckeisen, Helmstedt 1799.

[ガウス (1809)] ——,『太陽のまわりの円錐曲線に沿う天体の運動の理論 (*Theoria motus corporum coelestium in sectionibus conicis solem ambientium*)』, F. Perthes and I.M. Besser, Hamburg 1809.『全集』第7巻, pp. 1–288.

[ガウス (1828)] ——,「曲面に関する一般論 (*Disquisitiones generales circa superficies curvas*)」, Comm. Soc. Reg. Sci. Gotting. Rec. 6 (1828), pp. 99–146.『全集』第4巻, pp. 217–258.

[ガウス全集] ——,『全集 (*Werke*)』, 12 vols., Königl. Gesell. der Wiss., Göttingen 1863–1929; reprinted by Georg Olms Verlag, 1973–1981.

[ガット, ワルドヴォーゲル (2008)] A. Gut, J. Waldvogel,「単体の高さの足 (*The feet of the altitudes of a simplex*)」,『数学基礎』 63 (2008) 25–29

[ガリレイ (1638)] G. Galilei,『機械学と位置運動についての二つの新しい科学に関する論議と数学的証明, リンチェイ会員ガリレオ・ガリレイ氏による (*Discorsi e dimostrazioni matematiche, intorno à due nuove Scienze, Attenti alla mecanica & i movimenti locali, del Signor Galileo Galilei Linceo*)』, published “in Leida 1638”; critical edition by Enrico Giusti, Giulio Einaudi Editore, Torino 1990; German translation Arthur von Oettingen, Ostwald’s Klassiker, Leipzig 1890/91. 今野武雄, 日田節次による日本語訳が『新科学対話』岩波文庫 (1937.12.15) として出版されている.

[カルノー (1803)] L.N.M. Carnot,『位置の幾何学 (*Géométrie de position*)』, Duprat, Paris 1803.

[カレガ (1981)] J.-C. Carréga,「体論. 定木とコンパス (*Théorie des corps. La règle et le compas*)」, Hermann, Paris 1981.

[M. カントール (1894)] M. Cantor,『数学史講義 (*Vorlesungen über die Geschichte der Mathematik*), 第1巻』, 第2版, B.G. Teubner, Leipzig 1894.

[M. カントール (1900)] ——,『数学史講義 (*Vorlesungen über die Geschichte der Mathematik*), 第2巻』, 第2版, B.G. Teubner, Leipzig 1900.

[ギブス, ウィルソン (1901)] J.W. Gibbs, E.B. Wilson,『ベクトル解析. 数学と物理の学生が使うための教科書 (*Vector Analysis. A text-book for the use of students of mathematics and physics)*』, J.W. ギブスの講義の基づいたE.B. ウィルソンの著書, Yale University Press, New Haven 1901.

[キンバーリング (1994)] C. Kimberling,「三角形の平面における中心点と中心線 (*Central points and central lines in the plane of a triangle)*」Math. Mag. 67 (1994) 163–187.

[キンバーリング (1998)] ——,「三角形の中心と中心三角形 (*Triangle Centers and Central Triangles)*」, vol. 129 of *Congressus Numerantium*, Utilitas Mathematica Publ. Inc., Winnipeg 1998

[グスマン (2001)] M. de Guzmán,「三角形のウォレス・シムソン線の包絡線. デルトイドについてのシュタイナーの定理の簡単な証明 (*The envelope of the Wallace–Simson lines of a triangle. A simple proof of the Steiner theorem on the deltoid)*」, Rev. R. Acad. Cien. Serie A. Mat. 95 (2001), 57–64.

[F. クライン (1872)] F. Klein,『最近の幾何学研究の比較考察 (*Vergleichende Betrachtungen über neuere geometrische Forschungen)*』(いわゆるエルランゲン・プログラム), Verlag von A. Deichert Erlangen, 1872.『全集第 1 巻』p. 460; M.W. Haskell による英訳が, Bull. New York Math. Soc. 2, (1892–1893), 215–249 にある.

[F. クライン (1926)] ——,『19 世紀の数学の発展に関する講義 (*Vorlesungen über die Entwicklung der Mathematik im 19. Jahrhundert)*』, 2 vols., Springer-Verlag, Berlin 1926–1927. 日本語訳が『19 世紀の数学』(足立恒男, 浪川幸彦監訳, 石井省吾, 渡辺弘訳) 共立出版 (1995) として出版されている.

[F. クライン (1928)] ——,『非ユークリッド幾何学講義 (*Vorlesungen über Nicht-Euklidische Geometrie)*』, Springer-Verlag, Berlin 1928.

[M. クライン (1972)] M. Kline,『古代から現代までの数学思想 (*Mathematical Thought from Ancient to Modern Times)*』, Oxford Univ. Press, New York 1972.

[クラウゼン (1828)] T. Clausen,「幾何の定理 (*Geometrische Sätze)*」,『クレレ誌』3 (1828) 196–198.

[クラーニン, ファインシュテイン (2007)] E.D. Kulanin, O. Faynshteyn,「ヴィクトール・ミシェル・ジャン=マリー・テボー, 2007 年 3 月 6 日の 125 回目の誕生日に向けて (*Victor Michel Jean-Marie Thébault zum 125. Geburtstag am 6. März 2007)*」,『数学基礎』62 (2007) 45–58.

[G. クラメール (1750)] G. Cramer,『代数曲線の解析入門 (*Introduction à l'analyse des lignes courbes algébriques)*』, Genève 1750.

[クリスタル (1886)] G. Chrystal,『代数学. 初歩的教科書 (*Algebra. An Elementary Text-Book)*』, 2 vols., first ed. 1886; reprint of the sixth ed. Chelsea Publ. Company,

New York 1952.

[クリチコス (1961)] N. Kritikos,「ある初等幾何の定理のベクトルでの証明 (*Vektorieller Beweis eines elementargeometrischen Satzes*1961)」,『数学基礎』16 (1961) 132–134.

[グリフィス，ハリス (1978)] P. Griffiths, J. Harris,「ポンスレのポリズムに向けたケイリーの明示的な解について (*On Cayley's explicit solution to Poncelet's porism*)」,『数学教育』24 (1978) 31–40.

[グリュンバウム (2009)] B. Grünbaum,「永続的な誤り (*An enduring error*)」,『数学基礎』64 (2009) 89–101.

[グリュンバウム，シェパード (1993)] ——, G.C. Shephard,「ピックの定理 (*Pick's theorem*)」,『アメリカ数学月報』100 (1993) 150–161.

[クルーゼイ (2004)] M. Crouzeix,「行列の解析関数の限界 (*Bounds for analytical functions of matrices*)」, Integr. equ. oper. theory 48 (2004) 461–477.

[グレイ (2007)] J. Gray,『無から生まれた世界．19 世紀の幾何学の歴史講座 (*Worlds Out of Nothing; a course on the history of geometry in the 19th century*)』, Springer-Verlag, London 2007.

[A.L. クレレ (1821/22)] A.L. Crelle,『数学的論文とコメント集 (*Sammlung mathematischer Aufsätze und Bemerkungen*)』, 2 vols., Berlin 1821–22.

[ケイリー (1846)] A. Cayley,「左行列式のある性質について (*Sur quelques propriétés des déterminants gauches*)」,『クレレ誌』32 (1846) 119–123.『選集』第 1 巻 332–336 ページに再録.

[ケイリー (1858)] ——,『行列論についての論文 (*A memoir on the theory of matrices*)』,『王立協会報』148 (1858) 17–37.『選集』第 2 巻 475–496 ページに再録.

[ケイリー (1889)] ——,『アーサー・ケイリーの数学論文選集 (*The Collected Mathematical Papers of Arthur Cayley*)』, Cambridge Univ. Press, Cambridge 1889–1897.

[J. ケプラー (1604)] J. Kepler,『天文学の光学的部分 (*Ad Vitellionem paralipomena, quibus Astronomiae pars optica traditur, potissimum de artificiosa observatione et aestimatione diametrorum deliquiorumque Solis & Lunae, cum exemplis insignium eclipsium.*)』Francofurti 1604; reprinted in *Gesammelte Werke*, vol. 2.

[J. ケプラー (1609)] ——,『ティコ・ブラーエの観測から火星の運動についての所見によって処理された主張，つまり天体物理学に基づいた新天文学アイチオロゲトス (*Astronomia Nova ΑΙΤΙΟΛΟΓΗΤΟΣ , seu Physica Coelestis, tradita commentariis De Motibus Stellæ Martis, Ex observationibus G. V. Tychonis Brahe*)』, Jussu & sumptibus Rudolphi II. Romanorum Imperatoris &c; Plurium annorum pertinaci studio elaborata Pragæ, A S^{æ}. C^{æ}. M^{tis}. S^{æ}. Mathematico Joanne Keplero, Cum ejusdem C^{æ}. M^{tis}.

privilegio speciali Anno æræ Dionysianæ MDCIX; reprinted in *Gesammelte Werke*, vol. 3; French transl. by Jean Peyroux "chez le traducteur" 1979; English transl. by W. Donahue, Cambridge 1989. 岸本良彦による日本語訳『新天文学』が工作舎 (2013) から出版されている.

[J. ケプラー (1619)] ——,『宇宙の調和』(*Harmonices Mundi*), Lincii Austriæ 1619.『全集』第 6 巻に再録. 岸本良彦による日本語訳が工作舎 (2009) から出版されている.

[ケプラー全集] ——,『ヨハネス・ケプラー全集 (*Johannes Kepler Gesammelte Werke*)』, 21 vols., Beck'sche Verlagsbuchhandlung, München 1938–2002.

[H.S.M. コクセター (1961)] H.S.M. Coxeter,『幾何学入門 (*Introduction to Geometry*)』, John Wiley & Sons, New York 1961. 銀林浩による日本語訳が明治図書 (1982) から, また, ちくま学芸文庫 (2009) から出版されている.

[H.S.M. コクセター, S.L. グライツァー (1967)] ——, S.L. Greitzer,『幾何学再入門 (*Geometry Revisited*)』, Math. Assoc. of America, Washington 1967. 寺阪英孝による日本語訳が河出書房新社 (1970) から出版されている.

[H.S.M. コクセター (1968)] ——,「アポロニウスの問題 (*The problem of Apollonius*)」,『アメリカ数学月報』75 (1968) 5–15.

[コチャンスキー (1685)] A.A. Kochański,「適切な簡便実用的な円弧計測の観察 (*Observationes Cyclometricæ ad facilitandam Praxin accomodatæ*)」,『学術論叢』4 (1685) 394–398.

[コペルニクス (1543)] N. Copernicus,『天球の回転について (*De revolutionibus orbium cœlestium*)』Nürnberg 1543; second impression Basel 1566. 矢島祐利による日本語訳が『天体の回転について』岩波文庫 (1953), 高橋憲一によるものが『コペルニクス・天球回転論』みすず書房 (1993.12.24) として出版されている.

[サトノイアヌ (2003)] R.A. Satnoianu,「三角形におけるエルデシュ・モーデル型の不等式 (*Erdős–Mordell-type inequalities in a triangle*)」,『アメリカ数学月報』110 (2003) 727–729.

[サンディファー (2006)] E. Sandifer,「オイラーはどのように行ったか. 19 世紀三角形の幾何 (*How Euler did it; 19th century triangle geometry*)」, MAA Online, `www.maa.org/news/howeulerdidit.html`, May 2006.

[シェイル (2001)] R. Shail,「テボーの定理の証明 (*A proof of Thébault's theorem*)」,『アメリカ数学月報』108 (2001) 319–325.

[ジェルゴンヌ (1813/14)] J.D. Gergonne,「球面上で他の 3 円に接する円の研究 (*Recherche du cercle qui en touche trois autres sur une sphère*)」,『ジェルゴンヌ誌』4 (1813/14) 349–359.

[K. シェルバッハ (1853)]　K. Schellbach,「マルファッティ問題の 1 つの解 (*Eine Lösung der Malfattischen Aufgabe*)」,『クレレ誌』45 (1853) 91–92.

[シムソン (1749)]　R. Simson,『ペルガのアポロニウスの平面図形，第 II 巻，ロバート・シムソンによって復元された (*Apollonii Pergaei Locorum planorum Libri II. Restituti a Roberto Simson M.D.*)』, Glasguae MDCCXLIX.

[シャール (1837)]　M. Chasles,『幾何学における方法の起源と発展の歴史的概観 (*Aperçu historique sur l'origine et le développement des méthodes en géométrie*)』, Paris 1837; second ed. 1875; German transl. 1839.

[A. シュタイナー，G. アリゴ (2008)]　A. Steiner, G. Arrigo,「数学散歩：... の命題 (*Passeggiate matematiche; A proposito di...*)」, Bollettino dei docenti di matematica (Ticino)（数学教師速報，チティーノ）57 (2008) 93–98.

[A. シュタイナー，G. アリゴ (2010)]　——, ——,「数学散歩：パンと ... 三角法 (*Passeggiate matematiche; Pane e ... trigonometria*)」, Bollettino dei docenti di matematica (Ticino) 60 (2010) 107–109.

[シュタイナー (1826a)]　J. Steiner,「円と球の接触と切断に関する一般論 (*Allgemeine Theorie über das Berühren und Schneiden der Kreise und Kugeln*)」, 1823–1826 年の手稿．死後 R. Fueter と F. Gonseth により，Zürich and Leipzig(1931) から出版．

[シュタイナー (1826b)]　——,「いくつかの幾何の定理 (*Einige geometrische Sätze*)」,『クレレ誌』1, (1826) 38–52;『全集 (1881/82)』vol. 1, pp. 1–16.

[シュタイナー (1826c)]　——,「いくつかの幾何学的考察 (*Einige geometrische Betrachtungen*)」,『クレレ誌』1 (1826) 161–184, *Fortsetzung* 252–288.『全集 (1881/82)』vol. 1, pp. 17–76.

[シュタイナー (1826d)]　——,「オイラーの立体幾何の易しい証明，12 面体の定理 X の補遺とともに (*Leichter Beweis eines stereometrischen Satzes von Euler, nebst einem Zusatze zu Satz X auf Seite 12*)」,『クレレ誌』1 (1826) 364–367;『全集 (1881/82)』vol. 1, pp. 95–100.

[シュタイナー (1827)]　——,「問題と定理，前者を解き，後者を証明する (*Aufgaben und Lehrsätze, erstere aufzulösen, letztere zu beweisen*)」,『クレレ誌』2 (1827) 286–292;『全集 (1881/82)』vol. 1, pp. 155–162.

[シュタイナー (1827/1828)]　——,「問題の提示．完全四辺形に関する定理 (*Questions proposées. Théorème sur le quadrilatère complet*)」, Annales de math. (Gergonne) 18 (1827/1828) 302–304;『全集 (1881/82)』vol. 1, pp. 221–224 (with another title).

[シュタイナー (1828a)]　——,「この号の 17 番の論文における第 2 の課題に関するコメント (*Bemerkungen zu der zweiten Aufgabe in der Abhandlung No. 17. in diesem Hefte*)」,

『クレレ誌』3 (1828) 201–204;『全集 (1881/82)』vol. 1, pp. 163–168 (with another title).

[シュタイナー (1828b)] ——,「当面の課題と定理 (*Vorgelegte Aufgaben und Lehrsätze*)」,『クレレ誌』3 (1828) 207–212;『全集 (1881/82)』vol. 1, pp. 173–180.

[シュタイナー (1832)] ——,「相互の幾何学的形状の依存関係の体系的発展, ポリズム, 射影法, 位置の幾何学横断性, 双対性, 相反性などについての新旧の幾何学者の業績を考慮して (*Systematische Entwickelung der Abhängigkeit geometrischer Gestalten von einander, mit Berücksichtigung der Arbeiten alter und neuer Geometer über Porismen, Projections-Methoden, Geometrie der Lage, Transversalen, Dualität und Reciprocität, etc.*)」, G. Fincke, Berlin 1832;『全集 (1881/82)』vol. 1, pp. 229–460.

[シュタイナー (1835a)] ——,「問題と定理, 前者を解き, 後者を証明する (*Aufgaben und Lehrsätze, erstere aufzulösen, letztere zu beweisen*)」,『クレレ誌』13 (1835) 361–363;『全集 (1881/82)』vol. 2, pp. 13–18.

[シュタイナー (1835b)] ——,「一般レムニスケートの接線の簡単な作図 (*Einfache Construction der Tangente an die allgemeine Lemniscate*)」,『クレレ誌』14 (1835) 80–82;『全集 (1881/82)』vol. 2, pp. 19–23.

[シュタイナー (1842)] ——,「平面内, 球面上, 空間内での図形の最大最小について (*Sur le maximum et le minimum des figures dans le plan, sur la sphère et dans l'espace en général*)」,『クレレ誌』24 (1842) 93–162 (この最初の部分は『リウヴィル誌』6 (1841) 105–170, 189–250). ドイツ語の原テキストは『全集 (1881/82)』vol. 2, pp. 177–308.

[シュタイナー (1844)] ——,「平面三角形と球面三角形に関する問題の初等的解法 (*Elementare Lösung einer Aufgabe über das ebene und sphärische Dreieck*)」,『クレレ誌』28 (1844) 375–379.『全集 (1881/82)』vol. 2, pp. 321–326.

[シュタイナー (1846a)] ——,「円錐曲線の曲率半径の性質について (*Über eine Eigenschaft des Krümmungshalbmessers der Kegelschnitte*)」,『クレレ誌』30 (1846) 271–272;『全集 (1881/82)』vol. 2, pp. 339–342.

[シュタイナー (1846b)] ——,「2 次及び 3 次曲線に関する定理 (*Sätze über Curven zweiter und dritter Ordnung*,『クレレ誌』32 (1846) 300–304;『全集 (1881/82)』vol. 2, pp. 375–380.

[シュタイナー (1857)] ——,「3 次 (と 4 次) の特殊な曲線について (*Ueber eine besondere Curve dritter Classe (und vierten Grades)*)」,『クレレ誌』53 (1857) 231–237;『全集 (1881/82)』vol. 2, pp. 639–647.

[シュタイナー全集 (81/82)] K. Weierstrass,『ヤーコプ・シュタイナー全集 (*Jacob Steiner's Gesammelte Werke*)』, 2 vols., herausgegeben auf Veranlassung der Königlich Preussischen Akademie der Wissenschaften, G. Reimer, Berlin 1881–82. 第 2 版,

AMS Chelsea Publishing, New York(1971).

[シュタインハウス (1958)] H. Steinhaus,『初等数学における 100 問 (*One Hundred Problems in Elementary Mathematics*)』, Orig. in Polish *Sto zadań* Wrozław 1958. 英訳は Basic Books(1964), Dover による再版 (1979).

[シュテルク (1989)] R. Stärk,「テボーの問題の別の解 (*Eine weitere Lösung der Thébault'schen Aufgabe*)」,『数学基礎』44 (1989) 130–133.

[シュライバー, フィッシャー, スターナス (2008)] P. Schreiber, G. Fischer, M.L. Sternath, 「ルネサンス期のアルキメデスの立体の再発見に新たな光 (*New light on the rediscovery of the Archimedean solids during the Renaissance*)」,『厳密科学史集積』62 (2008), 457–467.

[M. スチュアート (1746)] M. Stewart,『数学の高等な部分の重要な使用の一般的定理 (*Some General Theorems of Considerable Use in the Higher Parts of Mathematics*)』, Sands, Murray, and Cochran, Edinburgh 1746.

[I. スチュアート (2008)] I. Stewart,『スチュアート教授の数学珍品のキャビネット (*Professor Stewart's Cabinet of Mathematical Curiosities*)』, Profile Books LTD, London 2008. 水谷淳による日本語訳が『数学ミステリーの冒険』SB クリエイティブ (2015) として出版.

[スツルム (1823/24)] C.-F. Sturm,「(幾何学の) 同じ定理の異なる証明 (*Autre démonstration du même théorème (de géométrie)*)」,『ジェルゴンヌ誌』14 (1823/24) 286–293; Addition à l'article: pp. 390–391.

[スマカル (1972)] S. Šmakal,「空間 5 角形に関する定理についての注意 (*Eine Bemerkung zu einem Satz über räumliche Fünfecke*)」,『数学基礎』27 (1972) 62–63.

[スミス, ラタン (1925)] D.E. Smith, M.L. Latham,『ルネ・デカルトの幾何学 (*The Geometry of René Descartes*)』初版の複写付き, The Open Court Publ. Company, Chicago 1925; Dover reprint 1954.

[F.-J. セルヴォア (1813/14)] F.-J. Servois,「実用幾何学 (*Géométrie pratique*)」, Annales de mathématiques (Gergonne) 4 (1813/14) 250–253.

[ソディ (1936)] F. Soddy,「正確なキス (*The kiss precise*)」, Nature, June 20, (1936) 1021.

[大英博物館 (1898)] British Museum,『リンド数学パピルスの複製 (*Facsimile of the Rhind Mathematical Papyrus*)』, London 1898.

[ダッドリー (1987)] U. Dudley,『三等分の花束 (*A Budget of Trisections*)』, Springer-Verlag, New York 1987.

[ダニッツ, ウェイザー (1972)] J.D. Dunitz and J. Waser,「正五角形と等角五角形の平面性

(*The planarity of the equilateral, isogonal pentagon*)」,『数学基礎』27 (1972) 25–32.

[タバチニコフ (1993)] S. Tabachnikov,「ポンスレの定理と双対撞球 (*Poncelet's theorem and dual billiards*)」『数学教育』39 (1993) 189–194.

[タバチニコフ (1995)] ——,『撞球 (*Billiards*)], Panoramas et Synthèses 1, Soc. Math. France 1995.

[タルターリア (1560)] N. Tartaglia,「一般規約 3 巻（数の一般規約と措置の第 1 部）(*General trattato vol. 3 (La quarta parte del general trattato de numeri et misure)*)」, Venetia 1560.

[ターンヴァルト (1986)] G. Turnwald,「テボーの推測について (*Über eine Vermutung von Thébault*)」,『数学基礎』41 (1986) 11–13.

[テイシェイラ (1905)] F.G. Teixeira,『注目すべき特別な曲線概論 (*Tratado de las curvas especiales notables*)』, Madrid, 1905.

[テイラー, マール (1913)] F.G. Taylor and W.L. Marr,「三角形のそれぞれの角の 6 つの三等分線 (*The six trisectors of each of the angles of a triangle*)」, Proc. Edinburgh Math. Soc. 32 (1913) 119–131.

[デカルト (1637)] R. Descartes,『幾何学 (*La Geometrie*), 方法序説 (*Discours de la methode*) の付録』, Paris 1637; translated from the French and Latin by D.E. Smith and M.L. Latham, The Open Court Publ. Company, Chicago 1925; Dover reprint 1954.『方法序説』の日本語訳は多いが, 谷川多佳子訳の岩波文庫版 (1997) を挙げる.『幾何学』は原亨吉訳がちくま学芸文庫 (2013) にある.

[テボー (1930)] V. Thébault,「二等辺三角形について (*Sur le triangle isoscèle*)」,『マテーシス』XLIV (1930) 97.

[テボー (1931)] ——,「三角形の面積の辺の関数としての表示について (*Sur l'expression de l'aire du triangle en fonction des côtés*)」,『マテーシス』XLV (1931) 27–28.

[テボー (1938)] ——,「問題 3887, 共線の中心を持つ 3 つの円 (*Problem 3887, Three circles with collinear centers*)」,『アメリカ数学月報』45 (1938) 482–483.

[テボー (1945)] ——,「辺の関数としての三角形の面積 (*The area of a triangle as a function of the sides*)」,『アメリカ数学月報』52 (1945) 508–509.

[デューラー (1525)] A. Dürer (1525),『測定法教則 (*Underweysung der messung*)』, Nürnberg1525.

[デリー (1933)] H. Dörrie,『数学の勝利. 2000 年間の数学文化から 100 の問題 (*Triumph der Mathematik. Hundert berühmte Probleme aus zwei Jahrtausenden mathematischer Kultur*)』, Verlag von Ferdinand Hirt, Breslau 1933. (D. Antin による) 英訳が

100 Great Problems of Elementary Mathematics: Their History and Solution, Dover Publ. 1965 として，根上生也による日本語訳が『数学 100 の勝利 1–3』シュプリンガー東京 (1996) として出版されている．

[デリー (1943)] ——，『数学的ミニチュア (*Mathematische Miniaturen*)』，Wiesbaden 1943; reprinted 1979.

[トゥールネ (2009)] D. Tournès,『微分方程式の牽引構造 (*La construction tractionnelle des équations différentielles*)』，Collection sciences dans l'histoire, Blanchard, Paris 2009.

[トルバルセン (2010)] S. Thorvaldsen,「ケプラーの新天文学における初期の数値解析 (*Early numerical analysis in Kepler's new astronomy*)」，Sci. Context 23 (2010) 39–63.

[トロヤノフ (2009)] M. Troyanov,『幾何教程 (*Cours de géométrie*)』，Presses polytechniques et universitaires romandes, Lausanne 2009.

[ニュートン (1668)] I. Newton,「3 次曲線の性質の解析とその種による分類 (*Analysis of the properties of cubic curves and their classification by species*)」，manuscript (1667 or 1668), in *Mathematical Papers*, vol. II, pp. 10–89.

[ニュートン (1671)] ——，「級数と流率の方法論 (*A Treatise of the Methods of Series and Fluxions*)」，1671 年の手稿，『数学論文集』第 III 巻 p. 32. 最初に出版されたのは，J. Colson により，著者の未刊行のラテン語の原典から訳された「曲線の幾何学への応用とともに，流率と無限級数の方法 (*The Method of Fluxions and Infinite Series with its Application to the Geometry of Curve-lines*)」として，London(1736) で，また "M. de Buffon" によるフランス語訳が Paris(1740) として出版.

[ニュートン (1680)] ——，「曲線の幾何 (*The geometry of curved lines*)」1680 年の手稿，『数学論文集』第 IV 巻 pp. 420–505.

[ニュートン (1684)] ——，「軌道における物体の運動 (*De motu corporum in gyrum*)」，1684 年秋の手稿，『数学論文集』第 VI 巻 pp. 30–91.

[ニュートン (1687)] ——，『自然哲学の数学的原理 (*Philosophiae Naturalis Principia Mathematica*)』，Londini anno MDCLXXXVII（ロンドン，1687）. 最初の英語版は A. Motte により London(1729) で出版.

[ニュートン『数学論文集』] ——，『アイザック・ニュートンの数学論文集 (*The Mathematical Papers of Isaac Newton*)』，8 vols., edited by D.T. Whiteside, Cambridge Univ. Press, Cambridge 1967–1981.

[R.B. ネルセン (2004)] R.B. Nelsen,「言葉によらない証明：定面積の 4 つの正方形 (*Proof without words: four squares with constant area*)」，Math. Mag. 77 (2004) 135.

[バイエル (1967)] O. Baier,「リッツの軸の作図 (*Zur Rytzschen Achsenkonstruktion*)」，『数

学基礎』22 (1967) 107–108.

[ハイラー，リュービヒ，ヴァンナー (2006)] E. Hairer, C. Lubich, G. Wanner,『幾何学的数値積分 (*Geometric Numerical Integration*)』, Springer-Verlag, Berlin 2002; second ed. 2006.

[ハイラー，ヴァンナー (1997)] E. Hairer, G. Wanner,『歴史による解析学 (*Analysis by Its History*)』, second printing, Springer-Verlag, New York 1997. 蟹江幸博による日本語訳『解析教程　上下』がシュプリンガー・フェアラーク東京 (1997)，のち丸善出版 (2013) から出版されている．

[バーコフ (1932)] G.D. Birkhoff,「定規と分度器に基づいた，平面幾何の公準の集合 (*A set of postulates for plane geometry, based on scale and protractor*)」, Annals of Mathematics 33 (1932) 329–345.

[R.C. バック (1980)] R.C. Buck,「バビロンのシャーロック・ホームズ (*Sherlock Holmes in Babylon*)」,『アメリカ数学月報』87 (1980) 335–345.

[パッポス選集] Pappus of Alexandria (∼300 A.D.),『選集 (*Collection*)（または，συναγωγή [シナゴーゲー], *Synagoge*)』. 最初のラテン語訳は F. コマンディーノ（出版は 1588 年と 1660 年），ギリシャ–ラテン語の決定版は F.Hultsch, Berolini 1876–1878，フランス語訳は [フェル・エッケ (1933)].

[ハーツホーン (2000)] R. Hartshorne,『幾何学．ユークリッド，そしてその先 (*Geometry: Euclid and Beyond*)』, Springer-Verlag, New York 2000.

[ハーディ，エヤー，ウィルソン (1927)] G.H. Hardy, P.V. Seshu Aiyar, B.M. Wilson,『スリニヴァーサ・ラマヌジャン選集 (*Collected papers of Srinivasa Ramanujan*)』, Cambridge Univ. Press, Cambridge 1927; reprinted by Chelsea Publ. 1962.

[バプティスト (1992)] P. Baptist,『新しい三角形幾何学の発展 (*Die Entwicklung der neueren Dreiecksgeometrie*)』, B.I. Wissenschaftsverlag, Mannheim 1992.

[ハミルトン (1844)] W.R. Hamilton,『四元数の理論 (*Theory of Quaternions*)』, By Sir W.R. Hamilton, LL.D., President in the Chair, Proc. Royal Irish Acad., Session of Nov., 11, 1844, vol. 3, MDCCCXLVII, 1–16.

[ハミルトン (1846)] ——,「シンボルの言葉でニュートンの引力の法則などを表す新しい方法 (*A new Method of expressing, in symbolical Language, the Newtonian Law of Attraction, & c.*)」, By Sir W.R. Hamilton, L.L.D., Proc. Royal Irish Acad., Session of Dec., 14, 1846, vol. 3, MDCCCXLVII, 344–353;『数学論文集』では（タイトルは異なるが）vol. 2, 287–294, Cambridge 1940.

[バロー (1735)] I. Barrow,『幾何学講義：曲線の生成，本質，性質を説明する (*Geometrical Lectures: Explaining the Generation, Nature and Properties of Curve Lines*)』,

London 1735.

[バンコフ (1987)] L. Bankoff,「蝶の問題の変形 (*The Metamorphosis of the Butterfly Problem*)」, Math. Magazine vol. 60,(1987) 195–210.

[ピサのレオナルド (1202)] L. Pisano (Leonardo da Pisa; Fibonacci),『算盤の書 (*Liber Abaci*)』, 1202. 出版は Codice Magliabechiano, Badia Fiorentina, Roma 1857; 英訳は『フィボナッチの算盤の書 (*Fibonacci's Liber Abaci*)』by L.E. Sigler, Springer-Verlag, New York 2002.

[ピサのレオナルド (1220)] ——,『実用幾何 (*Practica Geometriae*)』, 1220. 出版は Codice Urbinate, Bibl. Vaticana, Roma 1862.

[T.L. ヒース (1896)] T.L. Heath,『ペルガのアポロニウス. 円錐曲線論. テーマの初期の歴史に関するエッセーを含む序文付きの, 現代の記号で編集したもの (*Apollonius of Perga: Treatise on Conic Sections, edited in modern notation with introductions including an essay on the earlier history of the subject*)』, Cambridge: at the University Press, Cambridge 1896.

[T.L. ヒース (1897)] ——,『アルキメデスの仕事. 入門的章のある, 現代の記号で編集したもの (*The Works of Archimedes, edited in modern notation with introductory chapters*)』, Cambridge: at the University Press, Cambridge 1897; Dover reprint 2002.

[T.L. ヒース (1920)] ——,『ギリシャ語でのユークリッド (*Euclid in Greek*)』, Cambridge University Press, Cambridge 1920.

[T.L. ヒース (1921)] ——,『ギリシャ数学史 (*A History of Greek Mathematics*)』, 2 vols., Clarendon Press, Oxford 1921; Dover reprint 1981.

[T.L. ヒース (1926)] ——,『ハイベアのテキストから翻訳した, ユークリッド原論の 13 巻. 序文とコメント付き (*The Thirteen Books of Euclid's Elements, translated from the text of Heiberg, with introduction and commentary*』, second ed., 3 vols., Cambridge University Press, Cambridge 1926; Dover reprint 1956.

[ピック (1899)] G. Pick,「数論のための幾何学 (*Geometrisches zur Zahlenlehre*)」, Sitzungsberichte des deutschen naturwissenschaftlich-medicinischen Vereins für Böhmen 'Lotos' in Prag, Neue Folge 19 (1899), 311–319.

[T.E. ピート (1923)] T.E. Peet,『リンド数学パピルス (*The Rhind Mathematical Papyrus*)』, British Museum 10057 and 10058, Liverpool 1923.

[ピュイサン (1801)] L. Puissant,「モンジュとラクロアの原理に従って, 代数解析によって解かれ証明されるさまざまな幾何の命題の集成 (*Recueil de diverses propositions de géométrie, résolues ou démontrées par l'analyse algébrique, suivant les principes de Monge et de Lacroix*)」, Paris 1801.

[ヒルベルト (1899)] D. Hilbert,『幾何学の基礎 (*Grundlagen der Geometrie*)』, Teubner, Leipzig 1899. 寺阪英孝, 大西正男による日本語訳が『幾何学の基礎』共立出版 (1970), 中村幸四郎によるものが『幾何学基礎論』ちくま学芸文庫 (2005) として出版.

[ヒルベルト, コーン=フォッセン (1932)] ——, S. Cohn-Vossen,『直観幾何学 (*Anschauliche Geometrie*)』, Springer-Verlag, Berlin 1932; 芹沢正三による日本語訳『直観幾何学』がみすず書房 (1966) から出版.

[ファインマン, レイトン, サンズ (1964)] R.P. Feynman, R.B. Leighton, M. Sands,『ファインマン物理学講義 (*The Feynman Lectures on Physics*)』, vol. 1, Addison-Wesley, Reading, Mass. 1964. 坪井忠二による日本語訳が『ファインマン物理学 I 力学』として 1967 年に岩波書店から出版されている.

[ファインマン, グッドスティーン, グッドスティーン (1996)] R.P. Feynman, D.L. Goodstein and J.R. Goodstein,『太陽の周りの惑星の運動 (*The Motion of Planets Around the Sun*)』, W.W. Norton Comp., New York 1996; French transl. Diderot 1997; including an audio CD. 砂川重信による日本語訳が, D.L. グッドスティーン, J.R. グッドスティーン『ファインマンさん, 力学を語る』岩波書店 (1996) として出版されている.

[ファニャーノ (1750)] Giul. C. Fagnano (Giulio Carlo Fagnano dei Toschi, ジュリオ・カルロ, ファニャーノ・デイ・トスキ),『数学作品 (*Produzioni Matematiche*)』, 2 vols., Pesaro 1750. ヴォルテラ, ロリア, ガンビオリ編の『数学全集 (*Opere Matematiche*)』(1912) に再刷.

[ファニャーノ (1770)] Giov. F. Fagnano (Giovanni Francesco Fagnano dei Toschi, son of Giulio, ジョヴァンニ・フランチェスコ, ファニャーノ・デイ・トスキ, ジュリオの息子),「三角形の新旧の性質について (*Sopra le proprietà antiche e nuove dei triangoli*)」, 未発表.

[ファニャーノ (1779)] ——,「最大最小法に関連した問題 (*Problemata quaedam ad methodum maximorum et minimorum spectantia*)」,『新学術論叢』. anni 1775, Lipsiae 1779, pp. 281–303.

[ファン・スホーテン (1646)] F. van Schooten,『フランソア・ヴィエート数学選集 (*Francisci Vietæ Opera Mathematica*)』, Leiden 1646; J.E. Hofmann による序文付きで再版, Georg Olms Verlag, Hildesheim 2001.

[ファン・スホーテン (1657)] ——,『数学演習第 1 巻, 百題の算術と幾何の命題を含む (*Exercitationum mathematicorum liber primus. Continens propositionum arithmeticarum et geometricarum centuriam*)』, Academia Lugduno-Batava 1657.

[ファン・スホーテン (1683)] ——,『最高に精確な正弦, 正接, 正割での平面三角形の三角法 (*Trigonometria triangulorum planorum cum sinuum, tangetium et secantium canone accuratissimo*)』, Bruxellis 1683.

[ファン・デル・ヴェルデン (1953)] B.L. van der Waerden,「数学における着想と熟慮 (*Einfall und Überlegung in der Mathematik*)」,『数学基礎』8 (1953) 121–144.

[ファン・デル・ヴェルデン (1970)] ——,「空間五角形についての一定理 (*Ein Satz über räumliche Fünfecke*)」,『数学基礎』25 (1970) 73–78;「補遺 (*Nachtrag*)」,『数学基礎』27 (1972), p. 63.

[ファン・デル・ヴェルデン (1983)] ——,『古代文明の幾何と代数 (*Geometry and Algebra in Ancient Civilizations*)』Springer-Verlag, Berlin 1983.

[フィールド (1996)] J.V. Field,「アルキメデスの多面体の再発見. ピエロ・デラ・フランチェスカ, ルカ・パチオリ, レオナルド・ダ・ヴィンチ, アルブレヒト・デューラー, ダニエル・バルバロ, ヨハネス・ケプラー (*Rediscovering the Archimedean polyhedra: Piero della Francesca, Luca Pacioli, Leonardo da Vinci, Albrecht Dürer, Daniele Barbaro, and Johannes Kepler*)」,『厳密科学史集積』50 (1996) 241–289.

[フィンスラー (1937/38)] P. Finsler,「幾つかの初等的な幾何的近似作図 (*Einige elementargeometrische Näherungskonstruktionen*)」, Comm. Math. Helvetici, 10 (1937/38) 243–262.

[フェルステマン (1835)] W.A. Förstemann,「プトレマイオスの定理の逆 (*Umkehrung des Ptolomäischen Satzes*)」,『クレレ誌』13 (1835) 233–236.

[フェルマー (1629a)] P. Fermat,「ペルガのアポロニウスの復元された平面図形の 2 冊の書 (*Apollonii Pergæi libri duo de locis planis restituti*)」, manuscript from 1629 年の手稿, 死後『フェルマー全集 (*Opera*)』pp. 12–27 で出版.

[フェルマー (1629b)] ——,「最大値と最小値を論じる方法 (*Methodus ad disquirendam maximam & minimam*)」, 最初の草稿は 1629 年, 1638 年にメルセンヌに送られ,『全集 (*Opera*)』63–73 ページに出版される.

[フェルマー (1629c)] ——,「復元された原理であるユークリッドのポリズム. 入門の形で, 新しい幾何学を提供する (*Porismatum Euclidæorum Renovata Doctrina, & sub formâ Isagoges recentioribus Geometris exhibita*)」, 1629 年の草稿, 死後『全集 (*Opera*)』116–119 ページで出版される.

[フェルマー全集] ——,『ツールーズの勅撰委員, ピエール・ド・フェルマーのさまざまな数学的業績 (*Varia opera mathematica D. Petri de Fermat, Senatoris Tolosani*)』, apud J. Pech, Collegium PP. Societatis JESU, Tolosæ 1679.

[フェルマー全集（フランス語版）] ——,『フェルマーの著作 (*Œuvres de Fermat*)』, 4 巻 + 付録 1 巻.（第 1 巻は元のラテン語のテキスト, 第 3 巻はフランス語訳, 第 2 巻と第 4 巻は手紙）. 編集は P. Tannery と C. Henry. Gauthier-Villars et fils, Paris 1891–1912.

[フォイエルバッハ (1822)] K.W. Feuerbach,『平面三角形の特別な点とさらにそれから定まるさ

まざまな直線や図形の性質．解析的三角法的取り扱い (*Eigenschaften einiger merkwürdigen Punkte des geradlinigen Dreiecks und mehrerer durch sie bestimmten Linien und Figuren. Eine analytisch-trigonometrische Abhandlung*)』，Nürnberg 1822.

[フォン・シュタウト (1847)] G.K.C. von Staudt,『位置の幾何学 (*Geometrie der Lage*)』, Nürnberg 1847.

[プトレマイオス] Ptolemy (~150), [レギオモンタヌス (1496)] 参照.

[ブラウン (1949)] L.A. Brown,『地図の物語 (*The Story of Maps*)』, Little, Brown and Company, Boston 1949; Dover reprint 1979.

[プリュッカー (1830a)] J. Plücker,「新しい座標系について (*Über ein neues Coordinatensystem*)」,『クレレ誌』5 (1830) 1–36.

[プリュッカー (1830b)] ——,「解析幾何学において，方程式によって点と曲線を表す新しい方法について (*Über eine neue Art, in der analytischen Geometrie Puncte und Curven durch Gleichungen darzustellen*)」,『クレレ誌』6 (1830) 107–146.

[フルヴィッツ，クーラント (1922)] A. Hurwitz, R. Courant,『関数論 (*Funktionentheorie*)』, Grundlehren der Math. Wiss. 3, Springer, Berlin 1922.

[フレジール (1737)] A.-F. Frézier,『アーチ形天井や民生また軍事的な建物の他の部分の建設のための，石材と木材を切るための理論と実際．建築に使用する石切り術論 (*La théorie et la pratique de la coupe des pierres et des bois, pour la construction des voûtes et autre parties des bâtimens civils & militaires, ou traité de stéréotomie à l'usage de l'architecture*)』, vol. 1, Guerin, Paris 1737.

[フンツィカー (2001)] H. Hunziker,「アルバート・アインシュタイン，1896 年数学の卒業試験 (*Albert Einstein, Maturitätsprüfung in Mathematik 1896*)」,『数学基礎』56 (2001) 45–54.

[ベックマン (2006)] B. Beckman,「ファインマンは『解析を使わずに，ニュートンはケプラーを導いた』と言った (*Feynman says: "Newton implies Kepler, no calculus needed"*)」, J. of Symbolic Geometry 1 (2006) 57–72.

[ヘッセ (1861)] O. Hesse,『空間の解析幾何，特に 2 次曲面について (*Vorlesungen über analytische Geometrie des Raumes, insbesondere über Oberflächen zweiter Ordnung*)』, Teubner Leipzig 1861.

[ヘッセ (1865)] ——,『平面における直線と点と円の解析幾何講義 (*Vorlesungen aus der analytischen Geometrie der geraden Linie, des Punktes und der Kreise in der Ebene*』, Teubner Leipzig 1865.

[ベルグレン (1986)] J.L. Berggren,『中世イスラム数学のエピソード (*Episodes in the Mathematics of Medieval Islam)*)』, Springer-Verlag, New York 1986.

[ベルトラミ (1868)] E. Beltrami,「非ユークリッド幾何学の解釈の試論 (*Saggio di interpretazione della geometria non-euclidea*)」, Giornale di Matematiche 6 (1868) 284–312; フランス語訳（J. Hoüel によるイタリア語からの翻訳）Ann. Sci. École Norm. Sup. 6 (1869) 251–288.

[ヤーコプ・ベルヌーイ (1694)] Jac. Bernoulli,「ある種の代数曲線の求長を助けとして，接近と離脱が等しい曲線を構成すること，6 月の解答に追加して (*Constructio Curvæ Accessus & Recessus æquabilis, ope rectificationis Curvæ cujusdam Algebraicæ, addenda numeræ Solutioni mensis Junii*),『学術論叢』. (Sept. 1694) 336–338.

[ヤーコプ・ベルヌーイ (1695)] ——,「弾性曲線，等速曲線，これまでに述べたものと部分的に巻き上げられた日除け布について以前に報告したものについての説明，注釈，追加．ここで，線は力の平均方向，その他新しいことを意味する (*Explicationes, Annotationes et Additiones ad ea, quæ in Actis superiorum annorum de Curva Elastica, Isochrona Paracentrica, & Velaria, hinc inde memorata, & partim controversa leguntur; ubi de Linea mediarum directionum, aliisque novis*)」,『学術論叢』. (Dec. 1695) 537–553;『全集』第 1 巻, pp. 639–663.

[ヤーコプ・ベルヌーイ (全集 2 巻本)] ——,『ヤーコプ・ベルヌーイ，バーゼル版全集 (*Jacobi Bernoulli, Basileensis, Opera*)』, 2 vols., Genevæ 1744.

[ヤーコプ・ベルヌーイ (全集 4 巻本)] ——,『ヤーコプ・ベルヌーイの業績 (*Die Werke von Jakob Bernoulli*)』, 4 vols., Birkhäuser, Basel 1969–1993.

[ヨハン・ベルヌーイ (全集)] Joh. Bernoulli,『全集 (*Opera Omnia*)』, 4 vols., Lausannæ et Genevæ 1742; reprinted Georg Olms 1968.

[ヘルメス (1895)] J.G. Hermes,「円周の 65537 等分について (*Ueber die Teilung des Kreises in 65537 gleiche Teile*)」, Nachrichten von der Königl. Gesellschaft der Wissenschaften zu Göttingen, Mathematisch-physikalische Klasse aus dem Jahre 1894. Göttingen (1895) 170–186.

[P. ヘンリー (2009)] P.P.A. Henry,「アドリアン・ファン・ルーメンの問題のフランソア・ヴィエートの解答 (*La solution de François Viète au problème d'Adriaan van Roomen*), manuscript 2009.

[ペンローズ (2005)] R. Penrose,『真実への道：宇宙の法則の完全ガイド (*The Road to Reality; a Complete Guide to the Laws of the Universe*)』, Alfred A. Knopf, New York 2005.

[ホイヘンス (1673)] C. Huygens,「振り子時計．または時計に応用した振り子の運動に関する幾何学的証明 (*Horologium oscillatorium: sive de motu pendulorum ad horologia aptato demonstrationes geometricæ*)」, F. Muguet, Paris 1673; reprinted in *Oeuvres*, vol. 18, pp. 69–368.

[ホイヘンス (1691)] ——,「振り子時計の第 3 部の付録 IV(*Appendice IV à la pars tertia de l'horologium oscillatorium*)」,『全集 (*Oeuvres*)』vol. 18, pp. 406–409.

[ホイヘンス (1692)] ——,「書 簡 N°2794(*Correspondance N°2794*)」,『全 集 (*Oeuvres*)』vol. 10, pp. 418–422.

[ホイヘンス (1692/93)] ——,「振り子時計の第 4 部の付録 VI (*Appendice VI à la pars quarta de l'horologium oscillatorium*)」,『全集 (*Oeuvres*)』vol. 18, pp. 433–436.

[ホイヘンス (1724)] C. Huygens(Christiani Hugenii Zulichemii),『さまざまな著作 (*Opera varia*)』, 2 vols., Lugduni Batavorum (= Leiden) MDCCXXIV.

[ホイヘンス (1833)] ——,『数学と哲学の課題 (*Exercitationes mathematicæ et philosophicæ*)』, ex manuscriptis in Bibliotheca Lugduno-Batavæ (= Leiden) MDCCCXXXIII.

[ホイヘンス (全集)] ——,『クリスティアン・ホイヘンスの全集 (*Œuvres complètes de Christiaan Huygens*)』, publ. par la Société Hollandaise des Sciences, 22 vols., Den Haag 1888–1950.

[ホーゲンディイク (1984)] J.P. Hogendijk,「正 7 角形のギリシャとアラビアの作図 (*Greek and Arabic constructions of the regular heptagon*)」,『厳密科学史集積』30 (1984), 197–330.

[ホーゲンディイク (2004)] ——,「イブン・サルタク (14 世紀) の改訂による, ユスフ・アル=ムタマン・イブン・フードのイスチクマールの失われた幾何学的部分. 内容の分析表 (*The lost geometrical parts of the Istikmal of Yusuf al-Mu'taman ibn Hud (11th century) in the redaction of Ibn Sartaq (14th century): An Analytical Table of Contents*)」, Archives Internationales d'Histoire des Sciences 53 (2004), 19–34.

[ポーニック (2006)] D.Paunić,『正多角形 (*Pravilni Poligoni*)』, Društvo Matematičara Srbije, Beograd 2006 (セルビア語, 著者自身による英語への翻訳もある).

[ホフステッター (2005)] K. Hofstetter,「定木と錆びたコンパスを使う, 黄金分割での線分の分割 (*Division of a segment in the golden section with ruler and rusty compass*)」,『幾何フォーラム』5 (2005) 135–136.

[ホブソン (1891)] E.W. Hobson,『平面三角法に関する論説 (*A Treatise on Plane Trigonometry*)』, Cambridge: at the University Press, Cambridge 1891, third enlarged edition 1911, seventh edition 1928; Dover reprint *(A Treatise on Plane and Advanced Trigonometry)*, New York 1957.

[ホフマン (1956)] J.E. Hofmann,「無限小数学についてのヤーコプ・ベルヌーイの貢献について (*Über Jakob Bernoullis Beiträge zur Infinitesimalmathematik*)」,『数学教育』2 (1956) 61–171.

[J. ボヤイ (1832)] J. Bolyai,「絶対的に正しい空間の科学を示す付録:ユークリッドの公理 XI

（これまで先験的に定まっていなかった）の真偽が独立であること，円の偽の幾何学的正方形化の場合に追加して」．(*Appendix scientiam spatii absolute veram exhibens: a veritate aut falsitate Axiomatis XI Euclidei (a priori haud unquam decidenda) independentem; adjecta ad casum falsitatis quadratura circuli geometrica*, pp. 1–26; F. ボヤイ『若き学徒のための，直観的で明瞭な方法による，初等的かつ高等な純粋数学入門：試論．3 篇の付録付き (*Tentamen juventutem studiosam in elementa matheseos purae, elementaris ac sublimioris, methodo intuitiva, evidentiaque huic propria, introducendi cum Appendici triplici*)』，Tomus primus, Maros Vásárhelyini(1832) の付録．ファルカシュ・ボヤイはヤーノシュ・ボヤイの父．

[ポンスレ (1817/18)] J.-V. Poncelet,「曲線の幾何．2 次曲線に関する新しい定理 (*Géométrie des courbes. Théorèmes nouveaux sur les lignes du second ordre*)」，Annales de mathématiques (Gergonne) 8 (1817/18) 1–13.

[ポンスレ (1822)] ――，『図形の射影的性質概論 (*Traité des propriétés projectives des figures*)』，Bachelier, Paris 1822.

[ポンスレ (1862)] ――，『1822 年に，図形の射影的性質を論じた主たる論拠に用いた，解析と幾何の応用 (*Applications d'analyse et de géométrie, qui ont servi, en 1822, de principal fondement au traité des propriétés projectives des figures*)』，Mallet-Bachelier (vol. 1) and Gauthier-Villars (vol. 2), Paris 1862–1864.

[ポント (1974)] J.-C. Pont,『ポアンカレに起源する代数トポロジー (*La topologie algébrique, des origines à Poincaré*)』，Presses Univ. de France, Paris 1974.

[ポント (1986)] ――，『平行線の冒険，非ユークリッド幾何学の歴史，先駆者と遅れてきた人 (*L'aventure des parallèles, histoire de la géométrie non euclidienne, précurseurs et attardés)*』, Peter Lang, Bern 1986.

[マクローリン (1748)] C. Maclaurin, (3 部での代数学の論説．内容．I. 基本的規則と演算，II. 合成とすべての次数の方程式の解法，その根の異なる属性，III. 代数学と幾何学の互いへの応用 (*A Treatise of Algebra in three parts. Containing I. The Fundamental Rules and Operations. II. The Composition and Resolution of Equations of all Degrees; and the different Affections of their Roots. III. The Application of* Algebra *and* Geometry *to each other*』，London MDCCXLVIII.

[ミケル (1838a)] A. Miquel (1838a),「幾何の定理 (*Théorèmes de géométrie*」，J. math. pures et appl. 3 (1838) 485–487.

[ミケル (1838b)] ―― (1838b),「円と球面の交わりに関する定理 (*Théorèmes sur les intersections des cercles et des sphères*」，J. math. pures et appl. 3 (1838) 517–522.

[ミュラー (1905)] R. Müller,「9 点円が外接円と直交するような三角形について (*Über die Dreiecke, deren Umkreis den Kreis der 9 Punkte orthogonal schneidet*)」，Zeitschrift für mathematischen und naturwissenschaftlichen Unterricht, ein Organ für Methodik, Bildungsgehalt und Organisation der exakten Unterrichtsfächer an den höheren Schulen, Lehrerseminaren und gehobenen Bürgerschulen, 36 (1905) 182–184.

[ミール (1983)] G. Miel,「過去と現在の計算. アルキメデスのアルゴリズム (*On calculations past and present; the Archimedean algorithm*)」,『アメリカ数学月報』90 (1983) 17–35.

[ミルナー (1982)] J.W. Milnor,「双曲幾何. 最初の 150 年 (*Hyperbolic geometry: the first 150 years*)」, Bull. Amer. Math. Soc. 6 (1982) 9–24.

[ミンディング (1839)] F. Minding,「2 つの与えられた曲面が互いに巻かれているかどうかをどのように判定するか. 定曲率曲面に関するコメントとともに (*Wie sich entscheiden läßt, ob zwei gegebene krumme Flächen auf einander abwickelbar sind oder nicht; nebst Bemerkungen über die Flächen von unveränderlichem Krümmungsmaaße*)」,『クレレ誌』19 (1839) 370–387.

[ムーニエ (1785)] J.B.M. Meusnier,「曲面上の曲線についての覚書 (*Mémoire sur la courbure des surfaces*)」, Mémoires de Mathématique et de Physique, Acad. Royale des Sciences, Paris, vol. 10, M.DCC.LXXXV, pp. 477–510, Pl. IX and X.

[ライプニッツ (1693)] G.W. Leibniz,「幾何的計測の補遺, または運動によるすべての求積の非常に一般な実現. さらに同様に得られる, 与えられた接線の条件からの曲線の多様な構成 (*Supplementum geometriæ dimensoriæ, seu generalissima omnium tetragonismorum effectio per motum: similiterque multiplex constructio linea ex data tangentium conditione*)」,『学術論叢』(1693) 385–392;「訂正 (Corrigenda)」p. 527.

[ラガリアス, マロウズ, ウィルクス (2002)] J.C. Lagarias, C.L. Mallows and A.R, Wilks,「デカルトの円周定理を越えて (*Beyond the Descartes Circle Theorem*)」,『アメリカ数学月報』109 (2002) 338–361.

[ラトクリフ (1994)] J. Ratcliff,『双曲多様体の基礎 (*Foundations of Hyperbolic Manifolds*)』, Springer-Verlag 1994, second ed. 2006.

[ラマヌジャン (1913)] S. Ramanujan,「円の正方形化 (*Squaring the circle*)」, J. Indian Math. Soc. 5 (1913) 132; Collected Papers p. 22.

[ラマヌジャン (1914)] ——,「モデュラー方程式と π の近似 (*Modular equations and approximations to* π)」, Quart. J. Math. 45 (1914) 350–372; Collected Papers pp. 23–39.

[ラマヌジャン (1957)] ——,『スリニヴァーサ・ラマヌジャンのノートブック (*Notebooks of Srinivasa Ramanujan*)』, facsimile edition in 2 vols., Bombay 1957; critical edition in 5 vols. by B.C. Berndt, Springer 1985 (see vol. IV, p. 8).

[ラマヌジャン選集] ——,『論文選集 (*Collected Papers*)』. [ハーディ, エヤー, ウィルソン (1927)] 参照.

[リシュロー (1832)] F.J. Richelot,「代数方程式 $X^{257} = 1$ の解，または，角の 2 等分を 7 回繰り返すことによって花冠のように 257 の等しい部分に分けること (*De resolutione algebraica aequationis $X^{257} = 1$, sive de divisione circuli per bisectionem anguli septies repetitam in partes 257 inter se aequales commentatio coronata*)」,『クレレ誌』9 (1832) 1–26, 146–161, 209–230, 337–358.

[リュー (2008)] Z. Lu,「エルデシュ・モーデル型の不等式 (*Erdős–Mordell-type inequalities*)」,『数学基礎』63 (2008) 23–24.

[リューリエ (1810/11)] S.A.J. Lhuilier,「この年報の 64 ページに関連した三角形についての定理 (*Théorèmes sur les triangles, relatifs à la page 64 de ces Annales*)」, Annales de Mathématiques (Gergonne) 1 (1810/11) 149–159.

[ルジャンドル (1794)] A.-M. Legendre,『初歩の幾何学 (*Éléments de Géométrie*)』, first ed. 1794; 43th ed., Firmin-Didot, Paris 1925.

[ルーミス (1940)] E.S. Loomis,『ピュタゴラスの命題 (*The Pythagorean Proposition*)」, second ed. 1940, reprinted by The National Council of Teachers of Mathematics, Washington 1968, second printing 1972.

[レギオモンタヌス (1464)] J. Regiomontanus = Johannes Müller from Königsberg（ケーニヒスベルクのヨハネス・ミュラー),『5 種類の三角形 (*De triangulis omnimodis libri quinque*)』, 書かれたのは 1464 年で，印刷されたのは 1533 年.

[レギオモンタヌス (1496)] —— (1496),『プトレマイオスのアルマゲスト大要 (*Epitoma in Almagestum Ptolemaei*)』, Latin (commented) translation by G. Peu[e]rbach & J. Regiomontanus, Venice 1496. ラテン語への（コメント付きの）翻訳は G. ポイエルバッハと J. レギオモンタヌス，ヴェニス (1496).

[ロバチェフスキー (1829/30)] N.I. Lobachevsky,『幾何学の基礎について (О началах геометрии)』Kazan Messenger 25 (1829) 178–187, 228–241; 27 (1829) 227–243; 28 (1830) 251–283, 571–636; ドイツでの最初の出版は「想像上の幾何学 (*Géométrie imaginaire*)」,『クレレ誌』17 (1837) 295–320 と『ニコラス・ロバチェフスキーの平行線の理論についての幾何学的研究 (*Geometrische Untersuchungen zur Theorie der Parallel-Linien von Nicolaus Lobatschefsky*)』, Berlin 1840.

[ローリア (1910/11)] G. Loria,「特殊な代数的な平面曲線と超越的な平面曲線．定理と歴史 (*Spezielle algebraische und transzendente ebene Kurven. Theorie und Geschichte*)」, 2 vols., second ed., B. G. Teubner Verlag, Leipzig und Berlin, 1910/11.

[ローリア (1939)] ——,「なんらかの三角形から導かれた正三角形 (*Triangles équilatéraux dérivés d'un triangle quelconque*」,Math. Gazette 23 (1939) 364–372.

[ローレンス (1972)] J.D. Lawrence,『特別な平面曲線のカタログ (*A Catalog of Special Plane Curves*)』, Dover Publications, New York 1972.

[ユークリッド] Euclid(~300 B.C.).『原論 (*The Elements*)』. 何世紀にもわたって諸版, 注釈, 翻訳があり, 最初の印刷された科学的な書籍は 1482 年に, クラヴィウス版が 1574 年に, ハイベアによるギリシャ語テキストの決定版が 1883–1888 になされた. 英訳については [ヒース (1926)].

[訳者注意 2] 頻繁に引用される学術雑誌は, 雑誌のタイトルがすでに馴染みのあるものも多く, 訳を与えたものもある. 訳した雑誌名や, 雑誌名とはわかりにくい場合の情報をまとめておく.

『アメリカ数学月報』 アメリカ数学協議会月刊誌. The American Mathematical Monthly. An Official Journal of the Mathematical Association of America(Washington, D.C.). 1894 年創刊.

『数学雑誌』 Mathematics Magazine, アメリカ数学協議会隔月刊誌. 1947 年創刊.

『学術論叢』 Acta Eruditorum Lipsiensium.「ライプツィッヒ学術論叢」ないし「ライプツィッヒ学報」と訳すべきもの. 1409 年に設立されたライプツィッヒ大学 (ラテン名ウニヴェルシタース・リプシエンシウム) のオットー・メンケが, 1681 年の春ライプニッツに学術研究雑誌の創刊を相談し, 翌 1682 年に創刊されたもの. 第 1 号にライプニッツの論文が掲載されている.

『ペテルブルグ・アカデミー紀要』 Commentarii Academiae Scientiarum Imperialis Petropolitanae

『新ペテルブルグ・アカデミー紀要』 Novi Commentarii Academiae Scientiarum Petropolitanae

『ペテルブルグ王立科学アカデミー会報』 Acta Academiae Scientiarum Imperialis Petropolitanae

『クレレ誌』または『純粋及び応用数学雑誌』 Journal für die Reine und Angewandte Mathematik. 通称 Crelles Journal(Berlin-New York)

『リウヴィル誌』または『純粋及び応用数学雑誌』 Journal de Mathématiques Pures et Appliquées. 通称 Liouville's Journal(Gautheir-Villars, Montrouge). この 2 誌は, ドイツ語とフランス語の違いはあれ, 同じ『純粋及び応用数学雑誌』という名前で紛らわしいため, 創刊者の名前で区別される.

『ジェルゴンヌ誌』または『純粋および応用数学年報』 Annales de mathématiques pures et appliquées. 通称 Gergonne Annales.

『王立協会報』 Philosophical Transactions of the Royal Society of London, London. 王立協会はロンドンばかりでなく, エジンバラや, ダブリンにもあったが, もっとも有名で重要なのはロンドンのものであり, 特に断らない限り, ロンドン王立協会のことを意味する.

『厳密科学史集積』 Archive for History of Exact Sciences, Springer

『数学基礎』 Elemente der Mathematik. スイス数学会, Birkhäuser-Verlag. 1946 年創刊.

『幾何フォーラム』 Forum Geometricorum, A Journal on Classical Euclidean Geometry, Florida Atlantic University

『数学教育』 L'Enseignement Mathématique, 数学教育国際委員会 (ICMI) の機関誌

『マテーシス』 Mathesis: Recueil Mathématique, ベルギーの初等数学の雑誌. 1881 年創刊.

『数学年報』 Mathematische Annalen(Berlin-New York)

Isis A Journal of the History of Science Society, The University Press of Chicago.

人名索引

事項索引

■サ行

■タ行

■ナ行

■ハ行

■マ行

■ヤ行

■ラ行

■ワ行

著 者
A. オスターマン（Alexander Ostermann）
Department of Mathematics
University of Innsbruck
G. ヴァンナー（Gerhard Wanner）
Department of Mathematics
University of Geneva

訳 者
蟹江 幸博（かにえ ゆきひろ）
1976年3月，京都大学大学院理学研究科博士課程修了．
三重大学名誉教授．理学博士．
専門はトポロジー，表現論．
主な訳書に『解析教程（上・下）』『数学名所案内（上・下）』『天書の証明』『古典群』『数学者列伝（I, II, III）』『数の体系』（丸善出版），『黄金分割』『代数入門』（日本評論社），『直線と曲線』『確率で読み解く日常の不思議』（共立出版），『本格数学練習帳（I, II, III）』（岩波書店）など，また著書に『微積分演義（上・下）』（日本評論社），『文明開化の数学と物理』（岩波書店），『数学用語英和辞典』『数学の作法』（近代科学社）など．
http://kanielabo.org/

幾何教程 上

平成29年1月31日 発 行

訳 者 蟹 江 幸 博

発行者 池 田 和 博

発行所 丸善出版株式会社
〒101-0051 東京都千代田区神田神保町二丁目17番
編集：電話(03)3512-3266／FAX(03)3512-3272
営業：電話(03)3512-3256／FAX(03)3512-3270
http://pub.maruzen.co.jp/

組版印刷・大日本法令印刷株式会社／製本・株式会社 松岳社

ISBN 978-4-621-30131-9 C 3041 Printed in Japan